Arist von Schlippe

Das kommt in den besten Familien vor …

Arist von Schlippe

Das kommt in den besten Familien vor …

Systemische Konfliktberatung in Familien und Familienunternehmen

Mit einem Vorwort von
Fritz B. Simon

Concadora Verlag
Stuttgart 2014

Buch-&-Film-Reihe
Professionelles Konfliktmanagement

Meinen Kolleginnen und Kollegen
vom Wittener Institut für Familienunternehmen (WIFU) gewidmet.

Copyrights

Satz und Typografie: Grafikatelier A. Köhler, Eschwege (D)
Grafiken der Abbildungen: Grafikatelier A. Köhler, Eschwege (D)
Illustrationen: Björn von Schlippe, Hamburg (D)
Umschlaggestaltung: Remy & Remy, München (D)

Druck: Kösel, Krugzell (D)

1. Auflage

ISBN: 978-3-940112-42-2

Kontakt:
www.concadoraverlag.de
info@concadoraverlag.de

Inhalt

Vorwort

> ***„… vom prinzipiellen Standpunkt aus ist es ganz falsch, eine Theorie nur auf beobachtbare Größen gründen zu wollen. Denn es ist ja in Wirklichkeit genau umgekehrt. Erst die Theorie entscheidet darüber, was man beobachten kann.“***
>
> *A. Einstein im Gespräch mit W. Heisenberg, 1924*

Man kann sich darüber streiten, ob die Familien der Familienunternehmen die „besten Familien“ sind – sicher aber ist, dass sie anders sind als Familien, denen kein Unternehmen gehört, oder vielleicht besser: die keinem Unternehmen gehören. Allerdings ist das den wenigsten Leuten klar, weder in der Öffentlichkeit noch den Mitgliedern von Unternehmer-Familien. Und auch die Wissenschaft ist erst seit ein paar Jahren auf ihre Besonderheiten aufmerksam geworden.

Dass die Öffentlichkeit davon wenig ahnt, ist ja nicht weiter problematisch, tragisch aber ist, dass die Familien sich meist ihres Andersseins nicht bewusst sind, auch wenn die einzelnen Familienmitglieder es oft genug spüren und erleben. Diesem Notstand – das mag ein hoch gegriffenes Wort sein, seine Verwendung scheint aber angesichts der emotionalen und ökonomischen Konsequenzen, die dieses mangelnde Bewusstsein hat, angemessen – versucht das vorliegende Buch Abhilfe zu schaffen. Es liefert auf der einen Seite einen theoretischen Rahmen für die Beobachtung und Selbstbeobachtung der Familien von Familienunternehmen, d. h. eine Brille, durch die auf Familie wie Unternehmen geschaut werden kann und die den Blick auf deren Besonderheiten eröffnet, und auf der anderen Seite bietet es ganz pragmatische Handlungsanweisungen und Methoden, illustriert durch vielfältige Fallbeispiele, wie mit den besonderen Herausforderungen, mit denen die Familien konfrontiert sind, lösungsorientiert umgegangen werden kann.

Das Anderssein von Familienunternehmens-Familien ist – das ist die Grundlage aller hier vorgestellten Modelle und Methoden – nicht von der Art, wie jede Familie „irgendwie“ anders ist, weil sie im Laufe ihrer unverwechselbaren Geschichte ihre speziellen Eigenarten und Merkmale entwickelt hat. Denn es gibt ganz typische Konfliktkonstellationen, mit denen die Familien von Familienunternehmen und ihre Mitglieder konfrontiert sind, die aus der Tatsache resultieren, dass zwei vollkommen unterschiedliche Arten sozialer Systeme – eine Familie und ein Unternehmen – eine gemeinsame Geschichte durchlaufen. In Familien, in denen jedes Mitglied irgendeinem anderen Beruf nachgeht und weder ein neu gegründetes noch ein von irgendwelchen mehr oder weniger heroischen Vorfahren ererbtes Unternehmen die Beachtung aller beansprucht, sind sie nicht zu beobachten. Der Grund dafür ist einfach, auch wenn er für die Betroffenen das Leben ziemlich kompliziert machen kann: Familie und Unternehmen sind zwei Felder des sozialen Lebens, die unterschiedlichen Spielregeln folgen: Unternehmen sind so organisiert, dass bestimmte sachliche Ziele und Aufgaben hinreichend effizient erreicht bzw. erledigt werden. Familien hingegen organisieren sich so, dass die Bedürfnisse der Familienmitglieder, d. h. von Personen mit ihren unverwechselbaren psychischen und physischen Fähigkeiten und Begrenzungen, hinreichend effektiv befriedigt werden. Aus diesen unterschiedlichen Zielsetzungen resultieren zwangsläufig widersprüchliche Logiken der Interaktion und Entscheidungsfindung.

In der Öffentlichkeit – und das muss hier klar gesagt und betont werden, auch in den meisten Familienunternehmen und Unternehmerfamilien – wird dieser Unterschied der Logiken meist so interpretiert, als ob im Unternehmen rationale Entscheidungen gefällt würden, während in der Familie emotionale (und damit ist meist gemeint: irrationale) Entscheidungen gefällt würden. Doch dies ist eine vollkommen unangemessene Bewertung, denn Unternehmen und Familien sind *beides* Systeme, in denen rationale Entscheidungen getroffen werden (im Prinzip, auch wenn im Alltag diese Rationalitäten praktisch immer nur begrenzt realisiert werden). Nur geht es eben um unterschiedliche Rationalitäten: eine *sachbezogene* Rationalität und eine *personenbezogene* Rationalität. Ob eine Entscheidung rational ist, kann ja nicht absolut, d. h. losgelöst von ihrer Zielsetzung und anderen Kontextvariablen, beantwortet werden. Und Familien und Unternehmen sind eben Typen sozialer Systeme, deren Rationalitäten sich im Laufe der Geschichte in gegensätzliche Richtungen entwickelt haben …

Für die mitteleuropäische Durchschnittsfamilie und ihre Mitglieder resultiert aus derartigen widersprüchlichen Rationalitäten meist kein Problem: Man verlässt morgens die Familie, in der (mehr oder weniger) personenbezogen entschieden und gehandelt wurde, um zur Arbeit zu gehen und dort den Tag über in der Beziehung zu familienfremden Menschen (mehr oder weniger) sachbezogen zu entscheiden und zu handeln. Am Abend wechselt man dann wieder sein Spielfeld, so dass jeder sich nacheinander in zwei unterschiedlichen Spielfeldern entsprechend unterschiedlicher Rationalitäten oder Logiken verhalten kann.

Diese Aufspaltung der Welt funktioniert in Familienunternehmensfamilien bzw. für ihre Mitglieder nicht so einfach. Man begegnet in beiden Spielfeldern oft genug den gleichen Akteuren, spricht bei der Gesellschafterversammlung über Privates und unter dem Weihnachtsbaum über Professionelles usw. Familiärer Streit kann ins Unternehmen schwappen, und unternehmerische Konflikte können die Familie spalten. Jeder Einzelne ist gleichzeitig mit zwei sich oft genug gegenseitig ausschließenden Rationalitätsanforderungen konfrontiert, d. h., er ist in Paradoxien gefangen: Was für die Familie richtig ist, ist für das Unternehmen falsch, was für die Familie falsch ist, ist für das Unternehmen richtig.

Dass aus dieser Konstellation eine Menge an Konfliktpotenzial erwächst, das in anderen Familien nicht zu finden ist, sollte klar sein. Dass aus dieser Konstellation – wenn sie den Beteiligten bewusst ist – auch Konfliktlösungsmuster und Chancen erwachsen, zeigt das vorliegende Buch. Für jeden, der als Familienmitglied, Fremdmanager oder Berater mit Konflikten in Familienunternehmen und/oder ihren Familien zu tun hat, ist dieses Buch unverzichtbar. Ihm ist um der Familien und ihrer Unternehmen bzw. um der Unternehmen und ihrer Familien willen weite Verbreitung zu wünschen.

Fritz B. Simon
Berlin, September 2014

1. „Das kommt in den besten Familien vor!“ Konflikte und Familienunternehmen

Konflikte begleiten die Menschheit seit Urzeiten. Nicht umsonst taucht in der Bibel kurz nach der Schöpfung bzw. kurz nach der Vertreibung aus dem Paradies die Geschichte eines schweren Familienkonflikts auf, der für einen der beiden Brüder, Abel, tödlich endet und den anderen, Kain, zum Mörder macht. Es ist als ob die alte Schrift zum einen das Thema Konflikte normalisiert: Sie kommen nicht nur „in den besten Familien“ vor, nein, sogar schon in der ersten Familie gab es Konflikte! Sie sind elementare soziale Phänomene! Zum anderen warnt sie: Konflikte haben ihre eigene Dynamik, sie können sich schnell ausweiten und so stark werden, dass die Akteure schreckliche Dinge tun! Konflikte sind also „immer schon“ Teil unseres Lebensalltags, Konfliktfähigkeit zu erlernen ist ein wichtiger Aspekt der Entwicklung und Sozialisation eines jeden Menschen.

Konflikte sind dabei nur unter bestimmten Voraussetzungen negativ, in vielen, vielleicht sogar in den meisten Fällen führen sie die Betroffenen weiter. So reift ein Mensch persönlich, wenn es gelingt, eine schwierige Konfliktlage konstruktiv auszutragen, Kompromisse auszuhandeln und eine Lösung zu finden, an die vorher keiner gedacht hätte. Und eine Organisation, eine Familie, eine Gruppe entwickelt in ihrer Kommunikation im Gefolge erfolgreich verlaufender Auseinandersetzungen eine Konfliktlösungskultur, die sie zu besonderen Leistungen befähigt (Kellermanns & v. Schlippe, 2012; McKee, Madden, Kellermanns, & Eddleston, 2014).

Doch immer wird im Konflikt die andere Seite mitgeführt: die Möglichkeit, dass eine Konfliktdynamik sich verselbständigt, außer Kontrolle gerät. Die Landkarte Europas beispielsweise besteht aus den oft mit großem Leid und Blutzoll bezahlten „Lösungen“ für derartige Konfliktlagen vergangener Jahrhunderte, genau genommen aus den Ergebnissen von mehr oder weniger, meist weniger geglückten Erbvorgängen. Das Reich Karls des Großen zerfiel vor über 1000 Jahren unter seinen Enkeln, eine Reihe von zum Teil kriegerisch erzwungenen Erbentscheidungen führte zur Aufteilung des Landes, die Grenzlinien, die Europa bis heute durchziehen, sind geronnene Zeugnisse von Konflikten, die sich bis in jene Zeit zurückverfolgen lassen[1] (Riché, 1991, S. 201 ff.). Erbkonflikte sind überhaupt eine besondere „Spezies“ von Konflikten, denn die inneren Erlebnisse der Akteure, die manchmal enormen Werte und die

[1] Nach heftig geführten Erbkriegen trafen sich im Jahr 843 die drei Enkel Karls (Lothar, Karl der Kahle und Ludwig der Deutsche) und teilten im Vertrag von Verdun das Reich unter sich auf (Riché, ebd.).

Dynamik eines Konflikts verbinden sich zu einer explosiven Mischung, nicht zuletzt, wenn sich in diese Dynamik auch noch weitere Personen und Interessengruppen einschalten: Der Kontakt zwischen den Konfliktparteien wird unterbrochen, man bleibt unter sich, gemeinsam mit solchen Dritten, mit Ratgebern, entstehen in sich abgeschlossene „Realitäten“, gemeinsame Deutungsmuster der Aktivitäten der anderen Seite, auf die man dann eskalierend reagiert, bis hin zu Kriegen (Simon, 2012a). Die Entwicklung solcher separater Wirklichkeiten, die jeweils für sich genommen den Anspruch auf alleinige Geltung stellen, ist ein wesentliches Kennzeichen eines jeden Konflikts. Erkennbar ist sie daran, dass die Beschreibungen der jeweils anderen Seite als „Lüge“, „Unverfrorenheit“ usw. bezeichnet werden, dass die Integrität und Ehrlichkeit der anderen Seite infrage gestellt und damit begonnen wird, sie zu dämonisieren (Glasl, 2013, S. 52; Omer, Alon, & v. Schlippe, 2007). Die Deutungs- und Erwartungsmuster sind über kurz oder lang so festgefahren, dass die Beteiligten allein nicht mehr aus dem Geflecht der Beschreibungen herausfinden, mit nicht selten schwerwiegenden Folgen.

Das Wissen um die Möglichkeit solcher ausufernder Eskalationen bringt es allerdings auf der anderen Seite auch mit sich, dass Konflikte mit einer gewissen Sorgfalt, mit Selbstdisziplin und einer Haltung, die der anderen Seite das Recht auf eine andere Sichtweise zubilligt, behandelt werden, wenn man an einer Lösung interessiert ist bzw. wenn man auf der Stufenleiter der Eskalation (Glasl, 2013, p. 233ff.; vgl. auch Kap. 6.4.1) noch nicht zu weit hinabgestiegen ist. Und dies ist sicher in den meisten Konfliktlagen der Fall, die auf welche Weise und in welcher Zeitspanne auch immer, von den Beteiligten zu einer Lösung gebracht werden.

Dies gilt für Familien wie Organisationen gleichermaßen. Die Familie ist als Bereich des engsten gemeinsamen Lebensvollzuges von Menschen ein wesentliches Spielfeld für das Erlernen von Konfliktfähigkeit (Schneewind, 2010), und Organisationen sind geradezu um Konflikte und ihre organisationale Lösung herum gebaut (Simon, 2012a). Es kann daher nie darum gehen, Konflikte generell als negativ anzusehen und eine möglichst konfliktfreie Organisationskultur anzustreben. Erwiesenermaßen bringen Konflikte (wenn sie nicht zu heftig sind) um „tasks“ und „processes“, also um das „Was“ und das „Wie“ des Organisierens, eine Organisation voran; das gilt auch für Familienunternehmen (Astrachan & McMillan, 2003; Ballreich & Glasl, 2011; Cosier & Harvey, 1998; Frank, Kessler, Nosé, & Suchy, 2011; Kellermanns & Eddleston, 2004; Kellermanns & v. Schlippe, 2012; McKee et al., 2014; Sorenson, 1999). Die Herausforderung besteht in der Familie und genauso für das Konfliktmanagement als Führungsaufgabe darin, dass sie nicht in „Relationship“-Konflikte ausufern (Ballreich & Glasl, 2011; Jehn, 1997; Pieper, 2010), also die Schwelle überschreiten, wo die sachliche Ebene verlassen wird und es „unter die Gürtellinie“ geht in den Bereich des Gesichtsverlusts und persönlicher Angriffe. Es gilt also, funktionale und dysfunktionale Konfliktformen unterscheiden zu lernen

(Amason, 1996) und damit destruktive und eskalative Konfliktverläufe frühzeitig zu erkennen, ihnen (wenn möglich) vorzubeugen, mit ihnen konstruktiv umzugehen und vor allem ihre Chronifizierung zu verhindern[2].

In diesem Buch soll es um Konflikte in Familienunternehmen gehen, genauer genommen in den Familien, in deren engster Umgebung sich ein Unternehmen als weiteres großes Sozialsystem befindet. Auch in diesen Familien wird es viele „normale" Konflikte geben, werden Geschwister aufeinander eifersüchtig sein, Eltern ums Haushaltsgeld streiten, die Akteure sich verlieben und wieder trennen usw. Um diese Konflikte soll es hier nicht gehen, denn viele dieser Streitereien werden sie handhaben wie andere Familien auch, werden sie lösen, und sie werden lernen, mit „mild" chronifizierten Konfliktlagen umzugehen („Ach Schatz, soll ich mich jetzt wieder darum aufregen? Dann machen wir es eben so ..."). Doch wird in Unternehmensfamilien immer etwas anderes mitschwingen. Es ist ein Aspekt, der vielen Konflikten, auch wenn sie rein familienintern sind, eine „andere Note" gibt: Es geht immer potenziell „um mehr" als nur um eine Auseinandersetzung zwischen zwei Personen oder Parteien – und die verschiedenen Konfliktarten in Familienunternehmen verstehen wir nach wie vor noch nicht differenziert genug, es sind noch viele Forschungsfragen offen (McKee et al., 2014; Sharma, 2004; Zahra & Sharma, 2004). Angesichts der Dringlichkeit der Thematik erstaunt die geringe Zahl bislang vorliegender Untersuchungen zu dem Thema. Frank et al. untersuchten die einschlägigen Literaturquellen (sog. A-, B- und C-Journals) und fanden zwischen 1990 und 2010 insgesamt nur zehn Studien zu familienbezogenen Konflikten in Familienunternehmen, eine doch recht geringe Anzahl (Frank et al., 2011). Dabei wird immer wieder betont, dass es nötig ist, mehr an theoretisch und empirisch untermauertem Wissen über die Zusammenhänge zwischen Familie, Unternehmen und Konflikten zu gewinnen, vor allem braucht es ein tiefergehendes Wissen über die Dynamik und Prozesshaftigkeit von Konflikten. Diese können wohl nur qualitative Einzelfallstudien liefern. Frank et al. beklagen, dass ein großer Teil der bisherigen Forschung zu Konflikten quantitativ ausgerichtet ist und so die Gefahr besteht, dass ein eher statisches Bild von Konflikten vermittelt wird, in dem gerade die Dynamik zu wenig erkennbar wird, nur eine der zehn Studien, die sie gefunden hatten, war qualitativ ausgerichtet (Frank et al., 2011, p. 148 f.; s. a. Großmann, 2014).

Familie und Unternehmen gelten als soziale Systeme sehr unterschiedlichen Typs (sehr grundlegend hierzu Simon, 1999), zugleich sind sie eng verbunden, sie sind „strukturell gekoppelt" (Wimmer, Domayer, Oswald, & Vater, 2005),

[2] Konflikte lassen sich hinsichtlich vieler Aspekte differenzieren, doch finde ich die grobe Orientierung an „tasks" (manchmal auch „kognitive" Konflikte genannt), „processes" und „relationships" und an dem Grad der Eskalation hier am besten handhabbar. Für die ausführlichere Diskussion der verschiedenen Konfliktarten verweise ich auf die entsprechende Literatur (Eddleston & Kellermanns, 2007; Glasl, 2013; Schwarz, 2005).

so dass die Geschehnisse des einen jeweils auch das andere System mehr oder weniger intensiv ins Schwingen bringen können. Eine ganze Reihe von Konflikten und Konfliktlagen sind zudem ohne das Unternehmen nicht denkbar. So tritt etwa neben das in vielen Familien bedeutsame Thema der Aufteilung des Erbes noch das der Nachfolge: Wer sollte, wer ist geeignet, in die Fußstapfen des Gründers, der Gründerin zu treten, wie könnte das herausgefunden werden, wie soll entschieden werden, wer ausgeschlossen wird, und sollte der oder die NachfolgerIn dann vielleicht mehr Unternehmensanteile bekommen als die Geschwister, die nicht im Unternehmen tätig sind? Was sagen diese dazu? Was ist in diesem Zusammenhang gerecht? usw.

Viele dieser Konflikte haben damit zu tun, dass Familienunternehmen besonders komplexe Sozialsysteme sind (Gimeno, Baulenas, & Coma-Cros, 2010; Wimmer et al., 2005). Neben der Familie und dem Unternehmen wird dabei meist als drittes besonderes Sozialsystem noch die Gruppe der Gesellschafter identifiziert, das sog. „Drei-Kreise-Modell“ des Familienunternehmens ist sehr populär (Gersick, Davis, McCollom Hampton, & Lansberg, 1997; Tagiuri & Davis, 1996). Etwas irreführend wird in diesem „Drei-Kreise-Modell“ manchmal davon gesprochen, dass sich die Systeme „überlappen“, was das Bild von verschiedenen im Raum gleichzeitig vorhandenen Systemen, die aus – ja, woraus eigentlich – „Etwas“ „bestehen“, nahelegt.

Aber was genau ist dieses „Etwas“? Soziale Systeme kann man nicht „sehen“, sie sind „unsichtbar“, sie bestehen nicht in dem Sinn, wie man sich einen Tisch vorstellt. Sie werden auch nicht von den Beteiligten „gebildet“, denn die reine Anwesenheit verschiedener menschlicher Körper im Raum macht das System noch nicht aus – mit der Bildung eines sozialen Systems entsteht etwas Neues, etwas, das nicht auf die Intention der Beteiligten zurückgeführt werden kann (Bonacker, 2008). Aus einer konsequent systemtheoretischen Perspektive (z. B. Luhmann, 1984) können soziale Systeme als Kommunikationssysteme verstanden werden, die über kommunikative Logiken organisiert werden: In dem einem System wird auf der Basis einer bestimmten Logik kommuniziert, in dem anderen auf einer ganz anderen Logik. Das heißt, das, was in der einen Systemlogik auf eine bestimmte Weise kommuniziert und verstanden wird, kann in der des anderen völlig anders aufgegriffen werden (v. Schlippe & Frank, 2013; v. Schlippe, 2013b).

Kommunikation besteht aus der Folge von Information -> Mitteilung -> Verstehen (Luhmann, 1984), die jeweils aneinander anschließen: Aus einer Fülle von Möglichkeiten wird eine Information ausgewählt, aus einer Fülle von Möglichkeiten wird eine Art der Mitteilung gewählt, und aus der Fülle der Möglichkeiten des Verstehens wird ebenfalls eine bestimmte Weise gewählt; das Verstehen zeigt sich zugleich in der Folgemitteilung. So schließt eine Kommunikation an die andere an. Wenn in diese Folge nun verschiedene Systemlogiken hineinspielen, kann es zu „schrägen Anschlüssen“ kommen: Die Kommunikation mag ihren Sinn als Information vor dem Hintergrund des Unternehmens bekommen (etwa in der Mitteilung: „Ich habe entschieden, dass nicht du, sondern deine Schwester meine Nachfolgerin werden soll!“), während der Anschluss, das Verstehen, in der Logik der Familie erfolgt („Du hast sie schon immer vorgezogen, ich wusste doch, dass das Gerede, dass wir dir gleich lieb sind, nicht stimmt!“). Missverständnisse, die ohnehin kommunikativen Situationen eigen sind, werden damit im Kontext Familienunternehmen noch wahrscheinlicher.

Das kommunikative Geschehen in Familienunternehmen spielt sich vor dem Hintergrund von drei „logischen Räumen“ ab (vgl. Kap. 2.2): Familie, Unternehmen, Eigentum. Vor allem dürfte es dabei jeweils einen großen Unterschied machen, ob die Dinge aus der Logik der Familie angeschaut werden oder aus der des Unternehmens. Immer wieder aber spielt auch die Gesellschafterlogik mit hinein. Die Komplexität der Konstellation bringt es mit sich, dass die Wahrscheinlichkeit steigt, sich misszuverstehen Es gibt einfach eine größere Zahl von Anlässen dafür, sich über Themen zu streiten. Die Sachebene („tasks“ und „processes“) wird besonders schnell verlassen, weil in Familien die Ebene der „relationships“ ohnehin immer mitgeführt wird. Denn es werden Themen aktiviert, die als existenziell erlebt werden, wie beispielsweise:

- Fragen nach der Zugehörigkeit, also nach dem eigenen „Platz“ im System: Ein Unternehmen und eine Familie regeln Zugehörigkeit völlig anders. Während man die zum Unternehmen schnell verlieren kann, ist die Zugehörigkeit zur Familie eigentlich nicht „kündbar“, doch kann ein Ausschluss aus einer Position im Familienunternehmen durchaus in der Familienlogik als heftigste Kränkung empfunden werden.

- Fragen danach, ob man mit seinem Einsatz für das Unternehmen und damit für die Familie wahrgenommen und anerkannt wird, also wie sehr die Treue und Loyalität eines Einzelnen von anderen Personen wertgeschätzt werden.

Fallbeispiel: Die Töchter des Patriarchen
Eine Frau hatte sich damit abgefunden, dass der Vater auf seinem Totenbett sich dann doch für ihre Schwester entschieden und diese in die Führung des Unternehmens berufen hatte. Dabei hatte auch sie bewusst mit dem Ziel der operativen Nachfolge Wirtschaftswissenschaften studiert und jahrelang mit der Schwester gleichberechtigt in der Geschäftsführung gearbeitet und in schweren Zeiten in der Nachkriegszeit und darüber hinaus ihre Kraft für das Unternehmen eingesetzt. Sie war auch

nach Vaters Tod weiterhin gemeinsam mit ihrer Schwester im Sinne des Unternehmens tätig geblieben, unter anderem hatte sie vor vielen Jahren einen langfristigen und großen Auftrag eingeworben, der die Firma nachhaltig stabilisierte. Als jedoch auf der Feier zum 100-jährigen Bestehen ihr Anteil am Gedeihen des Unternehmens von ihrer Schwester mit keinem Wort erwähnt wurde, kränkte sie dies so tief, dass es zum völligen Bruch kam.

- Fragen danach, wie nah oder wie fern man einander emotional steht, sind in allen sozialen Beziehungen bedeutsam. Die „Theorie des sozialen Vergleichs“ (Festinger, Torrey, & Willermann, 1954) beschäftigt sich damit, dass Menschen das eigene Selbstwertgefühl immer wieder stark davon bestimmt erleben, wie sie sich in Bezug auf Personen aus dem nahen Umfeld wahrnehmen und beschreiben: Wird man mehr oder weniger geliebt (oje, wie will man das genau herausbekommen?), hat man mehr oder weniger als der andere (unabhängig davon, ob das, was man hat, für mehr als das ganze Leben reicht), wird man als mehr oder weniger wichtig von anderen angesehen? Diese Fragen sind in den meisten Familien bedeutsam, vor allem Geschwister beobachten einander in Bezug auf die Eltern sehr genau, darum spielen auch symbolische Handlungen hier eine so große Rolle – „zu meinem Geburtstag zu kommen hattest du keine Zeit, aber bei meiner Schwester bist du sogar extra aus Frankreich gekommen!“. In Unternehmensfamilien bekommt dies eine besondere Note: Der vielleicht schon früh als potenzieller Nachfolger ausgewählte Bruder wird vom Vater häufiger ins Unternehmen mitgenommen, zwischen beiden entwickelt sich eine besonders intime Beziehung, die von anderen Geschwistern eifersüchtig beobachtet wird, o. ä.

- Fragen danach, was als gerecht erlebt wird, sind ebenfalls in allen engen menschlichen Bezugssystemen zentral (Stierlin, 2005). Es scheint so, als sei das Bedürfnis nach Gerechtigkeit sehr universell, Menschen reagieren universell extrem auf selbst erlebte oder bei anderen wahrgenommene Ungerechtigkeit, der „Belief in a just world“, also der Glaube daran, dass die Welt eigentlich gerecht ist und sein sollte, darf nicht in Frage gestellt werden (Montada, 2003). Darin scheinen sich alle Menschen auf der ganzen Welt einig zu sein, kulturübergreifend gilt Gerechtigkeit als sehr zentrales Motiv. Allerdings, *was* da jeweils als gerecht beschrieben und so empfunden wird, unterscheidet sich enorm. Die Widersprüche zwischen Gerechtigkeitsempfinden und Gerechtigkeitslogiken bilden ein kontinuierliches Spannungsfeld, nicht nur in Familien, aber auch dort. Dies hat damit zu tun, dass jeder Mensch in sehr individueller Weise ein eigenes „Gerechtigkeitskonto“ führt, das ihm anzeigt, wie er oder sie in Bezug auf die wichtigsten Menschen seiner Umgebung „steht“ (Stierlin, 2005). Die jeweiligen „Kontoauszüge“ sehen entsprechend subjektiv sehr unterschiedlich aus. Sie sind zudem stark gefärbt durch die Tendenz, die eigenen Beiträge besonders hervorzuheben; man beschreibt sich selbst halt immer gern positiv (Bruner, 1997). Wenn die „Kontoauszüge“ präsentiert werden, wird nicht selten deutlich, wie groß die Unterschiede sind – gerade ein Erbfall ist eine Gelegenheit, wo die „Konsensfiktion“ nicht mehr aufrechtzuerhalten ist, dass alle ein ähnliches Bild voneinander haben: Da sind Regelungen zu treffen, da muss entschieden werden, wer das Haus bekommt, den Ring, das Bild. Und da zeigt sich dann eben oft, dass die einzelnen „Konten“ sehr unterschiedlich wahrgenommen werden, entsprechend groß ist dann die Verletzung des Gerechtigkeitsempfindens. Die Größe der erlebten Ungerechtigkeitsgefühle kann man jeweils am Grad der Empörung ablesen: „Nach allem, was ich für die Familie/das Unternehmen/meinen Vater usw. getan habe, jetzt das!“ Ja, verletzte Gerechtigkeitsempfindungen und die daraus erwachsende Empörung liegen vermutlich allen Konflikten zugrunde (Montada & Kals, 2007; Montada, 2003, 2011). Daneben gibt es einen weiteren Aspekt, der gerade in Unternehmensfamilien Konflikte „anheizt“: Es sind die vielen „Dritten“, die sich in die komplexen Prozesse mit hinein drängen. Da es immer auch um erhebliche Sachwerte geht, sind von vornherein professionell extern tätige Personen aktiv, etwa Steuerberater, Wirtschaftsprüfer, Anwälte u. ä. Nicht zuletzt wird die Familie auch von familienexternen Führungskräften sehr sorgfältig beobachtet, hängt doch für sie oft sehr viel davon ab, dass es dort ruhig zugeht. Im Fall einer drohenden Schieflage des Unternehmens kommen u. U. noch Coaches und Organisationsberatungsfirmen und die entsprechenden Mitarbeiter hinzu. All diese Personen beobachten nicht nur das wirtschaftliche Geschehen, sondern entwickeln auch ihre eigenen Perspektiven auf die Familie und die Art, wie sie sich zum Unternehmen verhält. Und natürlich klinken sie sich auch mit ihren Beobachtungen in die Kommunikationen mit ein: „Nein, Sie können unmöglich Ihrer Tochter das Unternehmen anvertrauen, dazu ist sie doch gar nicht in der Lage ...“ Und nicht immer ist dabei klar, ob auch nur und ausschließlich das Interesse des Unternehmens verfolgt wird oder ob es nicht auch um eigene Positionen geht.

Ein besonderer Eskalationstreiber unserer Zeit ist dabei übrigens noch die E-Mail-(Un-)Kultur. In früherer Zeit war eine Diskussion entweder auf die persönliche Anwesenheit der Beteiligten begrenzt, oder man schrieb sich Briefe. Ihr Vorteil: Ehe man einen Brief in den Kasten steckt, kann man noch einmal darüber nachdenken.

Der E-Mail-Verkehr hat neben der Steigerung der Kommunikationsgeschwindigkeit den Nebeneffekt, dass man für kommunikative Eskalationsschleifen, die man früher innerhalb mehrerer Tage durchlief (mit der Chance der Absenkung des Adrenalinspiegels), heute nur Stunden oder gar Minuten braucht: Da schreibt sich einer seinen Frust im Affekt von der Seele und klickt, noch voll im Bann des Gefühls, auf „Senden“. Zeitgleich empfängt der Adressat bzw. ein größerer Adressatenkreis („Diese Mail sende ich als cc an: ...“) die E-Mail, die wiederum bei diesen Personen Gefühle „entzündet“, die zu einer spontanen und unüberlegten Resonanz verleiten. Ehe man nachdenkt, ist der Schaden für das Kommunikationssystem da! Viele Familien, die diese Dynamik erkennen, entscheiden sich, zum persönlichen Gespräch oder zum Briefeschreiben zurückzukehren. Der wütende Brief hat vielleicht seine entlastende Funktion erfüllt, wenn man ihn geschrieben hat. Einen Tag später denkt man aber noch einmal nach, bevor man ihn versendet (v. Schlippe & Kellermanns, 2013, p. 192 f.).

Ein letztes Moment sei in diesem Einführungstext noch erwähnt, und das sind Geschichten, die sich über Generationen hinziehen und in der Chronifizierung von transgenerationalen Konflikten eine Rolle spielen können. Wir sind eigentlich nicht „Homo sapiens“, sondern „Homo narrativus“. Menschen als „erzählende Spezies“ (Horx, 2013, S. 158) sind „unverbesserliche und geschickte Geschichtenerzähler, und sie haben die Angewohnheit, zu den Geschichten zu werden, die sie erzählen. Durch Wiederholung verfestigen sich Geschichten zu Wirklichkeiten, und manchmal halten sie die GeschichtenerzählerInnen innerhalb der Grenzen gefangen, die sie selbst erzeugen halfen“ (Efran, Heffner, & Lukens, 1992, S. 115). Geschichten über erlebte Ungerechtigkeiten (sog. „saure Geschichten“), die ständig erzählt werden, haben gerade für Kinder eine besondere Kraft: Sie identifizieren sich oft rückhaltlos mit dem Erzähler der Geschichte und stellen sich vor, die erlittene Ungerechtigkeit zu rächen – so können Konflikte über die Generationen hinweg nicht nur weitergegeben werden, sondern sich auch noch intensivieren (vgl. hierzu Kap. 6.4.7).

All diese Aspekte können dazu führen, dass sich eine Unternehmensfamilie mehr oder weniger unversehens in „Dämonistan“ wiederfindet (mehr dazu in Kap. 6), in einem „fremden Land“, in dem eine andere Sprache gesprochen wird als gewohnt, eine Sprache mit negativen wechselseitigen Beschreibungen und sich daraus ergebenden Handlungen (Omer et al., 2007; v. Schlippe, 2013a). Angesichts der Komplexität der „drei Kreise“, angesichts der Vielzahl möglicher Anlässe, angesichts so vieler Möglichkeiten für Missverständnisse könnte man sagen, dass Familienunternehmen eigentlich ein „unmögliches Unterfangen“ sind. Sollte man nicht besser davon abraten, sich auf ein solches Abenteuer einzulassen, wenn es doch so oft schließlich in einem „Familienkrieg“ mündet (Gordon & Nicholson, 2008)? Die Berichte darüber sind ja nicht gerade selten. Doch dem sei an dieser Stelle deutlich widersprochen! Und auch wenn das Buch von Konflikten in Familienunternehmen handelt, so ist doch explizit hervorzuheben, dass es vielen, vielleicht sogar den meisten Unternehmensfamilien gelingt, ihre Differenzen konstruktiv zu handhaben und eine kooperative „Stewardship-Beziehung“ zu verwirklichen, also im Sinne des Wohls des Unternehmens und seiner Performance zu handeln (Eddleston & Kellermanns, 2007; Kormann, 2010, p. 195). Zugleich steht auf diese Weise den Familienmitgliedern auf lange Sicht ein ganz besonderes „Sinnangebot“ zur Verfügung, das nicht nur den Wohlstand der Familie sichert, sondern auch eine besondere Form von Zusammenhalt der Großfamilie ermöglicht (Klett, 2009). Eine bislang von der Forschung nur wenig aufgegriffene Aufgabe könnte es sein, diese Leistungen einmal genauer zu untersuchen, die Frage nämlich, wie es gelingt, mit der beschriebenen Komplexität intuitiv gut umzugehen.

Inzwischen wurden zudem verschiedentlich Ansätze entwickelt, wie durch den Aufbau einer klugen *Familienstrategie* (Baus, 2013; May, 2007; v. Schlippe, Groth, & Plate, 2011) die Prozesse der Beziehungen zwischen Familie und Unternehmen gesteuert werden können und wie durch Weiterbildung und Sensibilisierung *Gesellschafterkompetenz* aufgebaut werden kann (Rüsen, v. Schlippe, & Groth, 2014, vgl. auch Kap. 7.1). Damit wird das Verständnis für die Komplexität der Verquickung familiärer Prozesse und unternehmerischer Abläufe erhöht. Die wachsende Bewusstheit, die so entsteht, verhindert am ehesten die Kurzschlüsse, dass als Ursache des Konflikts der jeweils andere wahrgenommen wird: Die „personenbezogene Zuschreibung“ von Konfliktursachen auf Personen (vgl. Kap. 6.1), das kann gar nicht oft genug hervorgehoben werden, ist ein, wenn nicht sogar der Faktor für die Chronifizierung von Konflikten: Es ist alles „seine Schuld“, es liegt alles „an ihr!“

„Consciousness raising“ (Harvey & Evans, 1994) dagegen ist der Schlüssel für einen konstruktiven Umgang mit Konflikten und für Konfliktprävention. Wenn man sich bewusst macht, dass auch der Opponent sich bemüht, in einem komplexen Geflecht von Bedingungen zu operieren und gangbare Lösungen zu finden, sinkt das Risiko destruktiver Verläufe.

Zugleich bleibt es eine wesentliche Aufgabe, daran zu arbeiten, die schwierige Situation für Familien, in denen ein Konflikt bereits entbrannt ist, wahrzunehmen und wissenschaftlich gestützte Instrumentarien für ihre Unterstützung bereitzustellen. Denn neben vielen geglückten Konfliktlösungsansätzen steht doch eine Vielzahl unglücklich und vor allem stark eskaliert verlaufender Konflikte in Unternehmensfamilien. Und neben der Tatsache, dass nichts in Familienunternehmen so viel Wert vernichtet wie Konflikte (Hennerkes, 2004), wiegt oft für die Betroffenen die Zerstörung der Beziehungen, der Verlust familiärer Kultur noch schwerer. Denn die Familie ist für jeden Menschen das zentrale Bezugssystem, in dem die eigene Existenz gründet. Wenn die Basis sich ins Negative wendet, verliert man den Boden unter den Füßen. Dies kann durch den Gewinn an Vermögen und Sachwerten nicht wirklich ausgeglichen werden.

Kleiner Exkurs zur Definition von Konflikt

Verschiedentlich wurde schon das Wort „Konflikt" erwähnt. Doch was ist ein Konflikt eigentlich genau? „Wo" ist er? Was ist das, was man „hat", wenn man einen Konflikt „hat"? Und was hat man nicht mehr, wenn er „verschwunden" ist? Die Fragen sind nicht so einfach beantwortbar, wie man denkt. Ein Konflikt ist ja kein Ding, das man „haben" kann, auch wenn wir den Begriff oft so benutzen. Ein Konflikt ist eher ein Prozess, der zwischen Personen geschieht. Es ist ein wichtiges Anliegen dieses Buches, Konflikte als solche soziale Phänomene zu sehen: Ein Wort gibt das andere und es entsteht, wie auch immer, eine Eigendynamik, die sich der (vollen) Kontrolle der Beteiligten zunehmend entzieht. Mit einem solchen Konfliktverständnis schaut man eher auf Muster als auf innerpsychische Prozesse und Zuschreibungen.

Zwei Definitionen:

- *„... von Konflikten wollen wir immer dann sprechen, wenn einer Kommunikation widersprochen wird. Man könnte auch formulieren: Wenn ein Widerspruch kommuniziert wird. Ein Konflikt ist die operative Verselbstständigung von Kommunikation. Ein Konflikt liegt also nur dann vor, wenn Erwartungen kommuniziert werden und das Nichtakzeptieren der Kommunikation zurückkommuniziert wird" (Luhmann, 1984, S. 530).*

Diese Definition setzt an einer besonderen Form von Kommunikation an und hat den Vorteil, dass sie nicht auf innere Motive und Interessen Bezug nehmen muss: ein Konflikt ist eine bestimmte Art von Kommunikation, eine, die darin besteht, dass irgendein kommunikatives Angebot mit einem „Nein!" beantwortet wird, also eine Negation. Und doch bleibt diese Definition unbefriedigend: „Schatz, hast du Lust, mit mir ins Kino zu gehen?" – „Nein!" Ist das schon ein Konflikt? Offenbar braucht es noch etwas mehr, nämlich die Negation der Negation:

- *„Als Konflikt soll ein Kommunikationsprozess (= sozialer Prozess) oder Denk- und Fühlprozess (= psychischer Prozess) definiert werden, bei dem eine Position (z.B. ein Wunsch, eine Handlungsanweisung, -option oder -wirkung, eine Sichtweise, eine Bewertung etc.)* ***verneint wird*** *und diese Negation ihrerseits* ***verneint wird*** *... Dieser Typus von Sinnsystem, der durch einen Prozess fortgesetzter* ***Negation der Negation*** *gekenn-*

zeichnet ist, soll Konflikt genannt werden. Sein Resultat ist ein Zustand der ***Unentschiedenheit****. Er währt, solange der Konflikt dauert“ (Simon, 2012a, p. 11, Hervorhebungen im Original).*

Erst mit der Negation der Negation beginnt der Konflikt: „Ich will aber, dass du mitkommst!“ – „Ich habe aber verdammt nochmal keine Lust!“ – „Nun werde doch nicht gleich wieder so aggressiv!“ – „Ich b i n nicht aggressiv!“. Man kann sich vorstellen, wie es weitergeht (meisterhaft etwa von Loriot beobachtet: „I c h s c h r e i e n i c h t !!!“).

In diesem Buch soll im Sinn der genannten Definitionen Konflikt als eine besondere Form von Kommunikation verstanden werden, ein spezifisches Muster, in dem eine Kommunikation jeweils so an die andere anschließt, dass die vorhergehende Kommunikation negiert wird: Konflikte bilden als „kommunizierte Widersprüche“ eine besondere Form eines sich selbst organisierenden Sozialsystems (Bonacker, 2008; Simon, 2012a). Um einen Konflikt zu verstehen, geht es darum, die Eigendynamik dieses besonderen Sozialsystems zu verstehen.

2. „Das geht ja gar nicht!“: Familien und Unternehmen passen einfach nicht zusammen

Als Familienunternehmen sollen hier Unternehmen verstanden werden, die sich ganz oder teilweise im Besitz der Familie befinden, unabhängig von der Höhe des Anteils oder der Größe des Unternehmens. Die Familie übt dabei zugleich einen erkennbaren Einfluss auf die Geschicke des Unternehmens aus, sei dies operativ oder über Aufsichtsgremien wie Beirat, Familienrat, Aufsichtsrat u. ä.: „Die Unternehmerfamilie (wie verzweigt sie im Lauf ihrer Geschichte auch sein mag) steht gegenüber dem Unternehmen als Familie in einer unternehmerischen Gesamtverantwortung (unabhängig davon, wie gut oder schlecht sie dazu in der Lage ist, diese Verantwortung auch zu tragen)“ (Wimmer, 2014b, p. 27). Ein weiteres Moment, das dazukommen muss, um von Familienunternehmen zu sprechen, ist das transgenerationale, d. h., es ist erkennbar, dass mehrere Generationen involviert sind – dies kann auch noch im Planungsstadium sein, etwa bei einem noch vom Gründer geführten Unternehmen (Plate, 2010; Wimmer et al., 2005; ausführlich s. Chua, Chrisman, & Sharma, 1999).

2.1 Ein Unternehmen macht den Unterschied

Zum Unterschied zwischen Familienunternehmen und anderen Unternehmensformen bzw. zwischen Unternehmensfamilien und anderen Familien ist mittlerweile schon vieles geschrieben worden. Festzustehen scheint, dass ein alleiniger oder auch nur anteiliger Unternehmensbesitz einen erheblichen Unterschied zu dem Erleben und den Dynamiken in anderen Familien und Unternehmen ausmacht, dass Familienunternehmen anders zu managen sind als andere Unternehmen (Hack, 2009; Felden & Hack, 2014) und dass dieses Forschungsfeld eine besondere Art von Aufmerksamkeit verdient (Melin, Nordqvist, & Sharma, 2014; s. a. v. Schlippe & Schneewind, 2014). Hier hat sich mit der Familienunternehmensforschung im deutschsprachigen Raum[3] auch durchaus eine ganz eigene Tradition entwickelt: „Während sich die Betriebs-

[3] Ein interessanter und noch nicht weit verfolgter Gedanke ist in diesem Zusammenhang die Frage, inwieweit sich Familienunternehmen in den Prämissen, auf denen sie aufbauen, und in ihren Funktionen weltweit unterscheiden. So kann man Überlegungen über einen „europäischen Sonderweg“ (in Abgrenzung zu der Rolle von Familie und Familienunternehmen im asiatischen Raum) anstellen, der auch die Rolle von Familienunternehmen in diesem spezifischen Kulturkreis thematisiert: „Familiengeschichtlich hat Europa mit der Institutionalisierung einer um Intimkommunikation herum gebauten persönlichen Nahwelt im Zuge der Neuzeit (aufbauend auf im Mittelalter längst ausgeprägte Vorformen) einen evolutionären Sonderweg gewählt“ (Wimmer, 2014b, p. 32). Diese Gedanken können hier nicht vertieft werden.

wirtschaftslehre ... unter dem Einfluss der anglo-amerikanischen Theorie der Finanzmärkte und der Neuen Institutionentheorie zu einer Lehre der Börsengesellschaft und der Finanzinvestoren ... entwickelte, entstand hierzulande als Gegenbewegung die Lehre vom Familienunternehmen als eigene Disziplin“ (Kormann, 2012, p. 49). Das Wittener Institut für Familienunternehmen (WIFU) befasst sich seit mehr als einem Jahrzehnt damit, eine konsistente Systemtheorie des Familienunternehmens zu erarbeiten, die den spezifischen Konfliktlagen dieser Unternehmensform gerecht wird (Groth & v. Schlippe, 2012; Plate, Groth, Ackermann, & v. Schlippe, 2011; Rüsen, v. Schlippe, & Groth, 2009; v. Schlippe, Nischak, & El Hachimi, 2008; v. Schlippe, Rüsen, & Groth, 2009; Simon, Wimmer, & Groth, 2005; Simon, 2012b; Wimmer et al., 2005). Diese Überlegungen sollen in knapper Form in diesem Kapitel noch einmal zusammengefasst werden (vertiefend s. die angeführte Literatur), da sie m. E. für das Verständnis von Konflikten in Unternehmensfamilien eine hilfreiche theoretische Basis darstellen.

Die komplexe Konstellation zwischen Familie, Unternehmen und Eigentum bringt die Betroffenen immer wieder in paradoxale Situationen, d. h. in Situationen, die widersprüchlich und nur schwer zu durchschauen sind. Wenn man aber die Komplexität nicht versteht, der man ausgesetzt ist, bietet es sich immer wieder als „einfache“ Lösung an, nur und ausschließlich *den anderen* als die Quelle aller Probleme anzusehen, seine Persönlichkeit, seinen „Charakter“ dafür verantwortlich zu machen, dass er sich verhält, wie er dies tut, usw. Diese Zurechnung von Konfliktursachen auf Einzelpersonen ist dabei verkürzend und kann schwerwiegende Folgen nach sich ziehen, denn meist beschreiben die verschiedenen Konfliktparteien die Situation ähnlich, nur dass sie jeweils anders zurechnen und ihrerseits eher das jeweilige Gegenüber als die „Quelle allen Übels“ ansehen (vgl. Kap. 6.1). Und wer erlebt, dass er persönlich angegriffen wird, reagiert empört und schlägt zurück. So bestätigen sich die Zurechnungen auf beiden Seiten: Der andere zeigt sein „wahres Gesicht“, er/sie *ist* das Problem – „das ist doch klar!“ Diese Komplexität nicht vorschnell zu vereinfachen, sondern sie zumindest ansatzweise zu verstehen und nachzuvollziehen, ist ein wesentlicher erster Schritt, um Ansatzpunkte aus der Konflikteskalation herauszufinden: Der „eigentliche Feind“ ist immer die Eskalation, denn sie wirkt zerstörerisch.

Der „doppelgesichtige Charakter“ von Familienunternehmen wird immer wieder beschrieben (z. B. Wimmer et al., 2005). Sowohl für Unternehmensfamilien wie auch für Familienunternehmen liegen eine Chance und eine Gefahr in dieser besonderen Verbindung: Das Engagement der Familie, die „Familiness“, die durch sie dem Unternehmen bereitgestellt wird, kann für das Unternehmen einen bedeutsamen Wettbewerbsvorteil ausmachen (genauer s. Kap. 5.2.1). Auf der anderen Seite werden Irritationen auch schnell von dem einen System ans andere weitergegeben, Veränderungen in einem System affizieren schnell und nahezu zwangsläufig auch das andere (Rüsen, 2008). Das hat damit zu tun, dass Familie und Unternehmen eben keine vorübergehenden Sozialsysteme im Leben eines Menschen darstellen, die von einer gewissen Variabilität und Vorläufigkeit gekennzeichnet sind, wie es vielleicht eine Schulklasse, ein Kegelclub oder ein Verein sein mögen. Vielmehr sind sie die zentralen Bezugssysteme im Leben eines Menschen, in denen „Liebe und Arbeit" als elementare Qualitäten menschlichen Lebens so eng verbunden sind, wie dies in der Regel nirgendwo sonst der Fall ist. Natürlich geht es auch in anderen beruflichen Feldern für die dort tätigen Menschen um mehr als nur darum, Geld zu verdienen. Die Entwicklung einer beruflichen Identität ist für viele Menschen eine wesentliche Basis für ein sinnerfülltes Leben. Konflikte im Arbeitskontext werden natürlich auch in anderen Unternehmensformen belastend erlebt. Doch in Familienunternehmen kann die Affektivität besonders schnell und leicht gesteigert werden. Nicht nur die berufliche Identität steht auf dem Spiel, sondern schnell auch die der ganzen Familie, nicht nur eine Person ist betroffen, sondern immer gleich ein ganzes Netzwerk. Auch die Themen sind zudem tiefgreifend: Existenzielle Lebensthemen sind miteinander gekoppelt, es geht um das Lebenswerk, um die Erfahrung von Gerechtigkeit oder tief empfundener Ungerechtigkeit, um die Anerkennung bzw. Nicht-Anerkennung von Loyalität, um die Erfüllung oder Enttäuschung existenzieller Erwartungen, um Fragen von Liebe und Verbundenheit u. v. a. m.

Ganz besondere Vorteile:

- Langfristige Perspektive („Es wird in Generationen, nicht in Quartalen gedacht")
- Starke Unternehmenskultur und Mitarbeiterbindung
- Hohe Produktqualität, gute Marktkenntnisse, Innovation
- Flexibilität und Schnelligkeit von Entscheidungen
- Vertrauen als größtes Kapital

Ganz besondere Nachteile:

- Familienkonflikte schlagen evtl. ungefiltert aufs Unternehmen durch
- Strategische Starre
- Nepotismus/unzureichende Personalentwicklung
- Intransparenz/ fehlendes Controlling
- Misstrauen und Kränkung als größte Belastung und Gefahr

Jedenfalls: ... selten Mittelmaß!

Abb. 2.1: Die Doppelgesichtigkeit von Familienunternehmen

Menschen erleben das höchste Glück in Partnerschaft und Familie, zugleich wird auch meist das größte Unglück hier erlebt. Eine gute Partnerschaft, eine fröhliche Familie bedeuten für die meisten Menschen das höchste Glück, ein Scheidungskrieg, ein ungelöster schwerer Generationenkonflikt das genaue Gegenteil. Familienunternehmen, das wird damit deutlich, sind als besondere, komplexe soziale Systeme eng an Kernthemen des menschlichen Lebens gekoppelt. Sie sind, wenn die dort aufkommenden Fragen nicht innerfamiliär gelöst oder zumindest durch ein gutes Familienmanagement balanciert werden, daher in diesen Themen besonders verletzlich. Viele der in öffentlichen Unternehmen verfügbaren Lösungsmechanismen – Kündigung, Entlassung, teilweiser oder gänzlicher Verkauf o. ä. stehen Familienunternehmen zumindest nicht so einfach zur Verfügung.
Zusammengefasst kann man sagen, dass in Familienunternehmen durch die enge Verbindung von Familie und Unternehmen einerseits enorme Qualitäten freigesetzt werden können, dass aber zugleich im Falle einer unglücklichen Konstellation die negative Seite ebenfalls sehr stark hervortreten dürfte. Familienunternehmen sind eben selten „Mittelmaß“: Entweder stellt die Familie dem Unternehmen sehr spezielle Ressourcen zur Verfügung, man spricht hier von „Familiness“ oder „Familienhaftigkeit“ (Frank, Lueger, Nosé, & Suchy, 2010; Habbershon & Williams, 1994; Weismeier-Sammer, Frank, & v. Schlippe, 2013; Zellweger, Eddleston, & Kellermanns, 2010). Oder Familienkonflikte und ungelöste Themen belasten das Unternehmen zum Teil sehr massiv, so dass es zum „Familienkrieg“ kommt (Gordon & Nicholson, 2008). Diese Prozesse können sich steigern, bis das Unternehmen in eine Krise kommt, die im schlimmsten Fall in der Insolvenz mündet (Rüsen, 2008, 2011).

2.2 Drei Lebenswelten, drei Logiken

Familienunternehmen gewinnen ihre Eigenart als Unternehmenstypus aus der engen „strukturellen“ Koppelung (Wimmer et al., 2005, p. 7 f.) verschiedener Sozialsysteme, an deren Mitgliedschaft jeweils sehr unterschiedliche Erwartungen geknüpft sind. Zunächst sind hier natürlich Familie und Unternehmen zu nennen, die eng miteinander verbunden und aufeinander angewiesen sind. In der „wechselseitig identitätsstiftenden Koevolution von Unternehmen und Eignerfamilie begründet und stabilisiert sich so etwas wie eine schicksalhafte beidseitige Abhängigkeit“ (Wimmer, 2014a, p. 28). In der alltäglichen Praxis vielfach aufs engste verschränkt, sind sie doch sehr unterschiedlich und basieren auf sehr unterschiedlichen Rationalitäten. Die Komplexität von Familienunternehmen legt es zudem nahe, wie bereits erwähnt, mindestens noch den Blick auf ein drittes System hinzuzuziehen: das System der Eigentümer. Auch wenn der Schwerpunkt – auch in diesem Buch – meist auf dem Spannungsfeld zwischen Familie und Unternehmen liegt, kann es doch für eine ganze Reihe von Fragen hilfreich sein, den Gesellschafterkreis als weiteres System in seiner eigenen Logik zu betrachten: „Many of the most important dilemmas faced by family businesses [...] have more to do with the distinction between owners and managers than between the family and the business as a whole" (Gersick, Davis, McCollom Hampton, & Lansberg, 1997, S. 5). Wir finden hier also verschiedene, sich widersprechende Logiken, die gleichzeitig wirksam sind. Jedes der Systeme folgt einer jeweils eigenen Logik mit dazugehörigen eigenen Regeln und Sprachspielen. Ihr enges Aufeinander-Angewiesensein führt nun nicht dazu, dass die Systeme verschmelzen, Familie und Gesellschafterkreis werden nicht zu Subeinheiten des Unternehmens, sondern „die identitätsstiftende wechselseitige Abhängigkeit koppelt Familie und Unternehmen strukturell aneinander, ohne sie ineinander aufgehen zu lassen" (Wimmer, 2014, S. 28).

Die verschiedenen Logiken bleiben also jede für sich wirksam. In der Organisationstheorie sind solche Widersprüche schon verschiedentlich erwähnt worden, insbesondere in der Institutionentheorie: Es gilt, die Spannungen zwischen verschiedenen institutionellen Logiken permanent zu bearbeiten (Friedland & Alford, 1991; hierzu etwa Greenwood, Raynard, Kodeih, Micelotta, & Lounsbury, 2011; Smets, Morris, Greenwood, & Royston, 2012). In Familienunternehmen hat die Spannung der Logiken eine besondere Qualität, weil jedes System emotional stark besetzt ist. Immerfort bringen juristische/finanzstrategische (Eigentum) oder ökonomische Logiken auf der einen Seite (Unternehmen) und Fragen von emotionaler Nähe und Distanz auf der anderen (Familie) die Betroffenen in die Lage, nicht genau zu wissen, als wer, als welche Person (also in welcher Logik), sie gerade sprechen und handeln bzw. als wer sie gerade angesprochen sind. Allerdings sind sie sich dieses Umstands meistens nicht bewusst (Jansen & v. Schlippe, 2015).

Dabei macht es einen großen Unterschied, aus welcher Logik heraus man agiert. Das, was im Lichte der einen Logik richtig erscheint, kann aus der Perspektive der anderen Logik völlig falsch sein. Ein Vater beispielsweise kann in Unternehmenslogik das „Richtige" tun (etwa den Sohn, den er für nicht qualifiziert hält, aus dem Unternehmen rauszuhalten) und zugleich in der Familie eine tiefgreifende, manchmal nicht wieder gutzumachende Verletzung erzeugen, weil er in dieser Logik doch verpflichtet sei, die ihm Nahestehenden immer an die erste Stelle zu setzen. Dies spiegelt sich in der vielfach berichteten Erfahrung, dass verkehrt ist, was man auch tut – ein Hinweis auf eine paradoxe Entscheidungslage, eine sog. Doppelbindung (Litz, 2012): „Damned if you do, damned if you don't."

Wie schon gesagt, das „Drei-Kreise-Modell" (s. Kap. 1) ist weithin anerkannt, bei allen theoretischen Begrenzungen, die im vorangehenden Kapitel erwähnt wurden; diese sollen hier nicht weiter vertieft werden (v. Schlippe & Frank, 2013; v. Schlippe, 2013b). Alle drei Systeme lassen sich im Sinne der Systemtheorie als Kommunikationssysteme verstehen, die einerseits in der Art, wie sie Sinn verarbeiten, voneinander abgegrenzt sind, sich anderseits aber auch aufs Engste durchdringen. Sie beeinflussen sich gegenseitig, ohne dass das eine System durch das andere in seiner Entwicklung bestimmend festgelegt ist. So stellen sie füreinander Komplexität bereit und irritieren sich kontinuierlich, mit der Zeit kommt es zu einer nachhaltigen wechselseitigen „Prägung" der Systeme (Wimmer et al., 2005, S. 7): Die Kommunikation im Unternehmen wird „familienähnlicher" und die in der Familie „unternehmensähnlicher". Damit kommt eine besondere Koevolution zustande, die auf der einen Seite die Besonderheit des Familienunternehmens als „Unternehmen" (d. h. als Organisation) und auf der anderen Seite die Besonderheiten einer Unternehmerfamilie als „Familie" hervorbringt. Jede Unternehmerfamilie ist dabei mit zwei zentralen Aufgaben konfrontiert, nämlich zum einen die Verbundenheit der Familie mit dem Unternehmen und zum anderen die unternehmerische Handlungs- und Entscheidungsfähigkeit zu gewährleisten, sprich: die drei „Kreise" kontinuierlich auszubalancieren. Aus der Perspektive des Unternehmens geht es darum, sicherzustellen, dass die Ressourcen, die dem Unternehmen aus der Präsenz der Familie erwachsen, die sog. „positive Familiness" (vgl. hierzu Kap. 5.2.1), nachhaltig verfügbar bleiben und dass das Unternehmen vor familiären Turbulenzen und Konflikten („negative Familiness") geschützt ist. Diese Kernaufgabe ist nicht leicht zu erledigen, denn die drei Sozialsysteme sind als „Typen" völlig unterschiedlich, d.h., sie folgen ihren jeweils ganz eigenen Logiken (Groth & v. Schlippe, 2012; v. Schlippe, 2011, 2013b; v. Schlippe et al., 2011): „Die Familie folgt einem ganz anderen Entwicklungsrhythmus als etwa ein schnell wachsendes Unternehmen, und mit jeder Generationenfolge ändert sich die Eigentumslage. In der schwierigen Synchronisation dieser drei so verschiedenen, strukturell aber eng gekoppelten Entwicklungslogiken liegt zum einen die Sprengkraft des Familienunternehmens, zum anderen bilden sich durch die Kopplung von Eigentum und Familie Strukturmerkmale aus, die als Wettbewerbsvorteil gegen kapitalmarktorientierte Publikumsgesellschaften genutzt werden können" (Wimmer, Groth, & Simon, 2004, p. 5).

- **Familie – die Logik von Bindungserfahrungen**

  Familien gelten als „intime Beziehungssysteme" (Schneewind, 2012), das bedeutet, dass potenziell alle menschlichen Themen dort angesprochen werden könnten, es ist zumindest prinzipiell alles thematisierbar. Ihre Kommunikation folgt vor allem einer *„Bindungslogik"* (s. beispielsweise v. Schlippe, 2011a; Wetzel & Dievernich, 2014). Sie können nicht frei über die Mitgliedschaft der Familienmitglieder disponieren: Man gehört qua Geburt oder durch juristisch stark bindende Rituale (Heirat, Adoption) dazu, und zwar als ganze Person, nicht nur in einer Teilfunktion. Ein Anzeigentext wie der folgende ist jedenfalls wohl undenkbar: *„Nach der notwendigen Entlassung eines Teils der Familie suchen wir nun zum nächstmöglichen Zeitpunkt einen*

Sohn, nach Probezeit zur Festanstellung auf Dauer. Der Gesuchte sollte über folgende Qualitäten verfügen ...“ Allerdings haben Familien durchaus mit der „anderen Seite von Bindung“ zu tun: mit Ablösungsprozessen der Folgegeneration (sehr gut hierzu Stierlin, 1980). Doch auch diese werden meist unter dem Gesichtspunkt des Wandels der Bindungsbeziehung betrachtet, ein totaler Bruch bleibt eine Ausnahme, die als „besonders“ wahrgenommen wird: Da ist etwas schiefgelaufen. Gesellschaftlich erwartbar ist, dass es keine solchen Brüche gibt, sondern dass der Wandel der Beziehungen gestaltet wird, wenn etwa die Kinder heiraten und eigene Familien gründen. Dadurch dass das Thema Bindung im Vordergrund steht, entwickeln sich Kommunikationsmuster auf eine spezifische Weise: Es kann prinzipiell alles thematisiert werden. Eine Möglichkeit, die sich in einem Unternehmen bieten würde, etwa eine emotional gefärbte Frage mit den Worten abzulehnen: „Das gehört jetzt nicht hierher!“, steht der Familie im Rahmen „enthemmter Kommunikation“ (Luhmann, 1984) nicht zur Verfügung. In einer *Familie* steht jeweils die einzelne ganze Person mit ihren Stärken und Schwächen im Mittelpunkt des Interesses. Man kann „eine Kommunikation *über* sich selbst nicht ablehnen mit der Bemerkung: „Das geht dich nichts an!“ (Luhmann, 2005, p. 193). Die Zugehörigkeit zur Familie muss nicht weiter begründet werden, sie ist gegeben. Man gehört auf Lebenszeit zur Familie, denn „Blutsbande“ kann man nicht kündigen.[4] Geben und Nehmen sind häufig asymmetrisch verteilt (Eltern – Kinder), für die erbrachte Leistung wird keine unmittelbare oder mittelfristige Entlohnung erwartet, ein Ausgleich steht auch nicht im direkten Zusammenhang mit der Leistung: Ein Dank, eine ausgedrückte Wertschätzung kann Jahre der Mühen entgelten. Gerechtigkeitserwartungen werden überwiegend im Sinne der *Gleichbehandlung* der Mitglieder hinsichtlich Ansprüchen, Rechten und Pflichten verstanden. Aus den persönlichen Beziehungen wird i. d. R. kein materieller Nutzen gezogen, die „Währung“ ist eher emotionaler bzw. ideeller Natur. Die Kommunikation läuft mündlich und wenig formalisiert ab und bezieht sich eher auf die persönlichen Bindungen und auf Zugehörigkeit (bestätigend oder strittig). Dafür haben wir den Begriff *„Bindungskommunikation“* vorgeschlagen[5] (z. B. v. Schlippe, 2011a).

---

[4] „Kinder sind sich dieser Unmöglichkeit des Ausschlusses bewusst und nutzen dies mit spektakulären Widerstandsaktionen gegen ihre Eltern besonders bei großen Familienfesten oder in den Warteschlangen vor den Kassen des Supermarktes aus. Motto: Was soll schon passieren, die können mich ja nicht einfach entlassen“ Kühl (2008, p. 11).

[5] Anders als der für Familien ebenfalls verwendete Begriff „Intimkommunikation“ (Luhmann, 2005; Kühl, 2008) scheint uns unser Begriff besser geeignet, um das Phänomen zu verstehen, dass in Familien eine Kommunikation jeweils vorzugsweise unter dem Aspekt ihrer möglichen Bindungswirkung beobachtet wird.

- **Unternehmen – die Logik von Entscheidung**

Im Unternehmen geht es dagegen in erster Linie um Entwicklung, Produktion und Vertrieb von Produkten oder Dienstleistungen, ihre Kommunikationslogik kann man *„Entscheidungslogik“* nennen, sie prozessieren also *Entscheidungskommunikationen* (v. Schlippe, 2011a): Aus Sicht der Systemtheorie produzieren Organisationen Sinn im Modus von Entscheidungen, ja Organisationen bestehen als Kommunikationssystem aus Entscheidungen. Die Art und Weise, wie eine Entscheidungskommunikation an die andere anschließt, macht eine Organisation aus (Luhmann, 2000). Natürlich wird auch im Unternehmen „getratscht“, man fragt danach, ob das Kind wieder gesund ist oder wie der Urlaub war. Aber es ist schnell deutlich, dass dies keine Organisationskommunikation ist – erkennbar wird dies etwa an der Aussage: „Oh, schon fünf nach neun, jetzt müssen wir aber an die Arbeit gehen!“ Durch derartige Aussagen werden die Kontexte „Privatkommunikation“ und „Unternehmenskommunikation“ deutlich markiert. Es muss dabei in Organisationen nicht jede Kommunikation die Form von Entscheidungskommunikation haben: „Es wird in Organisationen häufig wild debattiert, kritisiert und imaginiert. Aber die Besonderheit ist, dass durch die Konditionierung der Mitgliedschaft jede Kommunikation in eine Entscheidungskommunikation *überführt* werden kann. Damit unterscheidet sich die Kommunikation in Organisationen von der in Bewegungen, Familien und Gruppen, in denen zwar auch entschieden wird, in denen Entscheidungskommunikationen sich aber eben nicht in der gleichen Form rekursiv verknüpfen *können*“ (Kühl, 2012). Die einzelne Person als solche ist im Unternehmen in der Regel nicht im Fokus der Aufmerksamkeit, es interessiert mehr oder weniger die sachliche Funktion, die sie für die Organisation erfüllt und deren Qualität – natürlich wird man Anteil nehmen, wenn jemand Kopfweh hat, aber die wesentliche Frage wird sein, ob der Betreffende nach Hause gehen muss oder weiterarbeiten kann. Als Rollenträger muss jeder prinzipiell austauschbar und damit auch kündbar sein, etwa wenn die Leistung nicht befriedigt. Der Wert ihrer Arbeit ergibt sich aus der erbrachten Leistung, die unmittelbar und materiell durch einen angemessenen Lohn oder Gehalt abgegolten wird. Gerechtigkeit wird nicht über das Prinzip von Gleichheit bemessen, sondern darüber, ob Leistung und materieller Ausgleich passen, d. h., wer höher qualifiziert ist und viel leistet, bekommt entsprechend mehr. Die Kommunikation ist formalisiert, zu einem großen Anteil sogar schriftlich fixiert – Verträge werden auf dem Papier mit Unterschriften besiegelt, nicht per Handschlag (wie es *übrigens* gar nicht so selten in Familienunternehmen gehandhabt wurde und bis heute noch wird).

- **Das Gesellschaftersystem – die Logik juristisch geregelter Kommunikation**

Eigentümerschaft schließlich organisiert sich um wieder ganz andere Themen, etwa um die Maximierung von Gewinn und Ausschüttung. In diesem System, das meist aus einer Subgruppe des Familiensystems besteht, steht weder die Person, noch die Aufgabe im Mittelpunkt, sondern die Frage, welcher Schritt die optimale Ausnutzung der eingesetzten Mittel gewährleistet. Die Logik der Kommunikation und Interaktion sowie ihre Entscheidungsfindungsprozesse sind von völlig anderen Entscheidungsprämissen als familiären Spielregeln bestimmt (z.B. von Anteils-Mehrheiten, Vertragstexten, Rechtsprechung usw.). Am ehesten kann man diese Logik „juristisch" nennen. Beim Streit über die Höhe der jährlichen Ausschüttung oder bei der Frage, welche Familienmitglieder Gesellschafter werden dürfen, werden die Unterschiede am deutlichsten sichtbar.

Abb. 2.2: Bindungs- und Entscheidungslogik

Logiken im Kontext Unternehmerfamilie:

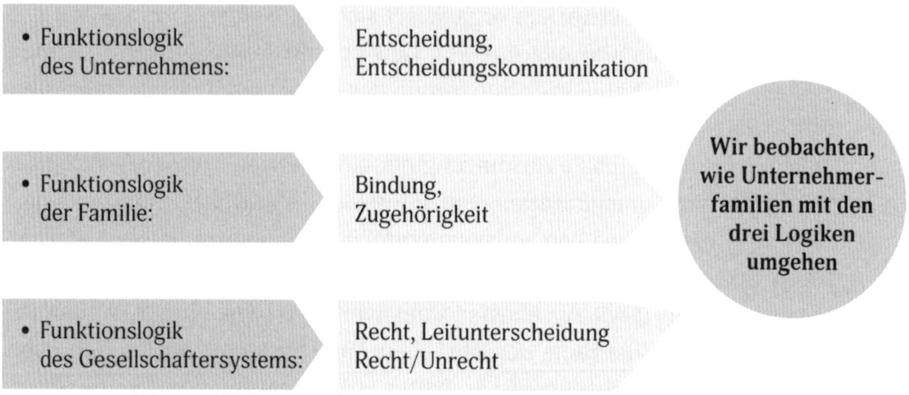

Abb. 2.3: Drei Funktionslogiken

Die unterschiedlichen Funktionslogiken von Familie, Unternehmen und Eigentum beeinflussen sich gegenseitig und bestimmen somit die charakteristischen Eigenarten des Familienunternehmens.

	Familienlogik	Unternehmenslogik	Eigentumslogik
Mitgliedschaft	Eng verwandte Personen aller Altersstufen	In der Regel nicht verwandte, erwachsene Personen, die bestimmten Anforderungsprofilen genügen müssen	Nah und fern verwandte, (erwachsene) Personen
Zugang	Geburt, Heirat, Adoption	Einstellung, Vertrag	Vererbung, Kauf von Anteilen (zumeist bei Verwandtschaft)
Ausstieg	Prinzipiell nicht möglich (auch nach Scheidung bleiben u. U. bestimmte Familienpflichten erhalten)	Kündigung (aktiv, passiv), Berentung	Formell möglich über Verkauf
Kommunikationsziel	Herstellen von Bindung unter den Mitgliedern (auch Ablösungsprozesse der Folgegeneration werden daraufhin beobachtet, wie Abgrenzung und Verbundenheit balanciert werden)	Treffen von Entscheidungen	Treffen von Eigentümer-Entscheidungen

Kommuni-kationsstil	Wenig formalisierte, mündliche Kommuni-kation	Formalisierte Kommu-nikation, Sitzungen, Protokolle	Formalisierte Kommu-nikation bei zugleich informell „vorbereiteten" Abstimmungen
„Währung"	Liebe, Bindung, Anerkennung	Gehalt, Anerkennung, Karriereziele	Anteilsbesitz, sowie Autorität qua Kompe-tenz, Seniorität etc.
Übergeordnetes Kriterium des Entscheidens	Wohlergehen der Familie und ihrer Mitglieder	Wirtschaftlichkeit	Existenzsicherung des Unternehmens und der Gesellschafter unter Beachtung ideeller Werte
Kriterien von Personen-entscheidungen	Prinzip der Gleichheit, Differenzierungen erfolgen altersbedingt. Es zählt die ganze Person.	(Ungleiche) Selektion nach Kompetenz ohne Schutz vor Beschädigung der Einzelperson (z. B. Kündigung). Es zählt die Funktion, die die Person erfüllen kann.	(Ungleiche) Selektion nach Anteilsbesitz bei größtmöglichem Schutz vor Beschädigung von Einzelpersonen (z. B. bei Wahlen zu Aufsichtsgre-mien). Die ganze Person hat „eine Stimme".
Entscheidungs-prinzip	Senioritäts- oder Kon-sensprinzip	Je nach Organisation festgelegte Entschei-dungsprozedur	Mehrheitsregeln (oft jedoch verknüpft mit Konsenswunsch)
Gerechtigkeit	Gleichheit und/oder Bedürftigkeit	Wer mehr leistet, hat Anrecht auf die beste Position	Juristische Gleich-behandlung, mit gleichen Rechten für alle Gesellschafter
Balancierung	Ausgleichsgerechtigkeit	Leistungsgerechtigkeit	Verfahrensgerechtigkeit unter Beachtung „schädlicher" Wirkungen für Einzelpersonen
Ausgleich = Worum wird gestritten?)	Anerkennung, Wertschätzung, Zugehörigkeit, Dank	Gehalt, Karriereoptionen	Höhe der Ausschüttung
Zeitlicher Horizont des Ausgleichs	Langfristig (kann über Jahre, ja sogar über Generationen gehen)	Kurzfristig („zum 31."), teils mittel-fristig (Aufstieg)	Jährlich

Tab. 2.1: Unterschiede der Logiken

2.3 Einige systemtheoretische Ausflüge

Um zu verstehen, warum es in diesem Zusammenhang sinnvoll ist, von Paradoxie zu sprechen, braucht es ein paar kurze systemtheoretische Exkurse. Sie streifen logische (semantische) und pragmatische Paradoxien, behandeln den Begriff der „Person" in der Theorie sozialer Systeme und erklären, wie Erwartungs-Erwartungen und „schräge Anschlüsse" miteinander zusammenhängen.

2.3.1 Verschiedene Formen von Paradoxien

„Familienunternehmen und Unternehmerfamilien sind heute vielleicht der letzte Hort, in dem sich Strukturen einer längst untergegangenen Feudalordnung mit dynastischen Leitelementen finden, die selbst schon ein Paradoxon in unserer Gesellschaft darstellen" (Baumhauer, 2008, p. 12).

Paradoxien haben Menschen seit alters fasziniert (Hagenbüchle & Geyer, 2002; Simon, 2002b). Der Reiz der Paradoxie liegt in der Möglichkeit, mit Hilfe von Sprache eine Spannung zwischen der *Realität* und der *Beschreibung* von Realität zu erzeugen, die das Denken an seine Grenzen führt, wie etwa die Aussage: „Ich sage nie die Wahrheit!" Ähnlich ist die bekannte Paradoxie des Epimenides aus Kreta: „Alle Kreter lügen!" Er ist Kreter, also lügt er, also stimmt der Satz, also lügt er nicht, also stimmt der Satz nicht, also ist er wahr ...

Die Art und Weise, wie Sprache sich *über die* Verwendung von Sprache auf sich selbst beziehen kann, erzeugt die merkwürdige Verwirrung, der man ausgesetzt ist, wenn man einer solchen Sprachkonstruktion gegenübersteht. Manchmal geschieht das mehr oder weniger zufällig auch bei einfachen Konstellationen des Alltags. So meldete vor Jahren die Zeitung, ein Bundeswehrsoldat habe drei Tage verschärften Arrest bekommen, weil er behauptet hatte, in der deutschen Armee gebe es keine Meinungsfreiheit – hmm, schon komisch, oder? Solche „logischen" Paradoxien (manchmal nennt man sie auch „semantische" Paradoxien) sind Widersprüche in sich, die uns die Grenzen der Kategorien unseres Denkens aufzeigen. Sie haben damit zu tun, wie wir Wirklichkeit wahrnehmen und beschreiben, sie sind nicht „Wirklichkeit" selbst. Besonders prägnant zeigt dies die surrealistische Malerei: Nur durch die Transformation eines dreidimensionalen Raumes auf eine zweidimensionale Ebene (also von Realität auf Beschreibung) können die Bilder etwa eines M.C. Escher ihre verwirrende Wirkung entfalten, etwa den Bach, der in sich selbst hineinfließt, oder die Figuren, die zugleich treppauf und treppab gehen (v. Schlippe, 2011).

Die logische Paradoxie definiert sich durch *die Gleichzeitigkeit einander ausschließender Beschreibungen:* Die Treppe geht aufwärts *oder* abwärts, aber nicht beides. Immanuel Kant hat bereits sehr eindrücklich gezeigt, wie die Kategorien unserer Beschreibungen uns in Antinomien führen, die nicht auflösbar sind: So können wir uns etwa weder vorstellen, dass die Welt einen Anfang in der Zeit hat, noch dass sie keinen hat. Ähnliches gilt für den Raum (Hagenbüchle & Geyer, 2002, S. 29).
Paradoxien sind also an die Gesetze gebunden, wie Menschen wahrnehmen und denken. Sie liegen in der Verführung der Sprache, die Welt sei so, wie wir sie beschreiben: „Nur wer (zweiwertig) logisch denkt, kann verrückt werden" (Simon 2002, S. 82), und verweisen darauf, dass unsere Sprache Wirklichkeit nicht einfach abbildet, sondern sie miterzeugt – und wie fragil dieser Erzeugungsprozess ist, dass er sozusagen „Bruchkanten" aufweist, weil nicht immer klar ist, ob die Sprache sich auf Sachverhalte bezieht oder auf sich selbst. Auch in der Organisationsforschung hat die Theoriefigur der Paradoxie die ForscherInnen schon seit langem beschäftigt (z. B. Amason, 1996; Lüscher & Lewis, 2008; Smith & Lewis, 2011 geben einen besonders breiten Überblick), in neuerer Zeit zunehmend auch in Bezug auf Familienunternehmen (Plate & v. Schlippe, 2010; v. Schlippe et al., 2012; v. Schlippe, 2011b; Simon et al., 2005; Wimmer et al., 2005, 2004; Zellweger, 2014).
Eine besondere Form von Paradoxien sind die sog. „pragmatischen Paradoxien" (Watzlawick, Beavin, & Jackson, 1969). Sie entstehen, wenn eine paradoxe Erwartung besteht oder eine paradoxe Handlungsaufforderung gegeben wird. Die Form: „Tu es und tu es nicht!" scheint zunächst im Alltag nicht vorzukommen. Tatsächlich finden sich jedoch in der Alltagswelt zahlreiche Beispiele. Sie konstituieren die berühmten „Beziehungsfallen", den Widerspruch zwischen dem, *was* die Kommunikation verlangt, und der Tatsache, *dass* sie es verlangt.
Die bekannteste Form ist die sog. „Sei-spontan"-Paradoxie, die, um befolgt zu werden, nicht befolgt werden kann/darf. Sie findet sich in vorwurfsvollen Forderungen spontanen Verhaltens wie: „Sag mir doch einmal, dass du mich liebst", oder: „Nie bringst du mir Blumen mit!" – und am nächsten Tag: „Was soll ich damit, die hast du ja jetzt nur mitgebracht, weil ich es gesagt habe!" In weniger massiver Form findet sie sich in der Aufforderung des Fotografen, sich „ganz natürlich" zu verhalten, der man nicht wirklich nachkommen kann. In dieser Form der paradoxen Aufforderung werden eigentlich zwei Verhaltenserwartungen gleichzeitig übermittelt, die einander widersprechen: „Tue das, was ich dir sage!" und „Tue es freiwillig, von dir aus!"
Die Gleichzeitigkeit einander widersprechender Verhaltenserwartungen macht mithin diese Art von Paradoxie aus. Pragmatische Paradoxien wurden vielfach als Erklärung für „verrücktes Verhalten" beschrieben: Wer sich, wie auch immer er es versucht, nicht „richtig" verhalten kann, so die Idee von Bateson et al. (Bateson, Jackson, Haley, & Weakland, 1969), der versucht, in einem nicht vorhersagbaren „Universum" von lauter „Doppelbindungen", also Situationen, in denen man sich nie

richtig verhalten kann (Litz, 2012), dadurch zu überleben, dass er Unsinn redet – und so nicht auf die eine oder andere Seite festgenagelt werden kann.

Abb. 2.4: „Sei-spontan!“

Nun sind Familienunternehmen nicht automatisch „verrücktmachende Systeme“, es wäre Unsinn, so weit zu gehen. Allerdings kann in ihnen tatsächlich ein Risikofaktor für die seelische Entwicklung ihrer Mitglieder liegen (s. a. Borst, 2008; Simon, 2008). Wie beschrieben, haben wir es bei Familienunternehmen nämlich mit besonders komplexen Sozialsystemen zu tun, in denen verschiedene Kommunikationslogiken gleichzeitig präsent sind. Damit können dann auch entsprechend unterschiedliche und sich widersprechende Verhaltenserwartungen einhergehen: Die Familienlogik sagt „hü“, die Unternehmenslogik „hott“. Da man im Familienunternehmen in vielen Kontexten „mehrere Personen gleichzeitig“ ist, ohne sich dessen bewusst zu sein, kann hier schon viel durcheinander kommen. „Mehrere Personen gleichzeitig“? Wie kann das gehen? Hier kann es helfen, sich den Personbegriff der Systemtheorie einmal genauer anzuschauen: Dies wollen wir im folgenden Abschnitt tun.

2.3.2 Mit wem spreche ich gerade?

Soziale Systeme bestehen in der Sicht der Theorie sozialer Systeme aus Kommunikationen, d. h., sie sind gekennzeichnet durch die Art und Weise, wie eine Kommunikation an die andere anschließt. Das ist zunächst einmal kontraintuitiv, meist werden „Menschen" als Bestandteile, als Elemente des Systems gesehen. Menschen kommen in dieser Theorie jedoch nur als „Personen" vor, als „Kommunikationsadressen". Das heißt, eine Person ist in der Sicht dieser Theorie nicht mit dem Menschen identisch, wenn auch natürlich ohne einen Menschen keine Person denkbar ist.[6] Aber Personen in sozialen Systemen „sind Konstrukte der Kommunikation zum Zwecke der Kommunikation" (Luhmann, 2000, S. 90 f.). Anders als im Alltagsgebrauch, wo „Person" manchmal sehr nah an „Charakter" bzw. „Persönlichkeit" (mit „unverwechselbaren Eigenschaften") ist, konzentriert sich der systemtheoretische Personbegriff nicht auf die in der Psyche eines jeweiligen Menschen verankerten Überzeugungen, er schaut also nicht auf das „drinnen" eines Menschen, sondern auf die Erwartungsstrukturen, die für ein Kommunikationssystem kennzeichnend sind. Personen werden so als kommunikativ entstandene „Erwartungskollagen" angesehen (Luhmann, 1984, S. 178), die in der Kommunikation entstehen und für diese bedeutsam sind. Es werden also gebündelte Erwartungen, die im Kontext eines sozialen Systems an einen Menschen gestellt werden, in der „Person" zusammengefasst. Dazu gehören natürlich auch die Erwartungen, die diese Person selbst davon hat, was man von ihr als besonderer Person erwartet. Nun, das klingt vielleicht etwas sehr theoretisch. Schauen wir uns das an einem kleinen Beispiel an, das zeigt, wie man in unterschiedlichen Systemen für unterschiedliche Mitmenschen jeweils eine sehr andere Person sein kann.

Im Alltag passieren eigentlich ständig „Zaubereien": Wir werden ein anderer, wir „verwandeln" uns, in der Regel ohne es bewusst zu registrieren. So frühstücke ich vielleicht morgens noch im Kreise der Familie, in dem Kommunikationssystem, innerhalb dessen ich mich bewege, wird die Erwartungskollage „Ehemann und Vater" verwirklicht. Wenn ich mich ins Auto setze und an die Universität fahre, passiert eine merkwürdige Verwandlung mit mir, eine Art Verzauberung, die uns selbstverständlich geworden ist, die aber genau besehen eine besondere soziale (und auch psychische) Leistung darstellt: Ich werde ein anderer! Wenn ich die Pforten der Universität passiert habe, bin ich dieser andere geworden, ich verhalte mich selbstverständlich ganz anders als zu Hause, ich habe klare Vorstellungen davon, welche Erwartungen in der Uni an mich gerichtet sind, und entspreche ihnen ganz selbst-

---

[6] Dies ist ein mögliches Verständnis des Begriffs „Person", der natürlich aus anderen Perspektiven (auch aus anderen systemtheoretischen) ganz anders gefasst werden kann und wird. Dies soll hier nicht weiter vertieft werden (vgl. z. B. Kriz, 2004).

verständlich. Es gibt ein automatisiertes Wissen darüber, welche Erwartungen an mich in welchem Kontext gerichtet werden, und ich passe mein „Person-Sein" ganz fließend daran an. Schwierig wird es nur, wenn diese Verzauberung nicht ganz so einfach ist, weil die Kontexte, in denen ich mich bewege, nicht so klar voneinander zu trennen sind.

Fallbeispiel: „Lateinlehrer und Pfadfinderführer"
Besonders prägnant wurde mir dies während meiner Schulzeit deutlich, als ich einen „Clash of contexts" erlebte. Verschiedene Systemreferenzen prallten aufeinander und führten zu einem Zusammenbruch der Selbstverständlichkeiten: Mein Lateinlehrer war zugleich mein oberster Pfadfinderführer. Als solcher hatten wir ein „Du"-Verhältnis, wie es sich unter Pfadfindern geziemte. In der Schule „Sie-zten" wir uns dagegen. Die Kontexte waren klar getrennt (der Fachbegriff, den Bateson dafür prägte, heißt „Kontextmarkierung"). Daher kamen sich die „Personen" im Alltag nicht in die Quere; im Zeltlager und in Pfadfinderkluft war er „Karl-Heinz", in der Schule eben der Lehrer. Nun hatte ich aber auf einer Fahrt mein Fahrtenbuch vergessen und benötigte eine nachträgliche Unterschrift, wohlgemerkt, nicht vom Lehrer, sondern vom Pfadfinderführer. Ich erinnere mich noch, wie schwierig es für mich war, ihn darauf anzusprechen, sollte ich „Du" sagen oder „Sie"? Es war ein mühsames Abtasten der Erwartungen: Ich ging nach dem Lateinunterricht zu ihm und vermied die Ansprache, indem ich ein geschraubtes Passiv benutzte („Hier müsste noch eine Unterschrift geleistet werden ..."). Er unterschrieb und erlöste mich, indem er klar den Kontext markierte: „So, Schlippe, hier haben Sie Ihr Heft zurück!" Ich wusste wieder, als welche Person er sich für mich in dem Kontext sah, und so war ich orientiert, welche Person ich meinerseits vor mir hatte.

Die Geschichte zeigt recht deutlich, welche kommunikativen Verwicklungen geschehen können, wenn man nicht sicher ist, welche Person gerade „aktiv" oder „zu Hause" ist. Menschen können eben mehrere Personen gleichzeitig „sein". Normalerweise helfen uns die Kontexte, in denen wir uns bewegen, dabei, die verschiedenen Personen auseinanderzuhalten und zu wissen, was gerade von uns konkret erwartet wird. Dieses Wissen, also dass wir selbst klare Erwartungen davon haben, was von uns erwartet wird (es sind dies die sog. „Erwartungs-Erwartungen"; der Begriff wird im weiteren Verlauf des Kapitels geklärt), lässt uns soziale Situationen sicher meistern. Doch was, wenn ein Kontext nicht klar ist, wenn ich nicht genau wissen kann, welche Erwartungskollage gerade wirksam ist? Kommunikationen können mehreren Systemen zugleich zugerechnet werden (Kühl, 2012, p. 19), doch sind die Kriterien für diese Zurechnungen nicht immer klar. Pragmatische Paradoxien ergeben sich, wenn Menschen sich Verhaltenserwartungen ausgesetzt sehen, die sie gleichzeitig an sich gerichtet erleben, die nicht klar sind, die einander vielleicht sogar ausschließen. So entstehen die berühmten „Beziehungsfallen“, Widersprüche zwischen dem, *was* die Kommunikation verlangt, und der Tatsache, *dass* sie es verlangt (Luhmann 2000, S. 115).

Abb. 2.5: Eine Nachfolgeparadoxie

In Familienunternehmen sind nun, wie beschrieben, immer mehrere Systeme, also mehrere Logiken gleichzeitig „aktiv“. Man spricht Sonntagmorgens am Frühstückstisch intensiv über strategische Fragen oder setzt vielleicht im Unternehmen einen Familienstreit fort. Es sind vielfache Situationen denkbar, in denen die Beteiligten nicht ganz sicher davon ausgehen können, wer sie gerade für den anderen sind bzw. wer er/sie für sie ist, denn vor welchem Sinnhorizont eine Person die Kommunikation selegiert, welchen Erwartungshorizont sie (unbewusst) wählt, ist nie ganz sicher. So können sich in Unternehmensfamilien besondere Arten von „Double-Binds“ ergeben, also unklare Erwartungen, die „schräge Anschlüsse“ mit sich bringen, wenn eine „Person“ eine andere ist, als man erwartet, ohne dass man dies merkt. Ein längeres Fallbeispiel soll die Bedeutung dieser Gedanken näher erläutern.

Fallbeispiel:
„Ein Businessplan für das Juwel[7]“: Schräge kommunikative Anschlüsse
Bereits wenige Wochen nach meinem Dienstantritt erhielt ich eine erste Anfrage nach einer Beratung. Eine Unternehmensfamilie, nennen wir sie Familie „Abel“, hatte sich im Nachfolgeprozess stark zerstritten und kam mit den Konflikten, in denen sie sich verfangen hatte, nicht mehr klar. Ich lud die Familie ein und erlebte ein angespanntes Familiensystem; die aggressive Spannung war schon spürbar, ehe sie sich setzten. Eine Intervention, die ich in solchen Fällen gern als anfängliches Mini-Contracting setze und die in vielen Jahren zuvor nie ihre Wirkung verfehlt hatte, sieht so aus: „Herzlich willkommen, ich bekomme mit, dass Sie unter ziemlicher Spannung stehen, alle sind ziemlich ‚geladen'. Manchmal wird dann der Besuch bei einem neutralen Dritten dazu genutzt, um ordentlich ‚abzurechnen' und sich die Dinge besonders krass um die Ohren zu hauen. Meist bringt das nicht weiter, sondern vertieft die Kränkungen noch. Ich schlage daher vor, dass wir hier gemeinsam darauf achten, dass wir hier auf eine Weise sprechen, die die Verletzungen nicht noch vergrößert. Sind Sie damit einverstanden?“ Wie gesagt, noch nie hatte ich auf ein derartiges Angebot einen Korb bekommen; und stets war damit eine Markierung gesetzt, die es mir erlaubte, im kritischen Fall daran zu erinnern, die Sprache auf nicht verletzende und grenzüberschreitende Weise zu nutzen. In diesem Fall antwortete der Herr Abel sehr schroff: „Dann kann ich ja gleich wieder gehen!!!“ – und auf meine erschrockene Rückfrage dann sehr laut: „Sie wollen mir also verbieten, zu erzählen, wie dieser junge Mann da mich fertig macht, wie er mir den letzten Nerv raubt und mich absolut an meine Grenzen bringt? Nein, wenn ich das nicht sagen darf, hat es alles keinen Zweck!“ Der „junge Mann da“, der ca. 26-jährige designierte Nachfolger, reagierte durchaus entsprechend: „Ach, das soll hier eine Gerichtsverhandlung gegen mich werden? Dann kann ich ja gleich wieder gehen!“ Bereits in den ersten „Eröffnungszügen“ gerieten wir so in schwieriges Fahrwasser: Wie konnte dem Vater versichert werden, dass hier Raum für seine Geschichten und Gefühle sei, ohne dass der Sohn in Erwartung neuer Kränkungen seinerseits blockierte? Die Situation ließ sich letztlich argumentativ lösen, doch die Geschichte ist m. E. prototypisch für eine Erfahrung, die ich in Unternehmensfamilien immer wieder machte: Die Gefühle von Betroffenheit und Kränkung, die damit verbundene feste Überzeugung, dass

[7] Dieses Beispiel ist eines, das auf einer DVD, die parallel zu diesem Buch herausgebracht wurde, ausführlich im Rollenspiel mit professionellen Schauspielern erarbeitet wurde (v. Schlippe, 2014a). Es wird uns daher auch in diesem Buch noch weiter begleiten. Zur Vertiefung empfiehlt es sich, den Film parallel zur Lektüre zu sehen.

jeweils ausschließlich der andere die Quelle für das eigene Unglück sei und damit die Wut aufeinander, sind bei den Beteiligten oft extrem hoch.
Mit Unternehmensfamilien hatte ich zuvor zwar auch gearbeitet, doch hatte ich mir nie darüber Gedanken gemacht, was für einen enormen Unterschied es für eine Familie bedeutet, ein Unternehmen in ihrem Umfeld zu haben. Aus der Konstellation ergeben sich immer wieder neue Rätsel, oft schwer oder auch gar nicht nachvollziehbare Phänomene, die immer wieder neu gelöst werden wollen. Ich nutze die Metapher des Rätsels gern, um die Differenz von Bewertung und Neugier zu markieren, die für systemische Praxis essenziell ist. Wer auf Phänomene, denen er begegnet, mit Bewertung zugeht, verpasst eine Lernchance. Es empfiehlt sich, gerade dann, wenn man bei sich selbst die Tendenz bemerkt, das Geschehen, dem man sich gegenübersieht, entwertend zu beschreiben („Unmöglicher Typ!"), die beiden Worte: „Wie interessant!" als „Zauberformel" zu nutzen. Man könnte sich vorstellen, dass man gerade eine Seite z. B. in der neuesten Ausgabe der ZEIT mit einem schwierigen Rätsel aufgeschlagen hat: Wie ergibt das Geschehen Sinn?
Der Konflikt, mit dem Familie Abel in die Beratung kam, eröffnete eine ganze Reihe solcher Rätsel: Warum sind sie so extrem böse aufeinander, obwohl (oder weil?) sie sich doch offenkundig sehr gern hatten und – in meinen Augen – bislang nichts wirklich Dramatisches passiert war? Erkennbar waren beide Seiten kooperationswillig und kooperationsbereit, warum gelang es nicht, dies praktisch umzusetzen? Warum verfingen sich die Familienmitglieder innerhalb kürzester Zeit in heftigen Streitgesprächen, und was hatte das mit der Nachfolge zu tun?
So, wie die Familie berichtete, hatte die Unmöglichkeit, ein einigermaßen ruhiges Gespräch zu führen, begonnen, nachdem die Eltern ihrem Sohn die Unternehmensnachfolge angeboten hatten. Eine Schlüsselgeschichte für das Verständnis des Konflikts, der sich vor allem zwischen Vater und Sohn manifestierte, drehte sich um die folgende Szene: Im Kontext der Weihnachtsfeiertage hatten die Eltern dem Sohn und seiner Partnerin angeboten, in die Führungsnachfolge des kleinen Hotels einzutreten, das sie aufgebaut hatten. Herr und Frau Abel hatten feierlich erklärt, dass sie das Unternehmen – ihr „Juwel", wie sie sagten – gerne in die nächste Generation übergeben wollen. So klar und explizit war das vorher noch nie ausgesprochen worden. Es war ein höchst emotionaler Moment, alle waren glücklich, der Sohn und die zukünftige Schwiegertochter hatten freudig zugesagt.
Die jungen Leute waren danach heimgefahren und hatten drei Wochen später den Eltern einen Businessplan vorgestellt mit „strategischen Optionen", Vor-

schlägen für strukturelle Veränderungen und „Milestones" auf dem Weg zur endgültigen Unternehmensübergabe. Zur großen Überraschung der beiden reagierten die Eltern tief gekränkt: „Was bildet ihr euch ein! Was ist für eine unglaubliche Anmaßung? Ihr wollt uns wohl aus dem Unternehmen drängen und euch ins gemachte Nest setzen! Das kommt nicht in Frage!" Wie hatten es die Eltern denn ihrerseits gedacht? Nun, die nächste Generation solle doch erst einmal ins Unternehmen kommen und mitarbeiten, alles andere werde sich schon finden. Die Antwort der jungen Generation darauf war sehr klar: „Ach, ihr sucht billige Praktikanten, die jahrelang die Toiletten saubermachen und bedienen! Ansonsten behaltet ihr alles in der Hand und, nach Jahren, irgendwann, vielleicht, seid ihr mal zur Übergabe bereit? Nein, nicht mit uns!" Beide Seiten waren in diesem eskalierenden Streit erkennbar tief getroffen. Wie kann eine solche – doch von außen rein sachlich zu betrachtende – Auseinandersetzung ein so tiefes Zerwürfnis mit sich bringen?

Es hat, so wurde im Laufe der Beratung deutlich, damit zu tun, dass es in dieser Familie eine – keinem bewusste – Unklarheit darüber gab, welche „Personen" in der Kommunikation jeweils „aktiv" waren. Der Kern des Konflikts ließ sich auf eine Schlüsselinteraktion reduzieren: Die Eltern hatten ihrem Sohn ihr „Juwel" angeboten, er und seine Partnerin hatten mit einem Businessplan geantwortet. Irgendwie waren die kommunikativen Anschlüsse „schräg", sie passten nicht in die Erwartungsschemata der Beteiligten, die die Kontexte, in denen jeweils die andere Seite kommunizierte, ganz unterschiedlich interpretierten. Doch das war ihnen nicht bewusst, sie erlebten es psychologisch und persönlich so, als sei der andere jeweils „falsch", „unverschämt", ja, sogar „verrückt". Im Erstgespräch fiel u.a. dazu dieser Satz der Eltern: „Gut, dass Sie als Psychologe darauf schauen, Sie werden schnell sehen, dass mit unserem Sohn etwas nicht in Ordnung ist. Wir haben schon überlegt, ob wir ihn einmal zum Psychiater schicken!" – eine Bemerkung, die der Sohn mit Zeichen von tiefer Kränkung und Wut beantwortete. Inzwischen sind mir diese Beschreibungen vielfach begegnet. Wenn jemand in einer anderen Logik, also im Rahmen anderer Erwartungs-Erwartungsstrukturen kommuniziert als man selbst und so ein Kommunikationssystem „schräger Anschlüsse" entsteht, kann dies schnell so verarbeitet werden, als sei der jeweils andere entweder „dumm", „krank" oder „böse" (mehr dazu in Kap. 6.2).

In der Arbeit mit Familie Abel gelang es, die Beschreibungsmuster zu verdeutlichen, indem wir die auf die Formel „Juwel" und „Businessplan" verdichtete Szene in einer besonderen Weise nachbauten: Für Vater und Sohn wurde jeweils ein Stuhl hingestellt. Daneben wurde dann für die beiden jeweils ein weiterer Stuhl gestellt, nämlich einer für den Unternehmer und einer für den

Nachfolger. Potenziell konnte jeder also auf zwei Stühlen sitzen, allerdings natürlich nicht gleichzeitig – und genau das scheint eines der Kernprobleme in Unternehmensfamilien zu sein (zur Methode der „Zwei Stühle" ausführlich s. Kap. 7.4.3, s. a. die bereits angesprochene DVD, v. Schlippe, 2014a). Auf die Frage, auf welchem Stuhl er innerlich gesessen habe, als er dem Sohn das Nachfolgeangebot gemacht habe, antwortete Vater Abel sofort, dass er „natürlich" aus dem Vaterstuhl heraus gesprochen habe. Der Sohn hatte das Angebot jedoch ebenso selbstverständlich von dem Nachfolgerstuhl aus, also in Unternehmenslogik gehört. So wurden sie aufgefordert, sich jeweils auf die beiden Stühle zu platzieren, die nicht einander direkt gegenüberstanden, so dass die „Überkreuztransaktion" offensichtlich wurde. Die Aufforderung, den Satz „Wir wollen dir unser Juwel anvertrauen!" einmal zu wiederholen, konterte der Vater mit: „Wozu? Auf dem Stuhl da sitzt ja keiner!" Genau das war das Problem: Der Vater hatte sein Angebot an eine leere „Kommunikationsadresse" gesendet! Wie schon gesagt, Kontextmarkierungen fehlen, die zeigen, in welchem Kontext die Kommunikation sich gerade bewegt. Und da man bei einem Menschen, der einem leibhaftig gegenübersitzt, nicht erkennen kann, welche „Person" gerade „aktiviert" ist, kann es hier zu einiger Verwirrung kommen. So ist es nachvollziehbar, dass der Vater, als von gegenüber eine Antwort kam, die seinen Erwartungsstrukturen nicht entsprach, die Resonanz nicht anders einordnen konnte als als „Böswilligkeit" oder gar „Verrücktheit". Beim Sohn war es ähnlich: er hatte die Worte ja gehört, sie aber im Kontext seiner eigenen Erwartungsstrukturen einem anderen „Ort", also einer anderen Systemlogik zugeordnet. So war ein Missverständnis entstanden, das darin gründete, dass beide in ihrer Kommunikation als unterschiedliche Personen auftraten bzw. sich als unterschiedliche Personen adressierten.

Im Beispiel wird deutlich, wie eine Person als „Erwartungskollage" in der Kommunikation auftaucht. Sie erscheint damit nicht als „Mensch[8]", sondern als „beobachteter Mensch", also als Adressat von Kommunikation und als Anknüpfungspunkt für weitere Selektionen. Da dies auch Selbstbeobachtung mit einschließt, macht man sich sozusagen auch selbst zu einer „Person", indem man in der entsprechenden Logik kommuniziert. Wenn das Gegenüber nun sich selbst oder den Kommunikationspartner als eine andere Person konstruiert, kann es zu Verwirrung kommen. Dies ist in

[8] Der Vorwurf an Luhmann, seine Theorie sei eine „ohne Menschen", lässt sich gerade hier gut entkräften: Ohne Menschen gibt es natürlich keine sozialen Systeme, doch innerhalb von diesen gibt es Menschen nur als wechselseitig sozial und damit sinnhaft konstruierte Personen.

Familienunternehmen besonders prägnant, weil man ständig und gleichzeitig Mitglied in verschiedenen Sozialsystemen ist. Die ständig gleichzeitig erfahrbare Präsenz unterschiedlicher Systemlogiken erschwert die Suche nach Kontextmarkierungen, die helfen könnten, die Erwartungskollagen passend aufeinander abzustimmen. Die Frage, ob man gerade aus der Identität des Unternehmers heraus kommuniziert bzw. angesprochen wird oder aus der des Familienmitglieds, ist oft nicht klar beantwortbar. Die Erwartungsstrukturen der Beteiligten beziehen sich dann auf unterschiedliche „Bedeutungsfelder“ (ausführlich hierzu Kriz, 2006, 2009, 2011): Wie einer Aussage jeweils Bedeutung beigemessen wird, resultiert nicht immer nur aus den familiären Interaktionsmustern, sondern auch aus anderen Sinnsystemen. So entsteht ein besonderes Problem, denn es ist ein „Mindestmaß an auf Kenntnissen gegründeten Erwartungen“ erforderlich, um eine Kommunikation überhaupt in Gang zu bringen (Luhmann, 1984, S. 155). Wenn die Erwartungsstrukturen bestätigt werden, verläuft die Interaktion für die Beteiligten problemlos, daher kommunizieren die Familienmitglieder auch in Unternehmensfamilien natürlich vielfach in passender Weise. Schwierig wird es, wenn die Art, wie die eine Kommunikation an die andere anschließt, für die Beteiligten einen Bruch in ihren Erwartungsstrukturen bedeutet. Hier kann es helfen, eine künstliche Kontextmarkierung einzuführen, die den Beteiligten verdeutlicht, dass keiner der Beteiligten dumm, krank oder böse sein muss, sondern möglicherweise nur als Person „gerade nicht zu Hause“ ist, wenn er/sie kommunikativ adressiert wird – eine solche Funktion können z. B. die beschriebenen Stühle erfüllen (siehe auch Kap. 7.4.3).

2.3.3 Erwartungs-Erwartungen und „schräge Anschlüsse“

Der Begriff der „Erwartung“ tauchte im vorhergehenden Abschnitt bereits mehrfach auf, auch in Verbindungen wie „Erwartungsstrukturen“, „Erwartungskollagen“ usw. Dies ist nicht ohne Grund geschehen, denn der Begriff ist in der Systemtheorie sehr zentral: Erwartungen sind das, was soziale Systeme sozusagen zusammenhält (Luhmann, 1984, 2000). In der Sicht der Systemtheorie lassen sich Kommunikationen als Elemente des Systems verstehen, d. h., ein „System“ besteht in dieser Sicht nicht aus Menschen, sondern aus Kommunikationen. Dies ist eine Unterscheidung, die zunächst schwer zu verarbeiten ist. Menschen sind natürlich nötig, um Kommunikationen zu „befeuern“, doch sie sind in Bezug auf das Kommunikationssystem eine bedeutsame „Umwelt“, ohne die dieses nicht bestehen kann. Aber das Kommunikationssystem ist etwas anderes als nur eine Ansammlung von Menschen. Die Luhmann’sche Beschreibung weist darauf hin, dass das aus den Kommunikationen heraus entstehende Kommunikationssystem eine neue Qualität gewinnt. Es löst sich von den Intentionen der einzelnen, ein sozia-

les System ist kein „Ding“, sondern ein Prozess (s. a. Kriz, 2004, 2009). Die Kommunikationen, die Elemente selbst haben keine Dauer, ein ausgesprochenes Wort ist vorbei, wenn es ausgesprochen wird. Doch das eine Wort ist mit dem anderen, die Aussage ist mit ihrer Antwort auf sinnvolle Weise verbunden. Eine Kommunikation schließt meistens sinnhaft an die nächste an. Wenn wir danach fragen, wie diese Anschlüsse hergestellt werden, kommen wir zu der Frage, auf der Basis welcher Erwartungsstrukturen jeweils ein gemeinsamer Sinn erzeugt wird. Dies scheint ein wichtiger Aspekt zu sein, wenn es darum geht, Konflikte in Familienunternehmen zu verstehen: Die jeweiligen Kommunikationen sind flüchtige Ereignisse, doch die Anschlüsse zwischen diesen Ereignissen werden gemäß der Erwartungen, der Erwartungsstrukturen vorgenommen, die die beteiligten Personen ausgebildet haben: Diese Strukturen, diese „Erwartungs-Erwartungen“, bestimmen jeweils, wie eine Anschlusskommunikation vorgenommen wird. Ohne solche ausgebildeten Erwartungen würden kommunikative Anschlüsse völlig zufällig werden, könnte es keine sozialen Systeme geben.
Der Begriff Erwartungs-Erwartung beschreibt den Mechanismus, der menschliche Kommunikation vom Informationsaustausch von Computern unterscheidet. Jeder Mensch, der sich an Kommunikation beteiligt, hat eine einigermaßen stabile Idee davon, was der andere meint, wenn er spricht, und er hat die Erwartung, dass der andere eine Vorstellung davon hat, was man selbst meint: „Erwartungs-Erwartungen veranlassen alle Teilnehmer, sich wechselseitig zeitübergreifende und in diesem Sinne strukturelle Orientierungen zu unterstellen. Damit wird verhindert, dass soziale Systeme in der Art bloßer Reaktionsketten gebildet werden, in denen ein Ereignis mehr oder minder voraussehbar das nächste nach sich zieht“ (Luhmann, 1984, S. 414). Im Gegensatz zum reinen Informationsaustausch öffnen sich durch Erwartungsstrukturen ganz neue Möglichkeiten, entsteht eine neue Vielfalt menschlicher Kommunikation. Denn hier geht es um Bedeutungen, die verhandelt werden. Anders als zwischen Computern, die Information austauschen, hat in Sinn-Systemen der eine eine Ahnung davon, was der andere meint, wenn er spricht, und was der andere ihm vielleicht unausgesprochen auch mitteilen möchte (Kriz, 2006, 2009), er hat eine Idee davon, ob das, was gesagt wird, „ehrlich gemeint“ ist oder vielleicht gelogen, um einen Zweck zu erfüllen, ob es als Scherz oder ernst gemeint ist usw. Solche Erwartungsstrukturen bestimmen im Alltag die sog. Selektivität der kommunikativen Anschlüsse, ohne dass man sich der Komplexität dieses Geschehens bewusst ist. Man reflektiert die eigenen und fremden Erwartungs-Erwartungen in der Regel nicht, hält sie für selbstverständlich, für „normal“ und nimmt ohne Rückfrage an, dass der andere von ähnlichen Erwartungen ausgeht. Diese Erwartungen müssen wir uns dabei auf einer anderen Ebene vorstellen, als wir das Wort normalerweise benutzen: Ein Liebhaber wird ein „Nein“ auf seinen Heiratsantrag zwar enttäuschend finden; er könnte auch sagen, er habe etwas anderes erwartet.

Der hier beschriebene Mechanismus meint etwas anderes als diese Art von Erwartung, die man auch als Hoffnung beschreiben könnte – „Hoffentlich sagt sie ‚ja'!". Doch sogar wenn sie in Gelächter ausbrechen sollte, würde sich seine Angebetete im Sinne der Erwartungs-Erwartungen verhalten, sie bliebe im Rahmen erwartbarer Kommunikationsmuster. Er wäre enttäuscht, klar, doch seine Erwartungen an die Ordnung eines in einer solchen Situation irgendwie passenden kommunikativen Verhaltens wird nicht infrage gestellt, beide bewegen sich in einem gemeinsamen Sinnrahmen: „Dies ist ein Antrag!" – und der kann angenommen oder mehr oder weniger sensibel abgelehnt werden. Wenn sie aber antwortet: „Du, da oben auf der Kommode liegt schon wieder so viel Staub!" oder: „Gestern hatte ich Hering zum Frühstück!" oder gar beginnt, intensiv Kniebeugen zu machen, dann wird der Abgewiesene dies schnell als „schrägen Anschluss" empfinden. Dann kann man schon mal auf die Idee kommen, dass der andere (oder, seltener, man selbst) nicht ganz richtig im Kopf sei (v. Schlippe, 2013b).
So ist man sich, wie im soeben besprochenen Fallbeispiel, als Mitglied einer Unternehmensfamilie normalerweise nicht bewusst, dass man in verschiedenen Logiken, mithin in verschiedenen Erwartungsstrukturen, kommunizieren kann und dies auch tut. Die Logik der Familie erzeugt ein anderes „Bedeutungsfeld" als die des Unternehmens, in den Systemen gelten verschiedene Erwartungsstrukturen: „Die besondere Herausforderung liegt ... darin, dass unterschiedliche Anforderungs- und ‚Bedeutungsfelder' ... gleichzeitig wirken" (Kriz, 2011, S. 101). Die Schrägheit der Anschlüsse ist zwar meist nicht so krass wie bei dem fiktiven Heiratsantragsbeispiel im vorigen Absatz, aber dadurch auch schwerer zu erkennen. Denn wenn der eine in der Logik der Familie spricht, der andere in der des Unternehmens antwortet, sind zahlreiche Möglichkeiten für Missverständnisse gegeben. Die kommunikativen Anschlüsse können dann auf eine Weise vorgenommen werden, die zwar aus der eigenen Perspektive als passend empfunden wird, im Kontext der Erwartungs-Erwartungen des anderen jedoch vielleicht als „Unverschämtheit" gewertet werden – oder, schlimmer, als „dumm", „krank" oder „böse" (Kap. 6.2).

2.4 Systemtheorie im Familienunternehmen: Pragmatische Paradoxien

Die beschrieben systemtheoretischen Aspekte lassen sich in Bezug auf Familienunternehmen in dem Begriff der „pragmatischen Paradoxie" verdichten. Diese ergeben sich immer dann, wenn klare Unterscheidungen für den Kontext fehlen, in dem kommuniziert wird (wenn also verschiedene Bedeutungsfelder gleichzeitig wirksam sind). In Familienunternehmen geschieht dies, wenn die eher sachorientierte Unternehmenslogik und die eher personenorientierte Familienlogik (vgl. Kap. 2.2) gleichzeitig präsent sind und wenn klare Entscheidungskriterien fehlen, die helfen zu entscheiden, welche Logik denn gerade aktiv ist. In diesem Zusammenhang weist Kriz darauf hin, dass „... jedes Wort, jede Situation ‚polysemantisch' ist, also eine große Fülle an Bedeutungen enthält ... Welche Bedeutung zum Beispiel ein Wort ... konkret hat, hängt, so sagt man, vom ‚Kontext' ab. Kontexte sind aber nicht einfach vorhanden. Und es sind meist mehrere gleichzeitig vorhanden" (2011, S. 103). Damit sind auch die Verhaltenserwartungen, die an eine Person gerichtet werden, in verschiedenen Kontexten unterschiedlich – und wenn die Kriterien, die Kontexte „Familie", „Unternehmen", „Eigentümerschaft" zu unterscheiden, fehlen, kann Unklarheit entstehen, eine gewisse Verunsicherung. „Die Entscheider [sind] in einer logisch ausweglosen Situation gefangen ..., weil für sie die ‚richtige' Wahl die ‚falsche' ist und die ‚falsche' die ‚richtige' ... Was nach familiären Kriterien als ‚richtig' (z. B. A) erscheint, wird unter unternehmerischen Maßstäben als ‚falsch' (B) beurteilt, und umgekehrt" (Simon et al., 2005, S. 29). Diese Spannung, die sich aus einer Art von Unentscheidbarkeit ergibt, wird in der Regel nicht bewusst reflektiert. Wenn man aber zwischen den unterschiedlichen Spielfeldern nicht unterscheiden kann (weil, wie gesagt, die Kontextmarkierungen verschwimmen), gibt es keine klaren Anhaltspunkte dafür, wie man sich entsprechend verhalten kann.

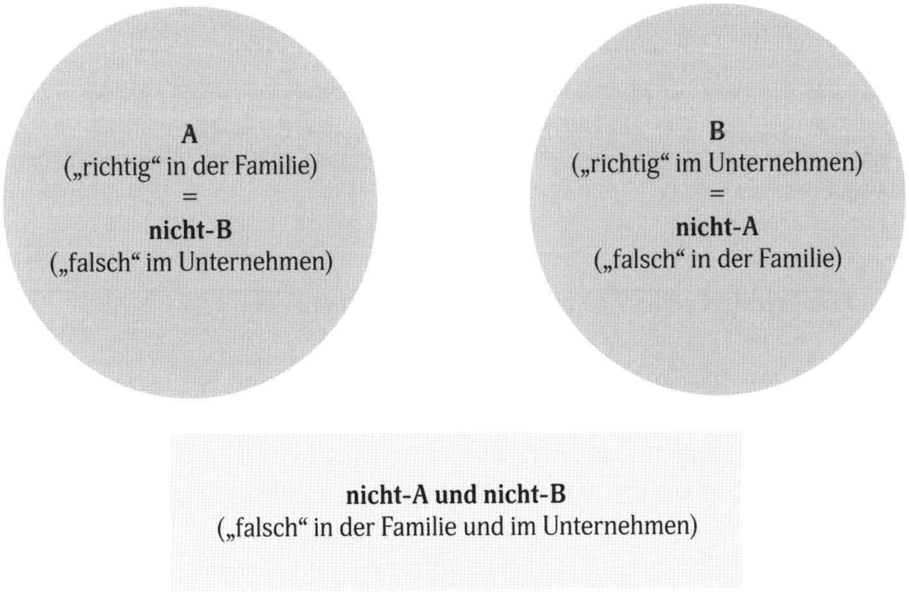

Abb. 2.6: Entscheidungsoptionen

Die Form der Paradoxie sieht mithin wie folgt aus (Groth & v. Schlippe, 2012):

- **Primäres Gebot im Kontext A (Bindungslogik):** „Wir sind eine Familie!“ (also: wir sorgen dafür, dass die Bindung unter den Mitgliedern erhalten bleibt, dass keiner ausgeschlossen wird usw.)
- **Sekundäres Gebot im Kontext B (Entscheidungslogik):** „Wir sind ein Gesellschafterkreis, sprich: eine Organisation!“ (also: wir sorgen dafür, dass dem Unternehmen ein kompetenter Eigentümerkreis zur Seite steht, Entscheidungsfähigkeit gewährleistet ist)
- Zugleich gilt als **tertiäres Gebot C:** „Verlasse nicht das Feld!“

Es sind in der Literatur verschiedene Formen von Paradoxien für Familienunternehmen unterschieden worden (z. B. Simon et al., 2005; v. Schlippe, Groth, & Rüsen, 2012). An dieser Stelle soll der Akzent auf zwei pragmatische Paradoxien gelegt werden, die m. E. für Familienunternehmen zentral sind. Sie sind hier als paradoxe Imperative, als einander widersprechende Handlungsaufforderungen formuliert, in denen A und B gleichzeitig gelten:

1. „Sei Familienmitglied!“, „Sei Unternehmensmitglied!“ und „Tue dies gleichzeitig!“
2. „Entscheide gerecht in der Logik der Familie!“, „Entscheide gerecht in der Logik des Unternehmens!“ und „Tue dies gleichzeitig!“

Da die paradoxen Aufforderungen einander ausschließen, haben sie die Qualität: „Sei das eine und sei es nicht! – Sei das andere und sei es nicht!“ – eine unlösbare Herausforderung.

„Sei Familienmitglied und sei es nicht! Sei Unternehmer und sei es nicht!“

Das im letzten Abschnitt vorgestellte Fallbeispiel „Juwel und Businessplan“ zeigt diese Paradoxie recht deutlich. Die Beteiligten im Familienunternehmen sind immer gleichzeitig Mitglied in der Familie und im Unternehmen, d. h., sie erleben oft sehr hautnah die Kraft der unterschiedlichen und einander ausschließenden Verhaltenserwartungen an sich, je nachdem, welche Logik gerade ihre Kommunikation bestimmt. Mitgliedschaft in der Familie kommuniziert völlig anders als Mitgliedschaft im Unternehmen. Da aber vielfach jeweils unklar ist, zu welchem System man sich und den anderen gerade zählt, kann hier, wie schon gesagt, schnell Verwirrung entstehen: „Wer bin ich eigentlich, als wer spreche ich, als wer werde ich angesprochen?“ Diese unterschiedliche Orientierung an der einen oder der anderen Logik, das ist wichtig immer wieder zu betonen, ist dabei nicht bewusst. Bewusst wird eher ein Gefühl von Verwirrung oder auch Ärger, wenn man mit einem „schrägen Anschluss“ konfrontiert ist. Im Fallbeispiel bewegten sich die Eltern ganz in der Logik der Familie, der Sohn und die Partnerin ganz in der Logik des Unternehmens. So schlossen die Kommunikationen auf eine für sie undurchschaubare Weise „schräg“ aneinander an, erlebt wurde dies aber jeweils als Missachtung der eigenen Person und Position durch den anderen. Tatsächlich waren beide Seiten „im Recht“, nur jede in ihrer Logik.

Wie bereits besprochen, wird die Bedeutung einer Kommunikation durch die jeweilige *Kontextmarkierung* bestimmt, mit der eine Situation definiert wird. Ein Satz wie „Jetzt mache ich dich fertig!“ wird durch den Kontext des Schachspiels, bei dem zwei Spielpartner einander entspannt am Kaminfeuer gegenübersitzen, entschärft und völlig anders erfahren, als wenn man denselben Satz in einer dunklen Gasse hört und der andere mit gezücktem Messer vor einem steht. Solche eindeutigen Kontextmarkierungen fehlen im Familienunternehmen durch die starke Durchdringung der Systeme. Wohl jeder, der einer Unternehmerfamilie entstammt, kann Geschichten davon berichten, wie wichtige Entscheidungen am Wohnzimmertisch, auf dem Sonntagsspaziergang oder beim Abendessen besprochen oder gar gefällt wurden – und die Anekdote einer Unternehmensnachfolgerin, deren Vater in einer Aufsichtsratssitzung ihr seine Brille mit den Worten reichte: „Mach mal eben sauber!“, zeigt, dass auch umgekehrt der Kontext „Aufsichtsrat“ keine eindeutige Kontextmarkierung für die Anwesenheit der Unternehmenslogik garantiert. Unmittelbar „bricht“ Familienlogik in die Situation ein, auch in den Räumen der Firma kann also recht unklar bleiben, als wer man gerade angesprochen wird: als Tochter oder als Mitglied des Gremiums.

Das *hängt damit zusammen, dass die Paradoxie zwar gefühlt*, aber in der Regel nicht als solche erkannt wird, denn das würde bereits die Einnahme einer Metaposition bedeuten (und einen großen Schritt aus ihr heraus): „Die Form der Paradoxie ist ... die Form, mit der das Beobachten sich blockiert“ (Luhmann 2000, S. 131). Zum anderen spitzt die hohe Affektivität, die mit den Konflikten innerhalb der jeweiligen Systeme einhergeht, die Lage zu, denn es geht um viel: In der *Familie* geht es um das Selbstwertgefühl und das Bewusstsein, geliebt, anerkannt und aufgehoben zu sein. Im *Unternehmen* geht es um die Weiterexistenz der Lebensgrundlage, um Tradition, um geschaffene Werte und um die Existenzen der Mitarbeiter. Im *Eigentümersystem* schließlich geht es um das „symbolisch generalisierte Kommunikationsmedium Geld“, in dem eine große Menge an Information verdichtet ist (Luhmann 1984, S. 222 f.). All dies sind Bedingungen, die das einfache Verlassen des Feldes erschweren. Man kann nicht einfach gehen. In einer solchen Situation kann die Familie durchaus mit einem „Popcorntopf“ verglichen werden, in dem es hoch hergeht, laut knallt, ohne dass es einen Ausweg gibt.

Abb. 2.7: „Du verstehst mich nicht!“

Gut zu wissen: Missverstehen als Regelfall, Verstehen als Sonderfall

- Es ist ein großer Unterschied, ob man aus „Familienlogik" oder aus „Unternehmenslogik" heraus spricht.
- Wenn man sich des Unterschiedes nicht bewusst ist, ist es zwar verständlich, aber auch gefährlich zu denken, der andere sei „nicht in Ordnung", er sei das „Problem" usw.
- Es könnte also bei Auseinandersetzungen sein, dass tatsächlich beide Seiten „Recht haben", nur jeweils in einer anderen Logik.
- Statt den anderen als Gegner zu sehen, geht es darum, das Dilemma zu sehen, in dem man gemeinsam steckt.

„Dieses permanente Dissensrisiko führt dazu, dass ein und derselbe Sachverhalt von unterschiedlichen Perspektiven je unterschiedlich verstanden wird. Das besagt zugleich: Verstehen heißt nur im Sonderfall gegenseitiges Verstehen, wobei gegenseitiges Verstehen Nicht-Verstehen und Missverstehen einschließt" (Kneer & Nassehi, 1991, p. 353 f.).

„Haben sich Beteiligte erstmal auf einen Konflikt eingelassen, so erwarten sie voneinander gegenseitiges Widersprechen, auch wenn die Themen und Anlässe wechseln" (Bonacker, 2008, p. 274).

„Sei gerecht in der Logik der Familie! Sei gerecht in der Logik des Unternehmens"

Gerechtigkeit und Gleichheitsanforderungen in den Systemen „Familie, Unternehmen und Eigentümer" sind die Grundlage für die zweite Kernparadoxie, mit denen Familienunternehmensfamilien zu tun haben. Hier geht es um unbewusst wirksame Erwartungsstrukturen: Wann ist man ein gutes Familienmitglied, ein guter Unternehmer, ein guter Eigentümer? Was als gerecht in einer Familie gilt, ist nicht mit Gerechtigkeit im Unternehmen vergleichbar. Unternehmen als aufgabenorientierte Systeme stellen die Funktionalität von Entscheidungen ins Zentrum. Als gerecht gilt hier, dass derjenige den meisten Einfluss und die beste Bezahlung erhält, der am höchsten qualifiziert ist, am meisten leistet und die überlebensfähigsten Entscheidungen trifft. Familien als beziehungs- und bindungsorientierte Systeme orientieren sich langfristig an einem völlig anderen Gerechtigkeitsprinzip, das auf die jeweiligen Personen gleichermaßen bezogen ist. Den daraus sich ergebenden Verpflichtungen kommt zentrale Bedeutung zu. Auch wenn sehr zu bezweifeln ist, ob ein solches

Ideal jemals zu realisieren sind („Ich habe euch alle gleich lieb!"), ist die Erwartung von Gleichbehandlung in der Familie jederzeit thematisierbar, wohl jeder Familie werden Aussagen wie: „Der hat mehr bekommen! Das ist gemein!" vertraut sein.

Fallbeispiel: „Alles gut geregelt?"
Ein Beispiel eines Regelungsprozesses, der diese Paradoxie geschickt beantwortet, gleichwohl potenziell für die Folgegeneration ein neues Spannungsfeld geschaffen hat: Der heute als „Gründer" bezeichnete Unternehmer hatte das von seinem Vater übernommene kleine Geschäft zu einem Großunternehmen ausgebaut. Aufgrund eigener negativer Nachfolgeerfahrungen mit seinem Vater, der ihn jahrelang im Ungewissen gelassen hatte, hatte er sich vorgenommen, klare Verhältnisse zu schaffen. Es wurden genaue Regeln für Eintrittskriterien ins Unternehmen formuliert, die vorbildlichen Charakter haben: Ein Familienmitglied kann nur bei sehr guter Eignung eine Managementposition im Unternehmen einnehmen, muss also den Mitbewerbern mindestens gleichgestellt, wenn nicht überlegen sein. Diesen Kriterien müssen sich seine drei Söhne und die Tochter unterwerfen. Zudem entscheidet der Vater, dass er zwar beratend bei der Entscheidung über die Nachfolge aktiv wird, dass die Entscheidung selbst aber durch den Beirat getroffen wird – und er verfügt, dass generell die Familienmitglieder des Beirats in dieser Frage kein Stimmrecht ausüben dürfen. Als der erste das Alter erreicht, in dem er potenziell ins Unternehmen einsteigen kann, entschließt sich der Vater, sich sowohl aus dem operativen Geschäft zurückzuziehen als auch die Geschäftsanteile zu übergeben. Jedes der Kinder bekommt 24 % der Anteile, er selbst behält nur noch 4 % in der Hand und geht in den Beirat. Wenig später entscheidet der Beirat (ohne seine Stimme), den ältesten Sohn in den Vorstand eines der Unternehmen zu berufen, wenig später wird entschieden, dass ein weiterer Bruder in die operative Führung eines anderen Teilunternehmens gehen solle. Die beiden anderen Geschwister bleiben ohne operative Position in der Organisation, sie sind jedoch in verschiedenen Governance-Gremien vertreten. Der Vater hat so das Gerechtigkeitsdilemma zwischen Familie und Unternehmen durch Priorisierung gelöst: Er hat eine nachhaltige „Business first"-Strategie implementiert, die nicht auf Gleichheit, sondern in erster Linie auf Qualifikation setzt. Das Paradox zwischen Familie und Eigentümerschaft löste er ebenfalls sehr geschickt. Er handelt hier zwar eher nach der Prämisse „Family first": alle Kinder erhalten einen gleich großen Geschäftsanteil, mit seinem kleinen Anteil bleibt er jedoch das Zünglein an der Waage und kann so Pattstellungen zwischen zwei gleichstarken Gruppen verhindern. Damit hat er einerseits ein Gleichheitsideal umgesetzt, das Gerechtigkeitsempfinden der

Familie ausbalanciert, zugleich jedoch mit seinem Anteil die Möglichkeit des Ausgleichs für ungleiche Entscheidungen behalten. Er hat sehr geschickt im Paradoxiemanagement „Gleichheit und Ungleichheit zugleich" verwirklicht. Ein Nachteil zeigt sich möglicherweise erst viel später, denn mit dieser Entscheidung könnte er den Grundstock für ein Stammesunternehmen vermutlich exakt gleichstarker Stämme gelegt haben, eine eher vulnerable Struktur, vor allem in späteren Generationen. So sind die vier Geschwister gegenwärtig untereinander und in Loyalität zum Vater sehr stark verbunden. Als Autorität der Familie absorbiert dieser zu Lebzeiten die mit seinem Erbe verbundene Verantwortung. Doch mit einer gewissen Sorge schauen sie auf die Zeit, wenn er einmal nicht mehr ist. Dann bleiben die Geschwister mit geteilter Macht und ohne eine gewohnte Autorität zurück. Und spätestens in der nächsten Generation deuten sich erste Schwierigkeiten an, die ganz neue Anforderungen an das Familienmanagement stellen: Zwei Brüder sind bislang verheiratet, einer hat zwei beinahe erwachsene Kinder, der zweite drei Kleinkinder, die Schwester ist ohne Partner, der vierte ist verlobt. Es ist eine bekannte Erfahrung, dass mit jeder neuen Generation die trennende „Fliehkraft" durch die jeweils neu gegründeten Kernfamilien zunimmt, dass also die Bindung im „Cousin-Konsortium" im Vergleich zur Geschwisterbindung erkennbar schwindet, was völlig neuartige Konfliktkonstellationen – und bei gleicher Stärke auch Blockaden erzeugen kann (Lansberg, 2003).

Das Gerechtigkeitsparadox gehört zu den Paradoxien, um die es in praktisch jedem Familienunternehmen, mit dem man in der Beratung zu tun hat, heftige Auseinandersetzungen und die verschiedensten mehr oder weniger glücklichen Lösungsversuche gibt. An den Regelungen, die hier getroffen werden, können Familien und mit ihnen Unternehmen sich so zerstreiten, dass Trennung die Folge ist. Dies hat vermutlich damit zu tun, dass sich an der Frage nach Gerechtigkeit in den Familien existenzielle Fragen anknüpfen: Werde ich genau so geliebt wie die anderen, passen meine Bilder davon, wie ich gesehen werde, zu denen der anderen usw.? Die Stärke der Bindungen in der Familie drückt sich in „unsichtbarer Treue" aus (Stierlin, 2005) und ist verbunden mit einer starken Erwartung, dass die langfristig geführten „unsichtbaren Verrechnungen" auf den „Beziehungskonten" von Geben und Nehmen einmal ausgeglichen werden. Dankbarkeit, Wertschätzung, aber durchaus auch handfeste Formen von Ausgleich werden erwartet. Wenn diese Erwartungen enttäuscht werden, stellen sich schnell Gefühle ein, verraten und betrogen zu sein (ebd., S. 20). Denn in der Familienlogik gilt eine andere „Währung" als im Unternehmen. Hier werden „innere Konten" geführt, in denen Gefühle von Loyalität, Bindung, Treue, aber auch Enttäuschung verrechnet werden, und in den Geschichten, die erzählt werden, setzen sich diese Konten fort und prägen das Verhältnis der Familienmitglieder zueinander. Verratene Loyalitäten in dem engsten Bezugssystem, der eigenen Familie, gehören zu den tiefsten Verletzungen, die Menschen empfinden können. Entsprechend heftig und nicht selten destruktiv sind die Formen, wie man sich hier zur Wehr setzt und zurückschlägt, wenn man die Regeln und Grundwerte als verletzt ansieht, die man verinnerlicht hat und die festlegen, was in Beziehungen jeweils „in Ordnung" ist und was nicht. Die jeweiligen *Gerechtigkeitsprämissen* werden von Menschen sehr unterschiedlich definiert und erlebt (Montada, 2003) – und nur selten werden sie im Vorhinein besprochen, definiert oder gar abgestimmt – und ob der Lösungsversuch der schwäbischen Unternehmensfamilie wirklich greift, wo über dem Esstisch der Spruch hängen soll: „Fair gibt's net!", ist durchaus fraglich. Wenn die inneren Bilder der sozialen Ordnung infrage stehen, kann das eine enorme Erschütterung bedeuten, verbunden mit heftigen Gefühlen, die die manchmal von außen recht schwer verständliche Heftigkeit erklären können, mit denen man in Unternehmerfamilien konfrontiert ist, wenn die Situation festgefahren ist. Da die Beteiligten durch die Situation oft massiv belastet sind, ist auch die Vermutung, dass ein Familienunternehmen einen besonderen Risikofaktor für die psychische Stabilität einzelner Mitglieder darstellt, nicht von der Hand zu weisen (Borst, 2008; Simon, 2008).

Virulent wird die Spannung zwischen den beiden unterschiedlichen Gerechtigkeitsprämissen insbesondere bei Nachfolgeregelungen. Hier können heftige Konflikte aufbrechen, denn nun wird die Paradoxie „scharfgestellt: Hier *muss* entschieden werden, während die Familie über viele Jahre und Jahrzehnte sich in einer Konsensfiktion gut bewegen kann: Wenn es keine Reibungspunkte gibt, kann man in der Illusion, der andere sähe die Dinge gerade so wie man selbst, gut miteinander leben. Doch nun wird entschieden: „Ja!" oder „Nein!" – und wo entschieden wird, da könnte auch anders entschieden werden oder anders entschieden worden sein. „Die Wahrscheinlichkeit, Lösungen zu finden, die gleichzeitig den Kriterien der ‚Richtigkeit' unternehmerischer Entscheidungen und der familiären ‚Gerechtigkeit' entsprechen, ist sehr gering" (Simon, 2002, S. 64). Spätestens hier zeigt es sich nun, wie die intern geführten Vermächtnis- und Verdienstkonten von anderen in der Familie wahrgenommen werden, spätestens hier kommen die Fragen nach Ausgleich und Gerechtigkeit auf den Punkt. Unter den Bedingungen der Paradoxien zwischen Unternehmen und Familie sind Verletzungen dabei unausweichlich, vermutlich wären sie dies sogar, wenn eine Familie von früh auf all ihre Gerechtigkeitsprämissen reflektieren würde. Daher kann insbesondere an kritischen Punkten der Co-Evolution von Unternehmen und Familie enormer Stress entstehen. Es kann ein erster entschärfender Schritt sein dies anzuerkennen: Nachfolge geht vermutlich nicht ohne Verletzung, nicht ohne dass die Familienbeziehungen strapaziert werden, und die Tragfähigkeit einer Familie zeigt sich gerade in dem Aushalten von Ungleichheit und einem gewissen Ausmaß an Ungerechtigkeit.

3. „Tummelplatz der Gefühle“: Das Familienunternehmen als emotionale Arena

Schon lange hat sich die Erkenntnis durchgesetzt, dass Organisationen alles andere sind als Orte der Rationalität und Sachlichkeit, sondern dass man sie als „emotional arenas“ sehen kann (Fineman, 2000; und mit explizitem Bezug zu Familienunternehmen: Brundin & Härtel, 2014), in denen fühlende und erlebende Menschen miteinander unterwegs sind, die ihre Emotionen in Kommunikation – und damit in organisationale Wirklichkeit – bringen (v. Schlippe, 2014c). Mehr oder weniger alle formal gesehen rein sachlichen Organisationsprozesse sind durchzogen von Gefühlen (Brundin & Melin, 2006; Elfenbein, 2007). Diese Erkenntnis passt im allgemeinen nicht so recht zu der Logik von Unternehmen, in denen doch – so die beliebte Vorstellung – „rational“ agiert wird – zumindest werden sollte. Und auch wenn schon lange klar ist, dass wir es auch hier mit „bounded rationality“ (H. A. Simon, 1959) zu tun haben, geht es doch meist darum, Gefühle als Quelle der Irrationalität aus dem Unternehmen zu verbannen.
Emotionen sind jedoch als „Grundschema der Wirklichkeitskonstruktion“ (Simon, 2004, S. 125) in ihrer Erlebensqualität universell. Säuglinge erleben Gefühle, ohne einen Namen dafür zu haben, im Laufe der persönlichen Entwicklung differenzieren sich die Gefühle aus und verbinden sich eng mit unseren Überzeugungen und vor allem unseren Werten, also mit dem, was uns „heilig“ ist. Bei erwachsenen Menschen sind Fühlen und Denken so eng „affektlogisch“ (Ciompi & Endert, 2011) verknüpft, dass das eine nicht ohne das andere gedacht werden kann. Ja, wenn man viele Unternehmensentscheidungen oder auch internationale Konfliktlagen genau analysiert, scheinen Gefühle in Organisationen und Regierungen auch auf höchsten Ebenen Entscheidungen mit zu beeinflussen (und vermutlich würde nicht selten ganz anders entschieden werden, wenn die Gefühlsseite sorgfältig mitreflektiert anstatt ausgeklammert würde). Viele scheinbar rationale Aktivitäten sind von Emotionen gesteuert, und manchmal hängt gar das Schicksal von Millionen Menschen an solchen affektiv getriebenen Prozessen, etwa bei Entscheidungen über Krieg und Frieden (Ciompi & Endert, ebd.). Gefühle dienen als primäre Erkenntnisschemata, die uns schnell mit elementaren Informationen darüber versorgen, wie eine Situation gewertet werden soll. Viele der „Grundgefühle“ oder Basisemotionen (meist werden zwischen fünf bis zehn verschiedene genannt, etwa: Freude, Neugier/Interesse, Trauer, Wut, Ekel und Angst) bringen uns dazu, uns entweder dem Auslöser des Gefühls anzunähern oder uns von ihm zu entfernen (Rost, 1990), und sie versorgen uns zugleich mit der nötigen Energie dazu: „Der Weg vom Fühlen zum Handeln ist kurz, schnell und unreflektiert. Wer keine Zeit

hat, sollte sich auf sein Gefühl verlassen, wer über hinreichend Zeit verfügt, kann sich sorgfältiges Nachdenken leisten" (Simon, 2004, S. 133). So bieten sie die Möglichkeit, sich schnell und ohne komplizierte Analysen in komplexen Situationen zu orientieren. Das war wohl auch ihr Sinn in der Evolution. Affektiv geladene Inhalte werden zudem nachweislich intensiver im Gedächtnis gespeichert – Lerninhalte etwa, für die man sich begeistert. Aber auch heftige Konflikte oder traumatische Erfahrungen werden tief in die Hirnstrukturen eingeschrieben, sie sind dann oft dem wachen Bewusstsein weniger zugänglich und damit schwerer zu reflektieren. So kann eine offene Einschätzung von Situationen erschwert werden, affektlogische Bezugssysteme verfestigen sich, das Denken wird immer stärker verengt, Gedanken und Gefühle stehen in unglückseliger Wechselwirkung (Ciompi & Endert, 2011). In Konflikten kann es so zur „Dämonisierung" des Gegenübers kommen (Omer et al., 2007): Eskalative Gedanken werden zu Feindbildern, diese werden mit heftigen Gefühlen so eng verbunden, dass ihre Veränderung immer schwerer möglich ist – ein Aspekt, der in der Konfliktberatung nicht unterschätzt werden sollte.

3.1 Familienunternehmen als besonderer Kontext für Gefühle

Natürlich sind in Familienunternehmen Gefühle genau so virulent wie in anderen sozialen Systemen (v. Schlippe, 2014c). Die unterschiedlichen Logiken der Systeme Familie, Unternehmen, Eigentum wurden bereits ausführlich behandelt (Kap. 2.2). Es leuchtet schnell ein, dass in diesen Logiken auch Gefühle sehr unterschiedliche Rollen spielen, sehr unterschiedlich behandelt werden. Gefühle haben „ihre eigene Intelligenz", sie „springen als eine Art ‚Immunsystem' des Bewusstseins ein, wenn das Bewusstsein mit sich selbst intellektuell nicht weiterkommt, und klingen wieder ab, sobald das Bewusstsein seine Orientierung wiedergefunden hat" (Baecker, 2004, S. 10). Im Kontext eines Unternehmens können heftige Gefühle also auch als Kommunikation verstanden werden, die auf ungelöste Organisationsthemen hinweist. Im Familienunternehmen könnte dies anzeigen, dass eine Balance der Paradoxien, die sich aus der angesprochenen Kopplung beider Systeme ergeben, (noch) nicht gelungen ist.
Natürlich, das soll hier erneut betont werden, bietet der Kontext „Familienunternehmen" vielfach die Chance reichhaltiger positiver Empfindungen und Erfahrungen. Ein Unternehmen zu besitzen und/oder mit ihm über eine gemeinsame Geschichte und den Namen verbunden zu sein, kann als Glück erfahren werden. Viele Familien wünschen sich explizit, dass ihr Unternehmen auf sinnvolle Weise einen Beitrag für die Gemeinschaft leistet und sich gesellschaftlicher Verantwortung stellt. Das Familienunternehmen ist dann für die Familie eine Quelle konstruktiver Herausforderung, an denen sie sich als Ganzes entwickelt (Klett, 2009). Das Unternehmen wird als wichtiger Teil der Identität erlebt. Man ist vielleicht stolz darauf, dazuzu-

gehören, und erlebt „psychological ownership“ (Pierce, Kostova, & Dirks, 2001) bzw. spezifischer für Familienunternehmen „emotional ownership“ (Björnberg & Nicholson, 2012). Die Reputation, die mit dem Namen des Unternehmens verbunden ist, schreibt man sich auch selbst gern zu. Insgesamt wünscht man sich, dass diese Qualitäten erhalten bleiben. Das kann so weit gehen, dass manchmal betriebswirtschaftlich durchaus wünschenswerte (und notwendige) Maßnahmen unterbleiben, um den „Socio-Emotional Wealth“ (Berrone, Cruz, & Gomez-Mejia, 2012) des Unternehmens, kurz auch: SEW, für die Familie zu sichern. Es wird dann nicht in erster Linie nach wirtschaftlicher Logik gehandelt, sondern vor allem danach gefragt, was eine Aktivität für das Ansehen der Familie bedeutet.

Fallbeispiel: „Nicht mehr gegrüßt!“
Ein Manager, der seine berufliche Laufbahn bislang in einem öffentlichen Großunternehmen absolviert hat, bekommt die Chance, „ganz oben“ in einem alten und sehr gut beleumundeten Familienunternehmen einzusteigen, das in einer ländlichen Region mit vielen kleinen Filialen tätig ist. Er beginnt begeistert und analysiert erst einmal die Wirtschaftlichkeit der Filialen. Etwas mehr als 20% sind absolut unrentabel, ja, sie erwirtschaften reale Verluste, die bislang in der Gesamtbilanz verschleiert waren. Stolz präsentiert er dies dem familienbesetzten Beirat, der, sehr zögerlich, der Schließung von vier Filialen zustimmt. Der Manager freut sich, hat er doch dem Unternehmen eine deutliche Gewinnsteigerung ermöglicht. Umso größer ist sein Erstaunen, als er wenige Wochen später durch Beirat und Eigentümer ultimativ aufgefordert wird, die Schließung rückgängig zu machen. Was war passiert? Mehrere Mitglieder der weitverzweigten Familie hatten erheblichen Reputationsschaden erlitten. Sie waren in den Bäckereien nicht mehr gegrüßt, geschweige denn bevorzugt bedient worden und sahen sich in ihren dörflichen Umgebungen zunehmender Ächtung ausgesetzt. Das ging nicht! Die Filialen mussten zur Erhaltung des „Socio-Emotional Wealth“ der Familie wieder geöffnet werden – und sie wurden wieder geöffnet! Der Manager, der dies in einem Seminar am Wittener Institut für Familienunternehmen berichtete, war hoch interessiert daran, mehr über die Logik von Familienunternehmen zu lernen: „Hätte ich all das nur vorher gewusst!“ Schließlich entschloss er sich aber doch, nach relativ kurzer Zeit eine andere Stelle anzunehmen.

Emotionen spielen schließlich auch in Verkaufsentscheidungen hinein: Der „emotional value“, also der subjektive Wert, den ein Unternehmen für den Eigentümer hat, kann weit über dem finanziellen Wert liegen, denn der Eigentümer rechnet den erlebten emotionalen Nutzen, sowie entsprechend die gefühlten Kosten, die aus der

Eigentümerschaft entstanden sind, in den Kaufpreis mit ein (Zellweger & Astrachan, 2008). Hier handelt es sich um im Kontext Familie positiv besetzte Emotionen, wenngleich sie sich auf den Unternehmenserfolg nicht unbedingt ebenfalls positiv auswirken.

Doch wenn wir uns mit dem Thema Konflikten in Familienunternehmen befassen, müssen wir auch auf die andere, die negative Seite der Emotionen schauen (Brundin & Härtel, 2014). Wie besprochen finden sich die Betroffenen in diesen komplexen Systemkonstellationen immer wieder in Situationen, die als „paradox" erlebt werden: Was in der Logik des einen Systems richtig ist, ist in der des anderen falsch. Was in der einen Logik eine gute Lösung ist (etwa eine nicht geeignete Person aus der Unternehmensführung auszuschließen), wird in der anderen u. U. sehr emotional als massive Verletzung, als persönliche Zurückweisung erfahren. Den Beteiligten ist oft nicht bewusst, dass sie sich in „eigentlich unmöglichen" Kontexten bewegen. Ihre Gefühle spiegeln diese unmöglichen Kontexte auf psychischer Ebene (v. Schlippe, 2014c), auf systemischer Ebene geben sie als Kommunikationen diese Unmöglichkeit wieder. Die Einzelnen mögen sich persönlich als getroffen fühlen in ganz elementaren Themen: Es geht um das Lebenswerk, um langjährige Loyalität – und deren Anerkennung oder Entwertung, um Gefühle von Liebe, Enttäuschung und Verrat. Und diese Empfindungen werden an Einzelpersonen abgearbeitet: Der oder die andere hat die Gefühle des einen „verursacht", es ist „seine/ihre Schuld". Die These dieses Buches ist dagegen, dass Emotionen, auch negative, systemisch, wie gesagt, als „Immunsystem" des ganzen Systems gesehen werden können. Heftige Gefühle können dann durchaus als Warnzeichen dafür angesehen und begrüßt werden, dass die Balance von Familien- und Unternehmenslogik noch nicht gut gelingt. Manchmal zeigen die Emotionen auch, dass im Unternehmen verschiedene mentale Modelle um die Vorherrschaft ringen (mehr dazu in Kap. 4).

3.2 Existenzielle Themen

3.2.1 Psychologische Kontrakte und „Emotional Messiness"

In Kap. 2.2 wurde beschrieben, wie Mitglieder in Familienunternehmen sich in verschiedenen kommunikativen Logiken gleichzeitig bewegen können und müssen. Auf diese Weise können sich offenbar Missverständnisse ergeben, mit manchmal fatalen Folgen. Doch stellt sich hier ein neues Rätsel, erklärt diese Erkenntnis allein doch noch nicht die Intensität der Empörung übereinander und das Ausmaß der Wut, Phänomene, die mir in der Arbeit mit Unternehmerfamilien inzwischen mehrfach begegneten. Ein Aspekt liegt sicher in der Unmöglichkeit, das Feld einfach zu verlassen. Diese Option wird in anderen Familien gar nicht so selten genutzt: Man legt Abstand zwischen die Konfliktparteien, man zieht einfach weg und kommt vielleicht zu Weihnachten und runden Geburtstagen noch einmal vorbei. In der Unternehmensfamilie zeigt sich die räumliche Distanzierung spätestens bei der nächsten Gesellschafterversammlung als nicht ausreichende Form der Konfliktregulation: Man bleibt ja als Eigentümer des Unternehmens diesem verbunden: „Warum sollte ausgerechnet ich gehen? Wenn es den anderen nicht gefällt, können die ja ihre Anteile verkaufen!" Doch da ein Verkauf für den Käufer oft mit unbezahlbaren Belastungen verbunden ist, bleibt man aneinander gefesselt, es gibt dafür sogar einen Begriff: Vinkulierungsklausel (also die testamentarische Bestimmung, dass ein Verkauf nur innerhalb der Familie erfolgen darf, eine für Käufer und Verkäufer gleichermaßen massive Beschränkung der Möglichkeiten). Man muss sich abstimmen, gemeinsame Entscheidungen fällen, die Unternehmensgeschicke diskutieren usw. Unternehmensfamilien werden so künstlich zusammengeschweißt, und niemand hat das gern. Doch auch das erklärt die Tiefe der erlebten Kränkungen nur zum Teil.

In diesem Zusammenhang ist das von D. Rousseau vorgeschlagene Konzept der „psychological contracts" (Coyle-Shapiro & Parzefall, 2008; Robinson & Rousseau, 1994; Rousseau, 1989) interessant. Dieser Begriff wurde in der Familienunternehmensforschung aufgegriffen, um die emotionale Verwirrung („emotional messiness") und die Turbulenzen zu verstehen, die sich immer wieder in Unternehmensfamilien ergeben (Brundin & Sharma, 2012). Psychologische Kontrakte beschreiben die selbstverständlichen Erwartungen an eine Austauschvereinbarung zwischen zwei Parteien, die sich jeweils auf eine Art von ausgesprochenem oder (häufiger) unausgesprochenem Versprechen beziehen, das verbal, vielfach aber nonverbal, durch Handlungen, Signale und Symbole gegeben und durch lange andauernde tägliche Praxis bestätigt wird. Dieses Versprechen geht von der Erwartung aus, dass beide Seiten ihren Teil erfüllen werden. Einer beginnt auf der Basis dieser Erwartungen, sich in Richtung des Versprechens zu verhalten (ein Kind beginnt beispielsweise gegen seine Neigung ein Wirtschaftsstudium, weil es davon ausgeht, irgendwann einmal ins Unternehmen zu kommen). Das Versprechen wird umso mehr als bindend wahrgenommen, je mehr es mit Szenen hoher Affektivität verknüpft ist. Vielfach ist der Hintergrund für ein solches Versprechen eine tief empfundene Loyalität, von der angenommen wird, dass sie vom anderen genauso erlebt wird und vor allem, dass der eigene Einsatz vom anderen als Ausdruck eben dieser Loyalität wahrgenommen wird. Kaye beschreibt in diesem Zusammenhang die „Successor's trap", die Nachfolgefalle, in die das Kind einer Unternehmensfamilie unversehens geraten kann: Aus selbstverständlicher Erwartung und aus eigener Verpflichtung heraus werden Studium und Karriereplanung auf das Familienunternehmen hin ausgerichtet, ohne dies explizit zu thematisieren, alternative Angebote werden ausgeschlagen, bis man im mittleren Lebensalter, manchmal erst bei Testamentseröffnung erlebt, dass die eigenen Erwartungen mit den Vorstellungen der Gegenseite nicht zusammenpassen (Kaye, 1996).

Fallbeispiel: „Der ewige Sohn“
Er hatte bereits seit vielen Jahren neben dem Vater im Unternehmen gearbeitet, inzwischen war er bereits Anfang 50. Auf einer Konferenz zum Thema Nachfolge trat der Vater während einer Diskussion ans Rednerpult und verkündete, nebenbei und in einem Diskussionsbeitrag, dass für sein Unternehmen eine familieninterne Nachfolge „selbstverständlich nicht in Frage“ komme. Anschließend wollte der Sohn etwas sagen, trat ans Rednerpult – und brach in Tränen aus: Er hatte diese Positionierung des Vaters erstmals vernommen.

Die Verletzung eines solchen Versprechens, des psychologischen Kontrakts, wird als tiefer Bruch auf der Ebene der persönlichsten Werte empfunden, als Verrat. Wenn man mit jemandem konfrontiert ist, dessen Verhalten den eigenen essenziellen Werten krass widerspricht, reagiert man mit *Empörung*. Empörung als „Leitindikator für soziale Konflikte“ (Montada, 2011, S. 200) ist daher ein wichtiges Gefühl zum Verstehen von Konflikten: Es ist ein Hinweis auf einen möglicherweise verletzten psychologischen Kontrakt und zeigt, dass die Werteebene verletzt ist – zugleich verhindert die bestehende familiäre Bindung oft, dass man nach einem solchen Bruch das Feld verlässt, doch kann es aber auch geschehen, dass es zu einem belastenden Beziehungsabbruch kommt.

Fallbeispiel:
„Ein Businessplan für das Juwel II“: Psychologische Kontrakte
Für Familie Abel hatte sich für die junge Generation ein psychologischer Kontrakt ergeben, der seine Wurzeln in der Logik des Unternehmens hatte. Die Intensität der emotional dichten Szene zu Weihnachten hatte diesen Kontrakt zugleich affektiv aufgeladen: „Jetzt sind wir die neue Generation, die das Unternehmen weiterführt!“ Auch für die Eltern ergab sich aus dieser Szene ein stark gefühlsbesetzter Kontrakt, nur verstanden sie ihn im Kontext der Familienlogik. Für sie war klar, bald würden die beiden jungen Leute zu ihnen ziehen und „es“ würde losgehen, eine schöne Zeit des gemeinsamen Arbeitens. Die Frage, wie der Übergang dann vollzogen würde, war ihnen nicht wichtig, das würde sich schon ergeben. Für sie stand im Vordergrund, dass sie ihr Lebenswerk ihrem Sohn schenken wollten, natürlich verbunden mit der Vorstellung, dass dieser das Zeichen von Liebe und Wertschätzung, das sie ihm damit vermitteln wollten, wahrnahm und anerkannte. Aus dieser Erwartung heraus war sein Verhalten für sie absolut nicht nachvollziehbar und zutiefst verletzend. Eine

Erwartung wurde nicht erfüllt, die für so selbstverständlich gehalten wurde, dass ihre Hinterfragung die eigene Werteordnung massiv erschüttert. Zugleich war dies wiederum für die jungen Leute völlig unverständlich und erschütterte ebenfalls deren Selbstverständlichkeit: Was war denn mit den Alten los? Die „tickten" doch nicht richtig ...

Solche unausgesprochenen Versprechen sind häufig, vielfach werden sie auch beiderseits passen und eingehalten werden, nicht immer muss alles minutiös ausgesprochen und schriftlich fixiert werden. Es kann aber auch passieren, dass ein krasses Missverhältnis zwischen ihnen besteht, ja, mehr noch, es kann passieren, dass die unausgesprochenen Versprechen sogar ausgebeutet werden – so hatte in einem Unternehmen der Vater allen drei Kindern zu unterschiedlichen Zeitpunkten vertraulich und separat voneinander mitgeteilt, dass er sie jeweils für die operative Nachfolge vorgesehen habe – am Schluss wurde es keines der Geschwister. In solchen Fällen kann sich die Dynamik der Gefühle zu „emotional messiness" steigern (Brundin & Sharma, 2012), also zu heftig erlebten Gefühlsstürmen und Wut, die die Handhabung eines Konfliktes schwer machen. Da die Anforderungen des Unternehmens zudem dazu führen, dass das Familienleben eher von einer „Verknappung" der Alltagskommunikation bestimmt ist, steht weniger Zeit zur Verfügung, um alltägliche Kleinigkeiten zu besprechen und Missverständnisse und kleinere persönliche Kränkungen schnell aufzulösen (Wimmer et al., 2005, S. 229 f.). Angesichts dieser Sachlage ist es erstaunlich, wie vielen Unternehmensfamilien es gelingt, die Spannung ohne dramatische Zerwürfnisse auszuhalten, gar nicht so selten auch sehr gut. *Wenn* es allerdings zu Konflikten kommt, sind sie erfahrungsgemäß in Unternehmensfamilien besonders emotional und heftig. Da dieser Aspekt so besonders bedeutsam ist, soll er hier mit einem weiteren längeren Fallbeispiel unterstrichen werden.

Fallbeispiel: „Wer ist hier eigentlich der Geschäftsführer?"
Familie M. meldet sich zur Beratung an. Die Familienkonflikte seien unerträglich geworden, das Unternehmen sei gefährdet, wenn es so weitergehe. Es handelt sich um ein hochspezialisiertes Handelsunternehmen, das von Frau M. (62) gegründet worden war. Ihr Mann (64) hatte ihr hilfreich zur Seite gestanden, doch immer, wie sie sagen, „an zweiter Stelle". Seit vielen Jahren ist Stefan M. (36), der ältere von drei Söhnen, im Unternehmen tätig, er hat sich früh auf die Nachfolge eingerichtet und trägt einen Doktortitel, der zu dem Geschäftsfeld perfekt passt. Bereits das erste Gespräch zeigt eine Familie in einem stark eska-

lierten Konfliktstadium, wechselseitige tiefe Enttäuschungen und Kränkungen stehen im Mittelpunkt. Bereits über scheinbar einfache Fragen gibt es kein Einvernehmen. So antwortet Stefan M. auf die Frage, wer denn der Geschäftsführer des Unternehmens sei, dass er diese Funktion innehabe. Erkennbar reagiert das Elternpaar mit Missfallen, der Vater rollt die Augen und stöhnt mit Blick auf seine sich entsetzt zeigende Partnerin: „Unglaublich!", während diese nur den Kopf schüttelt. Es ist schwer, herauszubekommen, wer die Geschäftsführung denn nun eigentlich innehat. Frau M. sagt immer wieder auf entsprechende Nachfrage, das sei ja alles nur „Pro forma!", aber ihr Sohn habe sie hintergangen. Dieser betont ebenfalls, dass seine Mutter „formal" noch zeichnungsberechtigt sei, aber er im eigentlichen Wortsinn das Unternehmen führe. Schließlich kommt heraus, dass alle wesentlichen Unternehmensentscheidungen und die entsprechende Korrespondenz von beiden unterzeichnet werden müssen, doch immer wieder passiere es, dass ein Schriftsatz mit nur einer Unterschrift nach außen gehe: „Und das bringt dann natürlich erhebliche Irritation auf Kundenseite, wenn ich ein Schreiben, das meine Mutter allein gezeichnet hat, zurückrufe und mich entschuldige, dass so etwas leider nicht möglich sei!" Der Versuch, über die Frage nach der Anteilseignerschaft mehr Klarheit zu gewinnen, führt in ähnliche Diffusität. Wieder benennt der Sohn sich als Eigentümer, rollt der Vater die Augen, stöhnt die Mutter, das sei doch alles nur „pro forma!"
Die Familie beklagt, darin sind sie sich einig, dass das ehemals gute Einvernehmen verloren gegangen sei, die Mutter ist insbesondere von der „Härte" erschreckt, die ihr Sohn nun an den Tag lege, sie traue sich nicht einmal mehr, in sein Büro zu gehen, weil es sofort „knalle". Sie frage sich, was mit ihm los sei, das Elternpaar vermutet bereits, etwas sei bei ihm vielleicht psychisch nicht in Ordnung. Der Sohn reagiert heftig und wütend auf ihre Aussagen. Das Problem sei die Undankbarkeit der Mutter, die seinen ungeheuren Einsatz für das Unternehmen nicht schätze. Er fühlt sich unglaublich ungerecht behandelt. Ohne ihn würde vieles im Argen liegen, er sei schließlich der einzige im Wortsinn noch geschäftsführende Vorstand, eine Bemerkung, die Vater und Mutter wieder mit „Augenrollen" quittieren: Nicht er, Frau M. sei eigentlich die tragende Säule der Firma, sie könne es nicht mehr lange ertragen, wie er versuche, sie hinauszudrängen, er mache die Firma kaputt.
Essenzielle Aufteilungen von Führungs- und Eigentümerfunktionen wurden hier nicht etwa gar nicht vorgenommen, nein, sie sind erfolgt. Jedoch geschah dies auf der Basis jeweils eines „psychologischen Kontrakts", der bei beiden Seiten unterschiedlicher nicht hätte sein können. Denn nun sehen beide sich jeweils allein im Zentrum des Unternehmens, ohne dass die unausgesprochene Verein-

barung jemals geklärt wurde. Beide erleben das Verhalten des jeweils anderen als massiven Bruch dieser unausgesprochenen Vereinbarung, sind entsprechend böse aufeinander, so dass von Kooperation auf der Führungsebene keine Rede sein kann. Dass die übrigen Mitarbeiter stark irritiert sind, versteht sich bei einer derartigen Konstellation von selbst. Die vielen Vorwürfe verdichten sich schließlich in dem von beiden Seiten völlig widersprüchlich dargestellten Sachverhalt der Übergabe der Anteile und der sich daraus ableitenden Rechte. Ähnlich wie im ersten Teil der Beispielgeschichte der Familie Abel (Kap. 2.3.2) konnte auch hier in der Arbeit mit verschiedenen Stühlen (s. ausführlich dazu Kap. 7.4.3) eine Schlüsselszene analysiert werden, die zeigte, wie die Codierung der Kommunikation durch die Betroffenen in jeweils unterschiedlichen Logiken zu einer Art von Verwirrung geführt hat, die mit den tiefgreifenden Gefühlen von Kränkung und Verletzung verknüpft ist. Ein Stuhl wurde für die Mutter als „Person Mutter" und einer für sie als „Person Unternehmerin" in den Raum gestellt. Gegenüber steht jeweils ein Stuhl für den Sohn als „Sohn" und für ihn als „Nachfolger". Die Mutter berichtet, wie sie vor einigen Jahren gegen den energischen Widerstand der Berater ihrem Sohn die Anteile übereignet hatte. Sie sei sich sicher gewesen, dass die gute Beziehung zu ihrem geliebten Sohn stärker sein werde als alle Bedenken (das war ihr unausgesprochener und nie geklärter psychologischer Kontrakt). Es sei ja alles nur „pro Forma" gewesen, sie habe mit dem Sohn zusammen „fliegen" wollen, das Unternehmen in neue Höhen führen. Ja sicher, sie habe der Übertragung des größten Teils der Anteile und der formalen Teilung der Geschäftsführung seinerzeit zugestimmt, aber doch nur in dem Bewusstsein, dass dieser Schritt im Rahmen der engen Beziehung zwischen ihr und ihrem Sohn ohnehin keinen Unterschied machen würde: „Zwischen uns passte sowieso kein Blatt Papier, da war es egal, wer formal die Anteile hielt, formal zeichnungsberechtigt war!" Ganz selbstverständlich ging sie davon aus, dass sie weiterhin die Schlüsselfigur sei, alles andere werde sich später schon ergeben. Gefragt, auf welchem der beiden Stühle sie in der Situation „innerlich gesessen" habe, nennt sie schnell den der „Mutter". Für den Sohn ist das, was sie sagt, völlig neu. Er hat die Übergabesituation völlig anders in Erinnerung, sein psychologischer Kontrakt ließ ihn den Übergang als Ritual erleben, das ihn in die unternehmerische Verantwortung einführte. Ohne Zögern benennt er den „Nachfolgerstuhl" als den, auf dem er in der Situation innerlich gesessen habe, nicht zuletzt sei das für ihn der Ansporn gewesen, sich so intensiv und selbstausbeuterisch für das Unternehmen einzusetzen (zeitweise arbeitete er bis zu 20 Stunden täglich). Das Dilemma ist direkt im Raum erkennbar: Sie sitzen auf zwei Stühlen, ihre Kommunikation geht jeweils an eine „leere Kommunikationsadresse", denn der ihnen direkt gegenüberstehende

Stuhl ist leer – doch da soziale Systeme „unsichtbar“ sind (es sind eben nicht die im Raum versammelten Menschen, sondern das Muster, wie eine Kommunikation sinnvoll an die andere anschließt), ist das nicht zu erkennen. Die fehlende „passende“ Antwort wird daher dann als tiefe Infragestellung der eigenen Person verstanden, die fehlende Bestätigung der Beziehungsdefinition des psychologischen Kontraktes wird familiär kodifiziert als Negation der eigenen Identität – mit entsprechend Kränkungsgefühlen. Die Mutter war von der stillschweigenden Prämisse im Sinn der familiären Kodifizierung ausgegangen, dass der Sohn mit ihr einig sei, dass sie beide als Mutter und Sohn ihre gute Beziehung kooperativ weiterentwickeln würde. Der Sohn erlebte sich auf dem Nachfolgerstuhl in die Chefposition inauguriert. Je mehr er sich in diese Position hineinarbeitete, desto größer wurde jedoch die Enttäuschung der Mutter, die er nicht verstand und als Undankbarkeit interpretierte. Ein verhängnisvoller Kreislauf von Eskalationen begann, jeder Versuch der Korrektur vertiefte das Zerwürfnis noch, die „emotional messiness“ erwies sich als unauflösbar. Erst die Möglichkeit, sich gemeinsam aus der Distanz heraus neu zu verstehen, machte beiden deutlich, dass keiner von beiden „falsch“ oder gar „psychisch krank“ war, dass aber jeder den psychologischen Kontrakt in der Logik eines anderen Bezugssystems abgeschlossen hatte, ohne dass diese Differenz jemals besprochen worden wäre. Genau das ist das Problem psychologischer Kontrakte: Sie sind so selbstverständlich, dass man gar nicht auf die Idee kommt, dass der andere ihn anders erlebt haben könnte.

Intensive positive Gefühle brauchen keine weitere Erklärung – Liebe und Freude haben ihren Wert in sich. Heftige negative und verwirrende Emotionen wollen dagegen verstanden, bearbeitet und gelöst werden. In Unternehmensfamilien können diese Gefühle in unterschiedlichen Spielfeldern entstehen, etwa:

- Nachfolge- bzw. Erbfolgeregelungen,
- Familienbeziehungen in allen Facetten (Geschwister, Ehepartner, Eltern – Kinder)
- Auseinandersetzungen um finanzielle Fragen,
- Inner- und interfamiliäre Grenzen (z. B. Stammesregelungen, Gremienbesetzung usw.)

In all diesen „emotionalen Arenen“ kann es besonders dann zu negativen Emotionen kommen, zur „emotional messiness“, wenn die Betroffenen einen grundlegenden Regelbruch erleben, eine Verletzung des psychologischen Kontraktes und selbstverständlicher Erwartungen wie auch der damit verbundenen Werten (Sorenson,

2014) von denen sie ausgegangen sind. Für den Kontext Familienunternehmen sollen an dieser Stelle zwei existenzielle Themen hervorgehoben werden, an denen sich erfahrungsgemäß sehr heftige Konflikte entzünden können: „Gerechtigkeit" und „Zugehörigkeit". In Anlehnung an Marks kann man sie auch als menschliche „Grundbedürfnisse" verstehen, deren Verletzung starke Gefühle von Scham (Marks, 2012–2013) und Empörung (Montada, 2003, 2014) auslöst.

3.2.2 Gerechtigkeit, sozialer Vergleich und Empörung

Eng mit dem psychologischen Kontrakt verbunden ist das Thema erlebter Gerechtigkeit und das Gefühl von Verrat, das sich einstellt, wenn die Gerechtigkeitsempfindungen enttäuscht werden. Gerechtigkeit scheint eng mit dem Wunsch verknüpft zu sein, dass die Welt „geordnet" ist, also sinnvoll und voraussehbar, und dass man selbst über Möglichkeiten verfügt zu handeln (Antonovsky, 1997). Ein solches Bewusstsein ist für Menschen offenbar von zentraler Wichtigkeit. Eine Verletzung des Gerechtigkeitsempfindens wird jedenfalls universell als bedrohlich erlebt (Montada, 2014). Menschen reagieren mit heftiger Empörung, wenn ihr Gefühl für Fairness verletzt ist. Der andere mag dies völlig anders erleben, seine „innere Kontenführung" kann sehr unterschiedlich sein. Was der eine als gerecht empfindet (etwa, dass der im Unternehmen tätige Nachfolger 80 % der Anteile bekommt), erlebt der andere als schreiende Ungerechtigkeit. Man kann sich nicht mehr in die andere Seite einfühlen, die Wut macht „blind". In Konflikten erleben wir dann nicht selten über die jeweils andere Seite zutiefst empörte Parteien, die einander vorwerfen, elementare Fairnessregeln verletzt zu haben. Das ist nicht für Familienunternehmen allein der Fall, wie das folgende Fallbeispiel zeigt:

Fallbeispiel: „Gerechtes Erbe?"
In einer Familie vier erwachsener Geschwister betreute die einzige Tochter die leicht gehbehinderte Mutter über mehr als 20 Jahre. Sie lebte mit ihrer Familie im ehemaligen Elternhaus, wo die Mutter inzwischen eine Einliegerwohnung bewohnte. Erst in den letzten Jahren wurde die Pflege zu einer stärkeren Belastung, aber auch vorher war die Tochter täglich mit der Mutter im Kontakt, erledigte Einkäufe für sie, fuhr sie zum Arzt usw. Als die Mutter schließlich starb, kam es bei der Testamentseröffnung zum Eklat: Die Tochter war als Alleinerbin der großen Werte (Haus und Konto) eingesetzt worden. Die drei Brüder, die nicht mehr am Ort lebten, erhielten zwar zahlreiche wertvolle Gegenstände, aber die Schwester hatte sehr viel mehr bekommen. Die Empörung der Brü-

der quittierte die Schwester mit Unverständnis: „Wer hat sich denn all die Jahre um die Mutter gekümmert?" – „Dafür hast du ja auch von der Rente partizipiert! Und schließlich haben wir Mama all die Jahre auch jeweils für 2 Wochen zu uns genommen, damit du mit deiner Familie Ferien machen kannst! Nein, diese Lösung ist sehr ungerecht!" Heute haben sich die Geschwister nicht mehr viel zu sagen ...

Das Beispiel zeigt, wie eng das Gerechtigkeitsthema mit sozialen Vergleichsprozessen verbunden sein kann: Die Geschwister – und in Familienunternehmen eben die Gesellschafter – beobachten einander sehr genau. Sie setzen sich zueinander in Beziehung und definieren ihren Selbstwert im Vergleich zu anderen. Soziale Kriterien spielen dabei im Vergleich eine wichtigere Rolle als objektive Kriterien, es zählt weniger, ob man selbst „viel" oder „wenig" hat, sondern ob signifikante Andere „mehr" oder „weniger" haben als man selbst. Dieser Umstand wird in der Theorie sozialer Vergleichsprozesse thematisiert: Menschen vergleichen sich stets in ihrem engsten jeweiligen sozialen Bezugsfeld mit anderen. Die abstrakte Höhe etwa eines Anteils ist dabei also weniger bedeutsam, vielmehr wird sofort die Frage virulent, ob man selbst mehr oder weniger als der andere hat. Das bestimmt das Selbstwertgefühl und ob eine Lösung als gerecht oder als ungerecht erlebt wird (mehr dazu in Kap. 6.4.4).

Fallbeispiel: Die beiden Brüder I[9]: „Du bist ein Betrüger!"
Die symbolische Bedeutung des Geldes kann an einer Episode in der Auseinandersetzung der beiden zerstrittenen Brüder verdeutlicht werden (das Beispiel wird ausführlich in Kap. 5 vorgestellt): Das Volumen der Auseinandersetzung um das Unternehmen betrug einige Millionen Euro, mit dem Verkauf erzielte am Ende jeder jedenfalls einen „mittleren zweistelligen Millionenbetrag". Doch am heftigsten gestritten wurde um den Wagen einer ausscheidenden Führungskraft, den der operativ tätige Bruder seiner Frau ohne Rücksprache mit dem nicht operativ tätigen Bruder zur Verfügung gestellt hatte. Der andere Bruder, der Gesellschafter warf ihm nun vor, ein „Betrüger" zu sein, sich an seinem Vermögen zu vergreifen usw. Das Wort „Betrüger" wurde zu einem Reizwort, nach dessen Aussprechen über eine längere Zeit keine lösungsorientierte Kommunikation mehr möglich war.

[9] Auch der Beispielfall „Die beiden Brüder" wurde auf der DVD, die dieses Buch begleitet, im Rollenspiel mit Schauspielern erarbeitet (v. Schlippe, 2014a). Er wird ausführlich in Kap. 5 vorgestellt, einzelne Facetten daraus werden auch schon vorher beschrieben.

3.2.3 Bedrohtes Zugehörigkeitsgefühl

Das Bedürfnis nach „Zugehörigkeit" gehört ebenfalls zur „Grundausstattung" menschlicher Existenz (Baumeister & Leary, 1995). Es ist eines der wichtigsten Bedürfnisse, wird allerdings in der Logik des Unternehmens oft explizit ausgeklammert (auch wenn es Organisationen gibt, die diese Sehnsucht nach Zugehörigkeit explizit ausnutzen, sektenhaft aufgebaute Unternehmen etwa). Im Unternehmen geht es ja gerade um Selektivität, und um die Frage: „Who is in, who is out?" Diese wird schnell und mit einer gewissen Leichtigkeit gestellt. Einstellungen, Entlassungen, allgemein Personalentscheidungen, Besetzung von Gremien usw. sind Alltag in Organisationen. Und auch wenn Personalverantwortliche wissen, wie massiv etwa eine Entlassung einen Menschen trifft, geht letztlich organisationale Logik vor.
In einer Familie dagegen ist das Bedürfnis existenziell: Wenn das Zugehörigkeitsgefühl in Frage steht, rutscht man in Kindheitsgefühle und in existenzielle Ängste, es steht psychisch das Überleben auf dem Spiel. Und auch wenn man aus der Familie nie ausgeschlossen werden kann, kann es doch im Kontext von Familienunternehmen passieren, dass die Entscheidung *„Du nicht!"* (in die Führung, in den Beirat, in die Vermögensnachfolge) existenziell wie ein solcher dramatischer Ausschluss erlebt wird, mit ggf. Dauerfolgen. Es bleibt eine dauerhafte familienstrategische Aufgabe, die Selbstverständlichkeiten der Zugehörigkeit (Familienlogik) auf der einen und der Selektivität des Zugangs zu Positionen (Unternehmenslogik) auf der anderen Seite zu balancieren.

Fallbeispiel: „Du bist draußen!"
Ein Unternehmer setzte seine beiden Kinder, ein Sohn, eine Tochter, in die operative Nachfolge ein, sie sollten das Unternehmen gemeinschaftlich führen. Es ging nicht gut, die beiden verstanden einander nicht, arbeiteten gegeneinander, die Belegschaft begann, sich zu spalten. Zahlreiche Versuche, das Problem zu lösen (getrennte Teilbereiche zu schaffen, dem Bruder ein besonderes Arbeitsfeld aufzubauen), misslangen. Schließlich entschieden die Schwester und der Vater, der noch Anteile hielt, gemeinsam, den Bruder, dessen Fähigkeiten zur Geschäftsführung sie anzweifelten, zu entlassen. Es gab eine dramatische Gesellschaftersitzung, die Entlassung war einziger Tagesordnungspunkt, sie wurde dann gegen die 33 % des Bruders beschlossen. Für ihn war diese Kränkung so tiefgreifend – und auch nicht mehr zu korrigieren, dass er seitdem seine Anteile in der Gesellschafterversammlung dazu nutzte, die Möglichkeiten der Schwester im Unternehmen immer wieder zu torpedieren, denn eine Blockierungsmacht für jede größere Entscheidung boten die Anteile ihm allemal.

3.2.4 Konflikte aus dem Sandkasten

Geschwisterbeziehungen begleiten Menschen meist das ganze Leben hindurch auf besondere Weise. Familienbeziehungen können rechtlich, aber auch emotional nicht wirklich aufgelöst werden, von Geschwistern kann man sich nicht scheiden lassen. Selbst wenn dies durch einen, gar nicht so seltenen, völligen Bruch versucht wird, bleibt der Betreffende doch denen, von denen er sich losgesagt hat, lebenslang im Sinn, traurig oder im Zorn. Es ist eine „dunkle Form“ von Bindung geworden, aber die Bindung bleibt. Wirklich beenden lässt die Beziehung sich nicht, und da Geschwister vom Alter her meist eng beieinander sind, bleibt sie eben lebenslang bestehen (auch wenn man sich manchmal emotional weit voneinander entfernt). Zugleich sind gegensätzliche Gefühle und Ambivalenzen für Geschwisterbeziehungen typisch, die Beziehungen sind alles andere als konfliktfrei (Pint, 2000). Es verwundert daher nicht, dass ungelöste Geschwisterthemen auch ein wichtiges Konfliktfeld in Familienunternehmen sind (Baus, 2008; Lansberg, 2003; Plate, 2008), ja, sogar als einer der Hauptgründe für das Scheitern des Unternehmens als Familienunternehmen benannt werden (Wimmer et al., 2005, p. 251). Gerade dort, wo es um Auseinandersetzungen um enorme Werte gehen kann, um den Fortbestand oder Untergang eines Unternehmens und um das Geschick zahlreicher Mitarbeiter und ihrer Familien, bekommen die Konflikte schnell eine enorme „Wucht“. Zugleich rutschen die Akteure vielfach innerhalb kürzester Zeit in eine Qualität von Auseinandersetzung, die von den Mitgliedern gern so beschrieben wird, dass sich hier erkennbar Konflikte „aus dem Sandkasten“ wiederholten: „Du hast immer schon ...“, „Du warst doch noch nie ...“, bzw. dass alte „Rabattmarken“ präsentiert werden („Und wie war das damals? Da hast du gesagt ... und ... getan! Denkst du, das habe ich vergessen?“). Großmann stieß in seiner Studie immer wieder auf das Phänomen, dass derartige „Altlasten“, die oft über Jahre mitgeführt worden waren, an Konfliktpunkten plötzlich scharf gestellt wurden (Großmann, 2014, p. 130f.). Das Unternehmen bildet eben für die Mitglieder der Unternehmensfamilie eine besondere Art von „Klebstoff“: Die Familie hält auf eine andere Weise zusammen, wenn es noch etwas anderes gibt als nur die persönliche Bindung, die die Familie einigt. Zudem kann man Konflikte in diesem Kontext, wie schon gesagt, nicht dadurch entschärfen, dass man sich seltener sieht und räumlich distanziert: Auf der Gesellschafterversammlung sechs Wochen später sitzt man einander wieder gegenüber – und eine größere Investitionssumme muss entschieden werden. Ein „mir doch egal“ oder „mit euch will ich einfach nichts zu tun haben“ reicht da meist nicht.

Wenn ein „Drittes“, ein besonderer Sinn, um den sich die Familienkommunikation dauerhaft organisieren kann, fehlt, reicht die Perspektive selten über den Horizont der persönlichen Bekanntheit hinaus. In Familien ohne ein Unternehmen im Hintergrund erlebt man in der Regel den Kreis derjenigen Personen als bedeutsam, die man persönlich kennt, meist also eine Spanne von etwa drei Generationen, Großeltern, Eltern und Kinder (Groth & Simon, 2011; Simon et al., 2005). Neben dem blutsverwandtschaftlichen Verhältnis ist hier die Kontaktdichte ausschlaggebend. Die Spanne von drei Generationen bildet sozusagen das „Zeitfenster", durch das jemand auf seine Familie schaut: Man baut persönliche Bindungsbeziehungen in der Regel zu Menschen auf, mit denen man direkt zu tun hat. Dies sind innerhalb einer Generation die Geschwister und zwischen den Generationen die Eltern und Großeltern. Verlässt man den eigenen Familienzweig (Onkel, Tanten, Cousins und Cousinen), so wird der direkte Kontakt sporadischer ausfallen, und schon Cousins und Cousinen zweiten Grades begegnet man höchstens auf größeren Familienfeiern, während Familienmitglieder ihre Cousins und Cousinen dritter oder weiterer Grade selten besser kennen als nur vom Hörensagen. Es ist fraglich, ob es so weitreichend überhaupt noch ein Selbstverständnis als Familie gibt (Domayer, 2014). „Andere" Familien organisieren also die Komplexität der Beziehungen über das Vergessen, über das Einander-fremd-Werden im weiteren Familienkreis, während man in der Herkunftsfamilie enger aufeinander bezogen bleibt. Dagegen reproduziert die Unternehmensfamilie die Muster der Herkunftsfamilie über einen viel weiteren Horizont. Wenn dies gut geht, können diese Familien davon enorm profitieren (Klett, 2009), doch im negativen Fall können alte Konfliktlagen nicht dadurch gelöst werden, dass sie „aussterben", weil man sich aus den Augen verliert. Sie können im direkten Kontakt weiterleben und setzen sich auch in Form von Geschichten (das „soziale Gedächtnis") über lange Zeit und einen größeren Personenkreis fort (v. Schlippe & Groth, 2009; s. auch das Fallbeispiel: *„Lösungsversuche am falschen Ort" in Kap. 6.4.7*).

Die Herkunftsfamilie ist der Ort, an dem ein Mensch mit seinen essenziellen Lebensthemen konfrontiert ist und zentrale Themen für die Entwicklung eines eigenen Selbstbildes, einer eigenen Identität lernt (Schneewind, 2010, 2012). Viele Autoren gehen davon aus, dass die wesentlichen Eckpunkte der Persönlichkeitsentwicklung in den ersten sechs Lebensjahren entstehen, in denen ein Kind in der Auseinandersetzung mit seinen Primärbeziehungen (Eltern, Geschwister) ein erstes Konzept über sich selbst und seinen Platz im sozialen Gefüge erarbeitet. Zugleich findet elementares soziales Lernen in der Herkunftsfamilie statt: Das Kind lernt sich einzuordnen, sich durchzusetzen, um eigene Interessen zu kämpfen und Kompromisse zu schließen. Geschwisterbeziehungen sind für all diese Prozesse essenziell (Brock, 2010; Schneewind, 2010). Die Beziehungen sind daher auch oft besonders intensiv emotional aufgeladen: Geschwister sind einander eigentlich nie nur einfach „egal", sie beobachten einander vielmehr sehr genau. Die Bedingungen, unter denen sich Geschwisterkonflikte entwickeln, sind vielfältig, zumal ein gewisses Maß an Rivalität und Eifersucht selbstverständlicher Bestandteil menschlicher Entwicklung ist

– es würde etwas fehlen, wenn es sie nicht gäbe. Bekannte Faktoren geschwisterlichen Streits sind auch das mögliche „Entthronungstrauma“ des Erstgeborenen, Geschlechtsstereotype und Differenzen in der elterlichen Zuwendung, die in eine mögliche Ungleichbehandlung münden.

In der sog. Familienkonstellationsforschung steht die Auswirkung der Geschwisterposition auf die Persönlichkeitsentwicklung im Vordergrund. Doch diese Forschung hat insgesamt unterschiedliche und oft widersprüchliche Ergebnisse hervorgebracht (Herrera, Zajonc, Wieczorkowska, & Cichomski, 2003). Eine besonders günstige oder besonders ungünstige Geschwisterposition hat sich nicht nachweisen lassen: Ob „Thronfolger“, Einzelkind, „Sandwich-Kind“ oder „Nesthäkchen“, jede Position hat ihre Vor- und Nachteile. Allerdings gibt es schon Themen, die mit einer bestimmten Position enger verknüpft sind, wie etwa die Erfahrung von Entthronung beim Erstgeborenen (Pint, 2000). Die Einflussfaktoren sind so vielfältig, dass schnell eine enorme Komplexität entsteht: Der Geburtenrangplatz, das Geschlecht (gleich- und gegengeschlechtliche Geschwisterbeziehungen unterscheiden sich deutlich), das Alter der Geschwister sowie der Altersabstand zwischen ihnen wirken sich jeweils in ganz unterschiedlicher Weise auf die Geschwisterkonstellation aus, ganz zu schweigen von den vielen zusätzlichen Konstellationen in Patchworkfamilien, bei Trennungs- und Scheidungskindern, bei Pflege- und Adoptivkindern, wo immer wieder spezifische andere Erfahrungen gemacht werden können. All das zeigt, wie schwierig es ist, eine Antwort auf die Frage zu finden, wie sich die Sozialisationserfahrungen von Menschen unterscheiden, je nachdem, ob sie in die Rolle des ersten oder zweiten Kindes hineingeboren wurden oder Erfahrungen als mittleres oder letztes Kind gemacht haben u. ä. (Brock, 2010; Toman, 2002). Angesichts der Vielfalt möglicher Einflussgrößen, der jeweiligen kommunikativen Eigenwelt, die eine Familie als Sozialsystem charakterisiert, und der aktiven und kreativen Fähigkeiten, mit der jeder einzelne diese Aspekte in einen eigenen „Lebensstil“ (wie es in der Individualpsychologie heißt) einbringt, sind mechanistische Vorstellungen, die eindeutige Kausalität annehmen („Erstgeborene sind immer ...“), sicher nicht angebracht.

Doch natürlich kann man an die *konkrete* persönliche Familienkonstellation jeweils interessante Fragen stellen, die im Einzelfall hilfreich sein können, um einen Geschwisterkonflikt in einer bestimmten Unternehmensfamilie zu verstehen. So wird diese Art von Konflikten oft mit der elterlichen Beziehung in Zusammenhang gebracht. Die Qualität der elterlich-ehelichen Beziehung und das emotionale Klima in der Familie sind nachweislich bedeutsame Einflussgrößen auf die geschwisterliche Beziehung (Brody, 1998). Ein Grundthema von Geschwistern ist die Nähe zu den Eltern: Wer steht wem nahe, näher, am nächsten? Wo und wie kränkend wird Ungleichbehandlung erlebt? Welche Erfahrungen haben die Eltern selbst in ihren Herkunftsfamilien gemacht mit älteren, stärkeren Geschwistern, mit Jungs und Mädchen – und wie mag das ihre

Beziehung zu den eigenen Kindern beeinflusst haben? Der amerikanische Familienunternehmensforscher Joe Astrachan[10] beschreibt in dem Zusammenhang ein Muster, dem er in Unternehmensfamilien häufig begegnet ist: Er geht davon aus, dass der emotional dominante Elternteil meist das erstgeborene Kind persönlich stark an sich bindet, während der emotional submissive Partner eher das zweitgeborene Kind wählt. So stehen beide Kinder, vor allem wenn der Abstand zwischen ihnen nicht zu groß ist (max. etwa drei Jahre), in einer besonderen Parteilichkeit nicht nur zu den Eltern, sondern zugleich auch in einer früh angelegten Konfliktspannung zueinander, die durch die Anwesenheit des Unternehmens eine besondere Qualität bekommt. Die Stärke des Geschwisterkonflikts, so Astrachan, ist analog zu der Intensität der elterlichen Spannungen. Die Geburt eines dritten Kindes kann die Bindung des Elternteils zum zweiten Kind unterbrechen, dieses „Sandwichkind“ fühlt sich dann besonders verloren und kämpft entweder besonders intensiv um die Aufmerksamkeit der Eltern (z. B. auch mit der Entwicklung von Symptomen), oder es gibt auf.

3.2.5 Vertikale und horizontale Loyalitätsbindungen bei Stammesregelungen

Wenn die Familie in eine Großfamilie hineinwächst, verändern sich die Beziehungsstrukturen und es treten neue potenzielle Konfliktfelder in den Blick. Diese werden in anderen Familien dadurch gelöst, dass man sich aus den Augen verliert und so die Kontaktintensität und damit auch die Konfliktintensität nachlassen. Die Loyalitätsbindungen in der größer werdenden Familie verschieben sich: In der Kernfamilie gilt die Loyalität der Kinder der vorhergehenden Generation. Man fühlt sich den Werten der Eltern verpflichtet, es ist eine gleichsam vorbewusste und oft nie in Frage gestellte Form der Bindung, die Stierlin (2005, S. 21 f.) auch als „Zwangsloyalität“ bezeichnet. Die Loyalität, die sich dagegen unter Partnern einstellt, ist eine, die auf Geben und Nehmen beruht, die eher den Charakter einer „Wahlloyalität“ (ebd.) hat und die ständig mit der anderen Form ausbalanciert werden muss. Für die einzelnen ergeben sich dann durchaus innere Konflikte, wenn die Verpflichtung zur Herkunftsfamilie mit der zur Gegenwartsfamilie kollidiert (Woody Allan wusste dies schon, als er das Bonmot prägte: „Der beste Freund eines Mannes ist seine Mutter ...!“). Dieser allgemeine Mechanismus löst sich dadurch, dass langsam die Zwangsloyalität in den Hintergrund rückt, die Bindung zur neu gegründeten eigenen Familie wird stärker. Im Zweifelsfall zieht die junge Familie in einen anderen Ort, man sieht sich zu besonderen Anlässen, aber im Alltag geht man getrennte Wege.

[10] Er hat diese Gedanken nie aufgeschrieben. Sie entstammen seinen Gastveranstaltungen am WIFU; ich zitiere sie mit seiner Genehmigung.

In Unternehmensfamilien gibt es hier nun eine Besonderheit. Die Gründungsfamilie übt auf die folgenden Familien einen stärkeren Loyalitätsdruck aus als normalerweise. Das beschriebene Verblassen der Beziehungen, wie es in „anderen" Familien geschieht, wird schwieriger. Die Herkunftsfamilie kann nicht so einfach in den Hintergrund rücken, das Unternehmen ist ja noch da, der/die GründerIn hält noch einen beträchtlichen Teil der Anteile usw. Zugleich nimmt der Anspruch aus der Gegenwartsfamilie zu, sich doch eindeutig zu ihr zu bekennen. Insbesondere wird dies von eingeheirateten Ehepartnern gefordert, denn diese sind natürlich der Herkunftsfamilie nicht so verpflichtet. Doch wie ein Magnet bleibt die Ursprungsfamilie da und fordert von ihren Mitgliedern, die irgendwann Gesellschafter werden, ihren „Tribut" – ein dauerhafter Spannungszustand. Die in unserer Kultur üblichen Prozesse der Ablösung aus der Herkunftsfamilie und das langsame Hineinwachsen in eine neue, eigene Familie werden erschwert, weil durch das Unternehmen die Herkunftsfamilie ein größeres Gewicht behält.

Im Laufe der Zeit kann dann auch noch eine Sonderform entstehen, die es nur in Unternehmensfamilien gibt: die Stammesorganisation (vgl. Simon et al., 2005). So kommt es zu einer besonderen Veränderung: „... a change occurs in family members' relationships when the family expands in family branches. Then, siblings or cousins become parents and may act as if their responsibility is to represent their own family branch as opposed to the company or the shareholder group as a whole" (Gersick et al., 1997, p. 46). Diese Stammesbildung tritt ein, wenn in der Gründungsfamilie versucht wurde, die Erbteilung nach familialen Gerechtigkeitslogiken vorzunehmen (vgl. Kap. 3.2.2 und 6.4.3), zugleich aber eine weitere Aufsplitterung vermieden werden soll, etwa mit der Regelung, dass der Kreis der Gesellschafter begrenzt bleiben muss, dass also jeder Stamm jeweils mit einer Stimme zu sprechen habe (die Stimmen werden gepoolt). Es ist eine Festschreibung der Geschwisterbeziehung der zweiten Generation mit all ihren negativen und positiven Implikationen (Simon, 2012b, p. 77). Die Abstimmung zwischen Unternehmen und Familie und das Dilemma der gerechten Verteilung auf alle Kinder des Gründers scheinen damit zunächst gelöst. Doch man hat damit eine Dynamik eingeleitet, in der die Stämme gegeneinander abgegrenzte soziale Gruppierungen bilden, die primäre Loyalität gilt nun nicht mehr der vorhergehenden Generation, sondern dem eigenen Stamm. Im Konfliktfall stehen dann die Stämme als Konfliktparteien einander gegenüber. Damit verschiebt sich aber die Auseinandersetzung von der Sachebene zunehmend zu einer Frage von „Wir" gegen „Die". Die Verpflichtung gegenüber der Herkunftsfamilie und der Wahrung ihres Erbes, ihres Vermächtnisses nimmt ab, die zur jeweiligen Gegenwartsfamilie bzw. zum Stamm nimmt zu. So kann es eine kontinuierliche Reibung zwischen der „vertikalen" Loyalität zur Herkunftsfamilie und der „horizontalen Loyalität" zur Gegenwartsfamilie, zum Stamm geben. Vielleicht liegt es daran, dass Stammeslösungen als besonders vulnerable Konstruktionen gelten, weil sie viele Personen und Generationen umfassen. Und auch, wenn es ausgezeichnet funktionierende und gut geregelte Beispiele dafür gibt, dass Stammesorganisation funktionieren kann, wird doch vielfach vorgeschlagen, diese Struktur, da, wo es möglich ist, in eine sog. „Großfamilienorganisation“ zu überführen (Simon et al., 2005; Simon, 2012b, p. 78).

3.2.6 Der „Wegfall eines dritten Elements“

Ein Aspekt soll hier nicht unerwähnt bleiben, der in Familien über eine lange Zeit hinweg dafür sorgen kann, dass ein Konflikt nicht ausbricht. Bateson hatte schon in seinen frühen Arbeiten (s. z. B. 1981, S. 110 ff.) über die Bedeutung eines „dritten Elements“ für die Begrenzung einer sog. „symmetrischen Eskalation“, eines sich immer weiter steigernden Streits, gesprochen. Solange dieses „Dritte“ als einschränkender Faktor anwesend ist, kann eine sich aufschaukelnde Eskalationsspirale unterbunden werden, wenn beide Konfliktparteien dieser dritten Seite vertrauen oder ihr Einfluss zubilligen.

- Dieses „Dritte“ kann ein Prinzip sein, unter das beide Seiten sich stellen:
  - Der „Blick zurück“: Die gemeinsame Geschichte und die gemeinsam geteilten Werte, auf die man sich beruft, können als tragfähige Basis erlebt werden (dies kann beim „Konsens über eine unerwünschte Zukunft“ angesprochen werden, wie in Kap. 7.3 verdeutlicht).
  - Der „Blick nach vorn“: Eine gemeinsame Vision von dem, was man erreichen möchte, aber auch
  - etwas Abstraktes, das als größer erlebt wird als die Kontrahenten selbst: solange etwa beide Seiten den Zufall als „höheres Prinzip“ anerkennen, kann eine Eskalation dadurch verhindert werden, dass im Streitfall jeweils eine Münze geworfen wird; Paarkonflikte werden oft dadurch abgemildert, dass um der gemeinsamen Liebe willen einer zurücksteckt u. v. a. m.
  - Letztlich ist sicher die Einführung des Rechtssystems, unter das sich schließlich die Parteien beugen (müssen), die gesellschaftliche Installation eines solchen dritten Elements.

- Es kann aber auch eine Person die Rolle des Dritten übernehmen, indem ihre stille Anwesenheit die Streithähne daran hindert zu eskalieren.

Wenn ein solches symmetriebegrenzendes drittes Element wegfällt, vielleicht sogar plötzlich, kann es geschehen, dass die Eskalation mit aller Wucht aufbricht. Solche „systemirritierenden Zäsuren“ fand Großmann in seiner Studie als recht typisch für eskalierende Konflikte in Familienunternehmen: Im Moment einer solchen Zäsur, wie etwa bei dem Tod eines nahen Angehörigen, bricht eine vielleicht schon über Jahre latent mitgeführte Konfliktdynamik plötzlich auf, es „wird sichtbar, wie sich durch Wegfall bestimmter hemmender Faktoren die Verhaltensweisen der beteiligten Personen analog zu einem Wettrüsten hochschaukeln können. In diesem Sinne kann durch den Verlust dieser einschränkenden Faktoren der Weg in Richtung Spaltung bis hin zum Zusammenbruch des Systems bereitet sein" (Großmann, 2014, S. 124 f.).

Fallbeispiel:
Die beiden Brüder II: „Mutter hatte eigentlich nie etwas gesagt"
Wir kommen hier zurück auf die „beiden Brüder", das Fallbeispiel, auf das in diesem Kapitel schon einmal kurz Bezug genommen wurde (Du bist ein Betrüger!) und das auf der DVD, die dieses Buch begleitet, ausführlich dargestellt ist. Es soll nun genutzt werden, um die Rolle der Mutter der beiden Brüder als „drittes Element" zu verdeutlichen. Der Vater war früh und überraschend nach kurzer Krankheit gestorben, als die Brüder 26 bzw. 24 Jahre alt waren. Noch auf dem Sterbebett hatte er zu seiner Frau gesagt: „Sorge dafür, dass die Jungs sich nicht streiten!" Einvernehmlich war der eine Bruder (beide hatten 50 % Anteile) ins operative Geschäft gegangen, der andere Bruder stiller Teilhaber geworden. Die Mutter war eine eher stille Person gewesen, sie war nicht im Unternehmen tätig, jedoch Mitglied im Beirat; dort hatte sie aber nur selten überhaupt etwas gesagt. Die wenigen Sachkonflikte waren schnell beigelegt worden. Irgendwie, so sagen die Brüder später, hat die Mutter allein mit ihrer Präsenz gewirkt, in ihrer Stille. Doch entspann sich bereits auf ihrer Beerdigung ein erster heftiger und unversöhnlicher Streit zwischen den Brüdern, eigentlich war es um eine Lappalie gegangen, wie beide sagen. Etwa ein halbes Jahr später brach dann ein massiver Konflikt über die Einflussmöglichkeiten des nicht operativ tätigen Bruders im Unternehmen aus, über den in Kap. 5 ausführlicher berichtet wird.

Das Fallbeispiel erinnert an die Szene aus Thomas Manns „Buddenbrooks", wo der Streit zwischen Thomas und seinem Bruder Christian ebenfalls in der Sterbesituation eskaliert. Die verzweifelte Schwester, die darauf verweist, dass die tote Mutter im Nebenzimmer liege, schafft es nicht, in die Rolle der Symmetriebegrenzerin zu gelangen, die die Mutter zu ihren Lebzeiten innehatte. Dieses Muster ist in der Literatur über Konflikte in Familienunternehmen, so weit ich weiß, explizit als *Kommunikationsmuster* nicht beschrieben (eine Ausnahme, wie erwähnt, Großmann, 2014). Allerdings erwähnt Lansberg in einer Fallbeschreibung das Konzept des „Management by triangulation", das diesen Überlegungen sehr nahe kommt: Hier fungierte ein externer Manager als das „dritte Element" (1999).

In diesem Zusammenhang stellte Lansberg ein interessantes Modell vor, das ebenfalls das Prinzip des Dritten sehr klug für die Konfliktprävention nutzbar machte: Der Vater von vier Geschwistern hatte diese auf seinem Totenbett zur Einigkeit ermahnt, ihnen zugleich aber vorausgesagt, dass sie, so wie er sie kenne, sicher nicht immer einer Meinung sein würden. Er hatte dann einen Stab mit einem in Silber gefassten Halbedelstein hervorgeholt und gesagt: „Ich werde einem von euch diesen Stab geben, und zwar nach dem Zufallsprinzip. Und im Fall, dass Ihr euch nicht einig werdet, wird der Inhaber des Amuletts das Recht haben, das entscheidende Wort zu sprechen!" Nach einer Pause fuhr er fort: „Es gibt einen Haken an der Sache: Wann immer das Amulett genutzt wird, muss der Inhaber es an einen der anderen weitergeben und warten, bis er selbst wieder an die Reihe kommt." Die Brüder stimmten zu und übernahmen das System, indem sie auf das Symbol einen Eid leisteten. In den folgenden 35 Jahren war das Amulett zweimal in die Runde gegangen, das Unternehmen hatte sich zu einem erfolgreichen milliardenschweren Geschäft entwickelt. Durch das Amulett war der Vater als das „dritte Element" im Leben der Geschwister präsent geblieben, durch die symbolische Aufladung des Stabes (Edelstein und Silber, Eid) hatte das Objekt die Kraft behalten, die Konflikte zu begrenzen (Lansberg, 1999, p. 135 f.).

3.3 Sachliche Themen

Die Aufteilung in „existenzielle" und „sachliche" Themen ist ein wenig willkürlich, denn beide Themenbereiche sind schnell mit Gefühlen verbunden. Doch während die ersteren eher den emotionalen Grund darstellen, der sich in allen möglichen Fragestellungen zeigen kann, sind die im folgenden dargestellten Themenbereiche sachliche Aufgabenstellungen, die eng mit familienstrategischen Fragen verknüpft sind: Welche Aufgaben zur Handhabung des Verhältnisses von Familie und Unternehmen stellen sich einer Unternehmerfamilie im Laufe ihrer Entwicklung? Wie wird mit dem Thema Entscheidungsmacht in der Familie und im Unternehmen umgegangen, wer hat an welchem Ort eine „Stimme", einen Einfluss und/oder Entscheidungsgewalt? Diese Aufgaben und die Notwendigkeit, für ihre Klärung Strukturen zu erarbeiten, sind verschiedentlich ausführlich beschrieben worden (Baus, 2013; Koeberle-Schmid, Fahrion, & Witt, 2012; Kormann, 2010, 2013; Lange, 2009; May, 2007; v. Schlippe et al., 2011), auch der „Family Governance Codex" benennt eine Reihe dieser Felder (http://www.kodex-fuer-familienunternehmen.de/). Im Folgenden werden verschiedene dieser kritischen Punkte benannt, die meist Gegenstand familienstrategischer Regelungen sind. Da in diesem Buch der Schwerpunkt auf den Konflikten liegt und nicht auf Familienstrategie, wird diese präventive Dimension nicht weiter ausgeführt, sondern es werden nur die „Entzündungspunkte" benannt.

3.3.1 We are Family! Aber wer gehört dazu? Und wer nicht?

Die Familie nimmt je nach Alter und Größe des Unternehmens mehr oder weniger intensiv Einfluss auf die Geschicke des Unternehmens. Vor allem wenn die Familie eine Größe gewonnen hat, in der nicht mehr der eine dem anderen täglich mehrfach und ganz selbstverständlich begegnet, kann es schwierig werden: Wer ist zu welcher Frage zu hören, welche Meinung muss unbedingt eingeholt werden, wer hat überhaupt etwas zu sagen und was? Es gibt Familienmitglieder, die sind Gesellschafter, andere sind operativ tätig – oder beides, und es gibt welche, die sind beides nicht, gehören aber doch zur Familie usw. Im weitesten Sinn geht es hier zusammenzufassend um Themen, die die Art der Beschlussfassung des Gesellschafterkreises betreffen. Je weniger hier im Vorfeld und in einer entspannten Zeit Grundsatzentscheidungen getroffen worden sind, desto mehr Möglichkeiten bestehen für Auseinandersetzungen um Fragen wie:

- Wer gehört genau zur Eigentümerfamilie, was sind Ein- und Ausschlusskriterien? Wie verhält sich die Unternehmerfamilie zur Familie, zu welchen Fragen ist wer zu hören, wo fallen die Entscheidungen, die das Verhältnis von Unternehmerfamilie zum Unternehmen anbetreffen? usw.

- Wie man in die Familie hineinkommt, ist meist klar, doch wie kommt man hinaus, wie soll z. B. mit Ehescheidung, Trennungen o. ä. umgegangen werden (Gerber, 2013; Kirchdörfer & Lorz, 2009)? In diesem Zusammenhang wäre es gut, auch vorher schon zu wissen, ob und wie angeheiratete Familienmitglieder Anteilseigner werden können.

Fallbeispiel: Zugewinngemeinschaft
So wurde ein Unternehmen von drei Brüdern, die gemeinsam die Firma vom Vater geerbt hatten, einvernehmlich und sehr erfolgreich geführt. Eine Regelung über den Umgang mit Ehepartnern bestand nicht, alle Paare lebten in Gütergemeinschaft. Der Erfolgskurs wurde urplötzlich in Frage gestellt, als die Frau eines der Brüder nach langer Ehe die Scheidung einreichte und ihren Anteil aus der Zugewinngemeinschaft mit ihrem Mann einforderte – fast ein Sechstel des Unternehmenswertes, ihr Anwalt bestand auf Barauszahlung. Die Brüder schafften es gemeinsam, das Geld aufzubringen, die beiden anderen gaben dem Dritten ein entsprechendes Darlehn. Die Aktion war nicht dazu geeignet, die Beziehungen der drei Brüder zu verbessern ...

- Welchen Status sollen gleichgeschlechtliche oder andere „postmoderne“ Formen des Zusammenlebens haben, wie soll mit „Patchworkkindern“, Adoptivkindern umgegangen werden, bis zu welchem Lebensjahr soll Adoption möglich sein? usw.

- Eine besonders interessante und selten bedachte Frage ist die nach dem Umgang mit grenzüberschreitenden Partnerschaften internationaler Unternehmensfamilien, in denen sich komplizierte rechtliche und steuerrechtliche Konstellationen ergeben können, die in Konfliktfällen zu erheblichen Problemen führen können (Kirchdörfer & Lorz, 2013).

- In welche Unternehmensbelange ist die Familie einbezogen?

- Wie werden Entscheidungen über die Installation von Beiräten getroffen, und mit welchen Kompetenzen werden diese versehen?

3.3.2 Wohin will die Familie mit dem Unternehmen?

Diese Frage ist ebenfalls eine wichtige Klärungsaufgabe für die Familie. Die Frage, wohin sie mit dem Unternehmen will, wie dieses zu einem „gemeinsamen Projekt“ werden kann, welche Werte die Familie dort verwirklicht sehen möchte, ist kritisch und hoch bedeutsam. Denn ohne diese Klärung fehlt der Familie letztlich die Bindungskraft. Wenn diese Überlegungen systematisch mit der ganzen Familie vorangetrieben werden, können sie sich in einem System aus verbindlichen Regeln für den Umgang der Familie mit dem Unternehmen niederschlagen, das helfen kann, Konflikte zu vermeiden (ausführlich s. die zu Beginn von Kap. 3.3 angegebene Literatur).

3.3.3 Wer kommt wie und wann in welche Position? Und wer nicht?

Ein weiterer „Knackpunkt“: Unter welchen Bedingungen soll es für Familienmitglieder möglich sein, die Nachfolge in der operativen Führung bzw. der Besetzung von Beiratspositionen zu übernehmen? Wenn dies nicht in einer frühen und ruhigen Phase der Familie geklärt worden ist, werden getroffene Entscheidungen schnell im Sinne einer Familienlogik verstanden. Während die Besetzung operativer Positionen in dem meisten Fällen ein festgelegtes professionelles Profil erfordert, sind gerade Besetzungen von Positionen in Familien- und Aufsichtsgremien kritisch. Die Entscheidung, dass Person X nicht in den Beirat gehen kann, wird dann ebenso persönlich genommen und als Affront verstanden wie die Nicht-Wahl der Person Y in ein Familiengremium oder einen Ausschuss. Wenn beispielsweise klar ist, dass ein gewisses Maß an Gesellschafterkompetenz (s. Kap. 7.1) die Voraussetzung für die Teilnahme an Aufsichtsgremien ist, wird es leichter, eine solche Entscheidung sachlich zu verarbeiten.

3.3.4 Geld

„Wenn's ums Geld geht, kenne ich keine Verwandten"
(Interviewaussage eines Unternehmers in einer unserer Studien)

Gerade weil Geld im Kontext Familie besondere Symbolkraft besitzt, ist die Frage nach dem Umgang damit besonders brisant. Mit den Gesellschafteranteilen geht meist ein hohes Maß an Identifikation einher, die Beteiligung am Unternehmen wird in der Regel nicht als eine rein ökonomische Angelegenheit erlebt, zumal das Vermögen oft fest im Unternehmen gebunden ist. Als Gesellschafter ist man Teil einer sich generationenübergreifend verstehenden Unternehmensfamilie, die dadurch zusammengehalten wird, dass das Unternehmen für die Einzelnen eine Quelle ihrer Identität geworden ist, weil es die Gesamtfamilie mit „Sinn" versorgt: Es ist „unser" Unternehmen. Darin liegt eine finanzielle Ressource im Sinne „geduldigen Kapitals" (Sirmon & Hitt, 2003, p. 393), also geringerer Renditeerwartung und der Bereitschaft, in kritischen Zeiten private Mittel zur Verfügung zu stellen. Wenn diese Bereitschaft sinkt, weil das Interesse der Gesellschafter an dem Schicksal dieses konkreten Unternehmens abnimmt, wird es bedrohlich: „Wenn diese reine Investorenmentalität das Selbstverständnis von Familienunternehmen in einem überwiegenden Maße zu prägen begonnen hat, dann ist das Unternehmen auf einem guten Weg, seine Identität als Familienunternehmen zu verlieren" (Wimmer, 2014b, p. 28). Daher können sich an allen Fragen zum Thema Geld schnell heftige Emotionen entzünden, die konflikthafte Dynamiken befördern – von der Frage nach Verwendung von Betriebsgewinnen bis hin zu Erbe und Vermögensübergang. Die Familienmitglieder beobachten sich wechselseitig in Bezug auf materielle Vor- und Nachteile und damit verbundene mögliche Verletzung z. B. von Gleichheits- und Gerechtigkeitsvorstellungen (vgl. Kap. 6.4.3). Das Unternehmen beobachtet umgekehrt die Familie auf mögliche übermäßige Begehrlichkeiten. Je weniger klare vermögensstrategische Regelungen bestehen, desto mehr potenzielle Kämpfe und Konflikte etwa um Ausschüttungen, Verteilungen, Vermögensnachfolge und -verwaltung gibt es um diese Themen (Kormann, 2010, 2013). Die Frage danach, wie die Weitergabe von Unternehmensanteilen langfristig geregelt sein sollte, ist sicher eine Grundsatzentscheidung. Sie ist stark abhängig von dem jeweils überwiegenden mentalen Modell (siehe hierzu ausführlich Kap. 4), also ob im Sinne einer „Kronprinzenregelung“ jeweils ein Mitglied, das in dem Unternehmen tätig ist, besonders bevorzugt wird, um ihm Handlungsfähigkeit einzuräumen, ob eine Stammesorganisation entsteht, in der eine größer werdende Familie sich in Untergruppen organisiert oder ob eine Großfamilienorganisation angestrebt wird (Simon et al., 2005). Unabhängig davon, welche Regelung gefunden wurde, ist die Frage kritisch, unter welchen Bedingungen Anteile erworben, weitergegeben oder vererbt werden können bzw. unter welchen Bedingungen ein Ausscheiden aus dem Gesellschafterkreis möglich ist usw.

3.3.5 Nachfolge

Wohl kein Thema ist im Familienunternehmen so kritisch wie das der Nachfolge (Brockhaus, 2004; Handler, 1994; Otten-Pappas, 2014). Formal geht es um einen Prozess des Führungswechsels im Unternehmen bzw. um den Eigentumsübergang, tatsächlich aber ist Nachfolge ein Thema, das oft schon Jahre, ja jahrzehntelang Familie und Gesellschafterkreis in kontinuierlicher Bewegung und Irritation hält. Viele Unternehmensnachfolgen verlaufen negativ, misslungene Nachfolgen stehen nachweislich mit Umsatzeinbrüchen in Zusammenhang, und eine ganze Reihe von Krisen und Insolvenzen lassen sich auf scheiternde Nachfolgeprozesse zurückführen (Rüsen, 2008, 2011). Zugleich zeigen Forschungen, dass auch heute noch in Unternehmen vielfach keine expliziten Planungen für die Nachfolgeregelung vorgenommen werden (Handler, 1994; Sharma, Chrisman, & Chua, 2003). Die Bedeutsamkeit auf der einen und das häufige Fehlen jeglicher Planung auf der anderen Seite erstaunt, widerspricht dies doch allen Vorstellungen rein betriebswirtschaftlicher Rationalität. Offenbar helfen alle „Goldenen Regeln für die Nachfolge“ nicht. Dies hat m. E. damit zu tun, dass die Nachfolgesituation eine besondere „Arena“ für Paradoxien ist. Während etwa zur Zeit der Zünfte die geltenden starren Nachfolgeregelungen den Beteiligten keinen Spielraum ließen – der älteste Sohn hatte das Handwerk des Vaters zu übernehmen –, finden sich Unternehmensfamilien heute vielfach zwischen einerseits dem Wert, dass jeder junge Mensch seinen eigenen Lebensweg entwickeln und gestalten solle, und dem Wunsch, dass doch das Unternehmen in Familienhand bleiben solle. Das kann zu vielfältigen Paradoxien führen.

Als Beispiel eine Aussage eines Nachfolgers aus einer Forschungsarbeit am WIFU: „Gesagt wurde natürlich immer ein bisschen was anderes, und wenn ich das jetzt mal so behaupten würde, dass es ja gar nicht ging, dann würde es immer heißen, ja, ich habe dich doch nie ..., ich habe dir immer freigelassen, was anderes zu machen“ (Otten-Pappas, 2014, S. 107). Dieser Nachfolger war sich klar darüber, dass bei aller rhetorischen Freiheit, die ihm von den Eltern zugestanden wurde, es doch eine recht dramatische Entscheidung gewesen wäre, nicht ins Unternehmen einzutreten (ein Beispiel für sog. „normatives Commitment“, das im folgenden Abschnitt näher erläutert wird).

Phase	Zeitraum	Paradoxe Herausforderung
Erziehung zur Nachfolge	Alter des Juniors ca. 0–15 Jahre	„Finde deinen Weg! – Interessiere dich für das Unternehmen!“ In der Erziehung wird das Kind oft dahingehend beobachtet, ob es als potenzieller Nachfolger in Frage kommt – zugleich wünschen die Eltern meist, dass es sich „frei“ entscheide.
Unentschiedenheit über die Nachfolge	Alter des Juniors ca. 12–30 Jahre	„Wie kann ich wissen, was ich will, wenn ich doch wollen soll, was ich muss?“ Für den Junior stellt sich selbst die Frage, wie er/sie wissen kann, ob die Nachfolge „wirklich freiwillig“ angetreten werden kann, die sich doch das Umfeld von ihm wünscht (erschwerte Identitätsfindung).
Selektion des Nachfolgers	Alter des Juniors ca. 20–40 Jahre	„Sei gerecht in der Logik der Familie und in der des Unternehmens zugleich!“ Die Situation der Nachfolge spitzt sich unweigerlich auf eine Selektionsentscheidung zu. Zugleich verlangt die Logik der Familie, dass niemand ausgeschlossen wird.
Expliziter Verantwortungs-übergang	Alter des Juniors ca. 25–55 Jahre (und mehr)	„Du kannst dich gern verwirklichen, aber bitte so, wie ich es möchte!“ oder: „Geh deinen eigenen Weg und zugleich den besten für das Unternehmen – und das ist der, der bisher gegangen wurde ...!“ In dieser Phase, in der oft zwei Generationen im Unternehmen aktiv sind, gibt es auch bei großem Wohlwollen eine paradoxe Spannung zwischen der älteren und der jüngeren „Organisationskultur“.
Neuorientierung in der postaktiven Phase	Alter des Seniors 60 Jahre und älter	„Ich gehe, ohne zu gehen!“ Nicht selten wird der Weg gewählt, dass der Senior doch in irgendeiner Weise im Unternehmen bleibt, also den Abschied aus dem operativen Geschäft mit der Einnahme einer Aufsichts- oder Beratungsposition o. ä. verbindet.

Tab. 3.1: Mögliche Paradoxien in verschiedenen Phasen der Unternehmensnachfolge

Die eng verknüpften unternehmerischen und familiären Dynamiken setzen die Mitglieder der Familie offenbar gerade hier unter besonderen Druck, die beschriebenen paradoxalen Dynamiken zeigen sich in verschiedenen Planungsstadien unterschiedlich (s. Tabelle 3.1).

Die Paradoxien sind in der Tabelle stark verkürzt (ausführlich sind sie in dem zitierten Text erläutert), die konkrete Ausprägung in einer konkreten Familie mag sehr unterschiedlich aussehen, doch gemeinsam ist, dass der Nachfolgeprozess die Beteiligten vielfach in Situationen bringen kann, aus denen sie keinen (einfachen) Ausweg finden. Zugleich ist das Thema stark emotional besetzt, geht es doch um die Zukunft des Unternehmens, um das Lebenswerk bzw. den eigenen Lebensentwurf. Damit ist eine psychologisch kritische „Mischung" gegeben (Otten-Pappas, 2014). Zum einen drängt die Situation nach Klärung: Soll es eine familieninterne Nachfolge geben, wer soll es sein, spielt es eine Rolle, ob die Nachfolge männlich oder weiblich ist, welche Kriterien fordern wir von ihm oder ihr, wie gehen wir mit der möglichen Kränkung der Geschwister um, wie kann der/die NachfolgerIn in Bezug auf das familienexterne Management integriert werden usw.? Zum anderen sind all diese Fragen oft nicht einfach „lösbar", weil sie vielfach mit den o. a. Paradoxien eng verbunden sind.

Es kommt hinzu, dass die Nachfolge der Moment ist, in dem Paradoxien, die möglicherweise jahrelang ungeklärt mitgeführt wurden, in Form von Entscheidungen zwangsläufig „scharfgestellt" werden, denn es muss „irgendwie" weitergehen: „Der soll es machen, der nicht!", oder: „Es gibt keine familieninterne Nachfolge!", oder: „Ich habe mich entschieden, ich mache es nicht!" Was auch immer entschieden wird, wird vielfach mit heftigen und widersprüchlichen Emotionen verbunden sein. Ein Weg, damit umzugehen, ist, die Konfrontation damit zu vermeiden. Dies mag erklären, wie es kommt, dass Führungspersönlichkeiten, die schwierigste berufliche Situationen gemeistert haben und über großen strategischen Weitblick verfügen, sich in der fehlenden Planung der Nachfolge eine offene strategische Flanke leisten – interessanterweise gilt dies in besonderem Maß für Gründer: Sie sind „draußen" unangefochten, „drinnen", wenn es um die Belange der Familie geht, stehen sie heftigen Gefühlen nicht selten hilflos gegenüber – mit den Tränen der Tochter oder der Ehefrau können sie nicht umgehen. Das Problem der Vermeidung ist nur, dass sich die anstehenden Themen, die Nachfolge, wie auch das Nachlassen der eigenen Kraft, bis hin zum Thema des eigenen Sterbens, so nicht bearbeiten lassen. So besteht die Gefahr der Tabuisierung des Themas und des Aufschiebens der Entscheidung, bis dies nicht mehr möglich ist. Glücklicherweise kommt es heute praktisch nicht mehr vor, dass die Familie mit der Testamentseröffnung plötzliche und dramatische „Überraschungen" erlebt – dazu ist das Thema Nachfolge zu sehr ins öffentliche Bewusstsein gelangt, und auch Banken sehen heute viel genauer darauf, wie es um die Nachfolgeregelungen bestellt ist.

Doch bleibt bis heute, so die Befundlage, das Thema schwierig, die Beteiligten schieben es vielfach möglichst weit vor sich her.

3.3.6 Ambivalente Nachfolgesysteme

Ambivalenz auf Seiten des Übergebenden oder auf Seiten des Übernehmenden kann das Unternehmen und vor allem die Mitarbeiterschaft in eine schwierige Situation bringen, vor allem wenn es zu Entscheidungen kommt, die dann nur „halb" getroffen werden, und beide Beteiligte in einem „Schwebezustand" gehalten werden, was vor allem die Handlungsfähigkeit der NachfolgerIn im Unternehmen deutlich beeinträchtigen kann.

Ein Zitat aus unseren Forschungen hierzu. Die Interviewpartnerin, Nachfolgerin im Unternehmen, sagt: „Ich kann nur sagen, es kam viel schlimmer, als ich es mir je in meinen schlimmsten Träumen ausrechnen konnte. Das ging so weit, dass er zu Mitarbeitern hier, zu Führungskräften, wenn ich nicht da war, ja, wenn ich im Urlaub war, kam er immer, hat hier aufgemischt, obwohl er ja nichts da zu sagen hatte, dann sagte, ***das war sein größter Fehler, dass er mir das gegeben hat, und ich wäre unfähig, dieses Unternehmen zu führen*** *" (Otten-Pappas, 2014, S. 178, Hervorhebung im Originaltext).*

In diesem Zusammenhang soll eine besondere Variante von Ambivalenz erwähnt werden (v. Schlippe, 2012). Sie besteht in einem unbewussten Zusammenspiel zwischen Junior und Senior (natürlich auch zwischen Juniorin und Seniorin) mit dem Ziel, die ambivalente Situation aufrechtzuerhalten und keiner Lösung zuzuführen – weil eine Lösung, eine Entscheidung für eine der beiden Seiten der Ambivalenz beide Seiten mit bedrohlichen Emotionen konfrontiert hätte. Dieses unbewusste Zusammenspiel wird „Kollusion" genannt (Willi, 1976), es wird nicht für alle Nachfolgesituationen zutreffen, doch kann der Blick auf diese Konstellation die eine oder andere Konfliktlage erklären helfen.
Wenn die Ausgangslage zwischen beiden Seiten unklar ist, etwa weil die Juniorseite für wenig qualifiziert gehalten wird, oder/und aber das Ausstiegsszenario des Seniors nur mit Langeweile und Ödnis verbunden ist – was dann? Dann kann es sein, dass beide Seiten in der Ambivalenz zwischen den Vorwürfen steckenbleiben: „Du willst ja nur nicht loslassen!" und „Du bist ja nicht kompetent!", manchmal über Jahre. Die Folgen können dramatisch sein, denn neben der unklaren Führungssituation im Unternehmen leidet die Qualität der familiären Bindungen.

Fallbeispiel:
„Du lässt nicht los – du bist nicht kompetent!" (aus v. Schlippe, 2012)
Es handelt sich um eine Unternehmensfamilie mit insgesamt sechs Personen: Die Eltern sind um die 60, die Kinder zwischen 26 und 31 Jahre alt. Das vom Vater knapp 40 Jahre zuvor gegründete Handelsunternehmen ist erfolgreich in einer spezifischen Marktnische unterwegs. Der Erfolg hatte seinen Preis gehabt. Alle berichten übereinstimmend, dass die Familie unter der fehlenden Präsenz des Vaters gelitten habe, die Ehe der Eltern sei schon lange konflikthaft, die Stimmung in der Familie angespannt. Ca. vier Jahre zuvor hatte sich die zweitälteste Tochter nach vielen Gesprächen innerhalb der Familie entschieden, als Nachfolgerin in die Führung einzusteigen, die Geschwister waren einverstanden. Sie wurde offiziell neben dem Vater als „zweite Geschäftsführerin" berufen und bearbeitet seitdem einige abgesteckte Aufgabenbereiche. Die Zusammenarbeit wird von beiden als katastrophal beschrieben. Während die Tochter sich beklagt, keinerlei Handlungsspielräume zu haben und ständig vom Vater auch vor den Mitarbeitern gerügt zu werden, moniert der Vater ihr Verhalten im Abteilungsleiterkreis: Dort kommentiere sie seine Äußerungen immer wieder mit mimischen und gestischen Signalen der Verachtung (hochgezogene Augenbraunen, Stöhnen usw.), das rege ihn unheimlich auf. Er fühle sich nicht wertgeschätzt, nicht wahrgenommen, nicht verstanden. Ein weiteres Problem sieht die Tochter darin, dass er ihr zahlreiche Informationen vorenthalte, z. B. über die finanziellen Verflechtungen der Familie. Der Vater sieht das ganz anders, sie solle sich doch erst einmal einarbeiten, dann werde sich alles ergeben. „Einarbeiten?", empört sich die Tochter. „Ich bin seit vier Jahren im Unternehmen, falls dir das noch nicht aufgefallen ist!" – „Ja, aber du bist noch damit überfordert!" – „Nein, ich sehe das ganz anders, du hältst mich von allen Führungsaufgaben fern, weil du einfach nicht loslassen kannst! So kann ich doch auch keine eigene Erfahrung sammeln!"
Der Kern des Konfliktes besteht in den Vorwürfen: „Du lässt nicht los!" – „Du bist nicht kompetent!" Im Laufe der Zeit haben sie die Form gefunden: „Ich kann hier keine Führungserfahrungen machen, weil du nicht loslässt!" – „Ich kann dir die Führung einfach nicht übergeben, weil du nicht kompetent genug bist!" Der Vorwurf des einen gegen den anderen ist jeweils mit dem anderen Vorwurf als Begründung zirkulär verschmolzen. Es gibt keinen Ausweg, das Familiensystem hat sich ebenfalls darum herum festgefahren.
Die Ambivalenz war auf beiden Seiten erkennbar: Der Vater war sehr mit dem von ihm geschaffenen Unternehmen verbunden, es war sein Lebensinhalt, er

war sich ganz unabhängig von einem Nachfolger überhaupt nicht sicher, ob er schon die Verantwortung abgeben wolle. Die Tochter ihrerseits wurde von Selbstzweifeln geplagt, ob sie für diese Tätigkeit eigentlich qualifiziert sei oder nicht. Sie war direkt nach ihrem Studium ins Unternehmen gegangen, auch weil dieser Schritt für sie mit dem Gefühl eines sicheren Hafens verbunden war. Denn sie quälte sich mit dem heimlichen Gefühl, „eigentlich gar nichts Richtiges" zu können.

Das erwähnte Konzept der „Kollusion" passt nun hier insofern auf die beiden Parteien, als sich hier ein unbewusstes Zusammenspiel beschreiben lässt. Jeder hatte die eigene unbewusste Seite der Ambivalenz ganz und gar dem anderen zugeschrieben: „Ich würde ja schon ..., aber deinetwegen kann ich nicht ..." So werden die eigenen schmerzlichen Gefühle nicht direkt gespürt. Sie werden ganz und gar dem anderen zugeschrieben und in ihm bekämpft: Es ist seine Sache, wenn er nur anders wäre, dann gäbe es gar kein Problem. Der Vater ist von seiner persönlichen Entwicklung her an einem Punkt, an dem ansteht, sich mit dem Schmerz des Abschieds und der Angst vor Leere und Machtverlust auseinanderzusetzen. Die Tochter steht wie jede Berufsanfänger/in vor der Aufgabe, Unsicherheit und Ängste auszuhalten, Fehler zu machen und zu lernen, ihre berufliche Position auszufüllen.

Indem beide diese schmerzlichen Empfindungen jeweils beim Gegenüber „parken", schreiben sie ihre Geschichte fort: Die Tochter macht keine guten Führungserfahrungen, der Vater erlebt immer wieder, dass er sich auf sie nicht verlassen kann. Der bewusste Dialog „Ich will ja, aber deinetwegen geht es nicht!" wird durch den unbewussten Dialog „Ich bin noch nicht soweit, wirklich ganz abzugeben!" und „Ich traue mich noch nicht, wirklich ganz in die Führung zu gehen!" gespiegelt (s. Abb. 3.1).

Wenn man es als die Hauptaufgabe der Unternehmerfamilie ansieht, die *Entscheidungsfähigkeit* für das Unternehmen sicherzustellen, dann braucht es auf der persönlichen Ebene *Entschiedenheit*, um diese Funktion zu erfüllen. Wer über längere Zeit hinweg ambivalent ist, gefährdet die Entscheidungsfähigkeit des Unternehmens – zumindest sofern die eigene Ambivalenz sich auf die Geschicke des Unternehmens bezieht. Daher sind an dieser Stelle spezifische „Entwicklungsaufgaben" (Kriz, 2011; Schneewind, 2010) von Senior und Junior zu leisten, um zu einer nicht durch neurotische Ängste beeinträchtigten Einschätzung der eigenen bzw. der Kompetenzen des Juniors zu kommen. Es braucht eine sorgfältige *Selbstklärung*, vielleicht auch im Rahmen eines Coaching, die sich auf die folgenden vier Bereiche bezieht (ausführlich s. v. Schlippe, 2012):

- Bereitschaft,
- Mut,
- Kompetenz,
- Vertrauen.

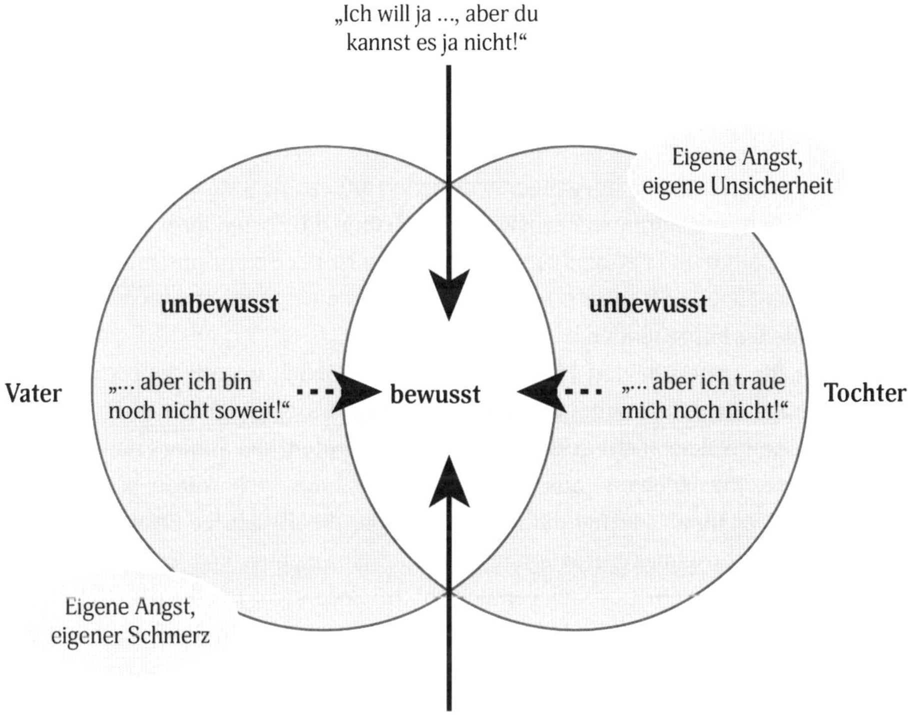

Abb. 3.1: Das unbewusste Zusammenspiel im Nachfolgekonflikt

a) Die „Entwicklungsaufgaben“ des Seniors

Die persönliche Entschiedenheit des Seniors bezieht sich in einem ersten Schritt auf die Bereitschaft, die Verantwortung abzugeben. Die Frage nach der eigenen Bereitschaft kann man sich nur allein beantworten. Je mehr „gute Ratgeber“ sich einmischen, desto schwieriger wird es, eine Antwort auf die Frage zu finden. Denn sie konfrontiert mit sehr existenziellen Themen, mit der Lust an Aktivität, an Macht und Kontrolle – und dem Schmerz, genau diese abgeben zu müssen, und damit mit der Endlichkeit des eigenen Lebens. Es empfiehlt sich, sich für die Antwort Zeit zu nehmen, eine Art Lebensbilanz für sich zu ziehen und zu prüfen, was man braucht, um die Bereitschaft für diesen Schritt zu entwickeln. Dies kann, muss aber nicht, das

Bild eines erfüllten Alters mit neuen Leidenschaften bedeuten. Es kann an dieser Stelle auch zu einem neuen Blick auf die eheliche Partnerschaft kommen. Die Frage nach der erneuten Einschätzung der Erwartungen der Partner aneinander, wie sie in anderen Familien mit der „Empty-nest"-Situation nach Auszug der erwachsenen Kinder erfolgt (Schneewind, 2010), kann sich hier verzögert nach dem Rückzug aus dem operativen Geschäft stellen – „Pappa ante portas" ...

Wenn die Frage nach der Bereitschaft beantwortet ist, stellt sich die Frage nach dem Mut, einen Schritt in etwas völlig Unbekanntes hinein zu tun. Sie konfrontiert mit Angst. Ein Unternehmen aufzubauen und zu führen, erfordert völlig andere Qualitäten, als ein Unternehmen abzugeben. Unternehmer sind normalerweise ihr ganzes Leben mutig Risiken eingegangen, vor denen andere zurückgeschreckt sind, die Bewegungsrichtung war immer „vorwärts", sie haben die Folgen ihrer Entscheidung selbst ausgehalten und getragen. In der Nachfolge ist der Senior nun mit einer ganz unbekannten Lage konfrontiert, es handelt sich um eine gänzlich andere Entscheidung als alle vorhergehenden.

Erst wenn die ersten beiden Fragen klar und persönlich beantwortet sind, stellt sich die Frage danach, wie die Kompetenz des Juniors eingeschätzt wird. Solange die eigene Ambivalenz nicht geklärt ist, ist die Kompetenz des Juniors nämlich eine „Joker"-Karte, die jederzeit „ausgespielt" werden kann: „Ich würde ja sofort ..., aber du ...!" Der Junior verfügt natürlich nicht über die 40-jährige Erfahrungen mit schwierigen Unternehmenssituationen, also ist es ein Leichtes, immer wieder Punkte zu finden, die man selbst besser gemacht hätte: „Wie kann ich dir das Unternehmen anvertrauen, wenn du solche Fehler machst?" Diese spezifische Selektivität der Wahrnehmung auf die Schwächen, nicht auf die Potenziale des Juniors ermöglicht immer wieder den Rückzug bei ungeklärter Antwort auf die ersten beiden Fragen.

Und schließlich ist die letzte Frage, wenn die ersten drei positiv beantwortet sind, eine, die auf die Qualität der gelebten Beziehung zwischen Senior und Junior zielt: Traut man sich selbst und dem anderen zu, einen guten gemeinsamen Weg zu gehen, der alles andere als konfliktfrei sein wird, aber der von wechselseitigem Vertrauen getragen ist? Diese vier Fragen für sich persönlich zu beantworten, ist m. E. die beste Grundlage für die eine Seite eines gelingenden Nachfolgeprozesses, die andere ist die des Juniors.

b) Die „Entwicklungsaufgaben" des Juniors

Auch beim Junior geht es um Entschiedenheit, um das „Commitment" des Nachfolgers. Sharma & Irving haben vier Formen des Commitment unterschieden, die natürlich nur selten in Reinform zu beobachten sind (Sharma & Irving, 2005; s. a. Otten-Pappas, 2013):

- das „affektive“ Commitment, das aus Freude an der Aufgabe und aus eigener Motivation und Bereitschaft heraus erfolgt,
- das „normative“ Commitment, bei dem der Nachfolger aus einem Gefühl von Verpflichtung heraus die Aufgaben übernimmt,
- das „kalkulative“ Commitment, bei dem eher der Anspruch, bestimmte Vorteile nicht zu gefährden (gute Position, hohes Gehalt), im Vordergrund steht, und
- das „imperative“ Commitment, das aus Bedürftigkeit heraus erfolgt, etwa aus einem Gefühl der Unsicherheit, anderswo keine beruflichen Chancen zu haben, über zu wenige Kompetenzen auf dem freien Markt zu verfügen.

Natürlich werden sich die Fragen, denen sich der Nachfolger/die Nachfolgerin gegenübersieht, je nach Konstellation anders stellen (interessanterweise gibt es noch keine vergleichbare Ordnungsversuche für die übergebende Seite). Im o. a. Beispiel war die Tochter wohl in der Situation eines „imperativen Commitments“. Doch auch in allen anderen Fällen gilt, dass die erste Frage, die sich stellt, die nach der Bereitschaft und dem Willen zur Übernahme der Verantwortung ist. Unabhängig von der Ausgangsmotivation führt sie schnell an die Angst heran, dem Erwartungsdruck nicht gerecht werden zu können. Die erlebten Erwartungen sind oft überhoch, nicht selten auch höher als tatsächlich von der vorhergehenden Generation ausgesprochen (vgl. das Fallbeispiel in Kap. 7.4.6: *„Schlimmer, als ein Kind zu überfahren!“*). Von daher ist die Frage, ob man bereit ist, sich dieser Angst auszusetzen, die erste, die sich stellt, um zur eigenen Entschiedenheit zu kommen. Es kann auch hier einige Zeit dauern, sich dieser Frage zu stellen, auch hier kann ein persönliches Coaching sinnvoll sein.

Die Frage nach dem Mut, den Übergang zu gestalten, ist eine, die sich dann eher auf die vor einem liegenden unternehmerischen Herausforderungen bezieht. Hier geht der Blick nicht mehr so sehr auf die Erwartungen des Umfeldes als vielmehr auf die Frage, ob und in welchem Ausmaß man in sich die unternehmerische Energie spürt, den Wunsch, selbst aktiv zu werden und zu gestalten – jenseits der zu erfüllenden Erwartungen anderer.

Und wieder schließt sich auch hier die Frage nach der eigenen Kompetenz an die ersten beiden Fragen an. Die Selbsteinschätzung der Kompetenz ist natürlich eng an das eigene Selbstwertgefühl gekoppelt: „Halte ich mich für kompetent und in der Lage, den Anforderungen dieser Position zu genügen?“ (s. o. zu „imperatives Commitment“). Man kann hier für sich entscheiden, noch weitere Qualifikationen zu suchen, vorbereitende Schritte zu gehen, in einem anderen Unternehmen vorbereitend tätig zu werden u. ä. Wie auch immer, wenn man die Frage eindeutig bejahen kann, kann man sie ruhig und ohne die Suche, die Anerkennung vom Senior zu bekommen, in den Raum stellen. Das kann helfen, sich nicht im konflikthaften Spiel zwischen Vorwurf und Gegenvorwurf („Du willst ja nur nicht loslassen!“) zu verfangen. Wieder abschließend ist die Frage bedeutsam, ob man sich mit dem Senior zutraut, einen guten Weg zu gestalten, also im Umgang mit dem anderen dauerhaft vertrauens- und respektvoll zu sein.

3.3.7 Unkooperative Familienmitglieder

Die Logik der Familie setzt auf Konsensfindung, Loyalität und Zugehörigkeit, auch im Konflikt. Während ein Unternehmen einen unbequemen Mitarbeiter entlässt, wird in einer Familie eher selten erwogen, jemanden auszuschließen – und wenn, dann ist dies eine dramatische Handlung (zu diesem schwierigen Thema s. Kirchdörfer & Lorz, 2009). Es wird oft intensiv nach Konsens gesucht, eine Lösung, zu der einer oder eine kleine Gruppe aktiv „nein" sagt, geht immer mit unangenehmen Gefühlen für die Restfamilie einher. Es ist ein wichtiger Schritt in der Entwicklung des mentalen Modells einer sich professionell verstehenden Familie, mit solchen Spannungen anders umgehen zu lernen.

Es ist eine Paradoxie: Die Familie gibt ein Stück „Familienhaftigkeit" auf, um Familie (= eine große Unternehmensfamilie) bleiben zu können, sie muss also ein wenig „Organisation" werden, um Familie bleiben zu können. Dazu gehört es, demokratische Spielregeln einzuführen und durchzuhalten. Dies ist schwierig (wie näher im Kap. 5 beschrieben), insbesondere für postpatriarchale Familien. Eine „schwache Demokratie" ist eine, in der keine Auseinandersetzungskultur gelernt wurde. Das ist gefährlich, weil auf der Klaviatur der Emotionalität, des schlechten Gewissens, der Appelle an Familiensinn usw. gespielt werden kann, weil also die Logik der Familie genutzt wird, um Interessen durchzusetzen. Eine „starke Demokratie" entsteht, wenn es ein gemeinsames Bild gibt, das die Familie mit dem Unternehmen erreichen möchte. Dieses Bild braucht eine moralische Qualität: wenn die Familie es gemeinsam verfolgt, wächst das Zusammengehörigkeitsgefühl – und damit die Bereitschaft, sich zunehmend von der Orientierung an starken Einzelpersonen zu lösen und zu einer Orientierung an Verfahren zu kommen. Auf der Basis eines solchen wertgetragenen Konsenses können dann demokratische Spielregeln greifen, d. h., im Zweifelsfall entscheidet eine Mehrheit, ohne dass der Unterlegene dadurch sein Gesicht verloren hat, denn durch das demokratische Verfahren bekommt die Entscheidung ihre Legitimation (Luhmann, 1969).

Wenn man beginnt, von einer personorientierten Entscheidungslogik zu einer verfahrensorientierten überzugehen (vgl. dazu auch die folgenden Kapitel), bedeutet dies auch, familiär gefärbten Machtspielen eine Absage zu erteilen und stärker auf die Kraft und Legitimation des Verfahrens zu setzen. Im Falle etwa eines dauerhaft nicht-kooperativen Mitgliedes, das gegen einen getroffenen Konsens verstößt, emotional opponiert, das sich ggf. sogar entscheidet, am Entscheidungsprozess nicht weiter teilzunehmen, bedeutet der Übergang in diese neue Entscheidungslogik, dass die Regel gilt: „Wer nicht kommt, entscheidet nicht mit!“ Damit wird die Verhinderungsmacht des nicht-kooperativen Mitglieds verhindert. Denn in dieser Verhinderungsmacht liegt oft die Gefahr eines „inversen Machtkampfes“: Anstatt im Interesse der gemeinsamen Sache zu agieren und natürlich auch zu streiten, beschränkt sich der Machtkampf auf die Verhinderung: „Nein, ich trage diese Entscheidung nicht mit!“ Dieses Muster und die damit einhergehenden Blockademöglichkeiten Einzelner hat schon in einer Reihe mir bekannter Familienunternehmen enorme Kosten mit sich gebracht.

Die Regel, sich von einem nicht-kooperativen Mitglied nicht beeinträchtigen zu lassen, muss dabei sehr sensibel gehandhabt werden, sie braucht ihrerseits eine Legitimation durch ein Verfahren, um nicht als Willkür zu erscheinen: Es geht eben um die Anwendung einer Regel, auf die sich die Mehrheit geeinigt hat, nicht um einen affektgeladenen Ausschluss! Es ist daher wichtig, sachlich zu bleiben und zugleich immer die Tür für eine Rückkehr in den Entscheidungsprozess offen zu halten. Vor allem muss man der Versuchung widerstehen, das sich zurückziehende Mitglied für die Quelle des Problems zu halten. Überspitzt gesagt, folgt aus den systemtheoretischen Überlegungen zum Konflikt in den ersten Kapiteln, dass ein Konflikt sich seine Akteure „zurichtet“, weil der Konflikt eben eine besondere Art von Kommunikation darstellt und nicht das verquere Verhalten eines einzelnen. Gar nicht so selten entstehen daher nach dem Rückzug des einen der als „Störenfried“ galt, plötzlich ganz neue Konfliktlinien.[11]

Zudem hat auch ein unkooperatives Mitglied das Recht, stets über die aktuelle Lage informiert zu werden. Dies sind Aspekte einer demokratischen Kultur des Umgangs. Man sollte dem „Parasiten“ Konflikt (Kap. 6.3) nie erlauben, die banalsten Aspekte der Kultur, wie man als Mensch mit dem anderen Menschen umgeht, zu verlassen. Man denke etwa an die Unsitte, einem Konfliktgegner elementare Höflichkeitsbezeugungen in Briefen zu verweigern wie die Anrede „Sehr geehrte/r ...“ oder eine Grußformel. Wenn man gelernt hat, in Mustern zu denken und weniger in personenbezogenen Zuschreibungen (s. Kap. 2.3.2 und 6.1), dann ist es ohnehin nicht sinnvoll, eine Person dauerhaft als „dumm, krank oder böse“ zu etikettieren und in „Acht und Bann“ zu legen, sondern es erscheint die erfolgreichere Strategie zu sein, immer wieder freundlich zur Musterveränderung einzuladen.

---

[11] So beobachte ich bei einer mir gut bekannten Organisation ein Muster, das im Ausschluss der störenden Führungskraft besteht – inzwischen zum fünften Male, ohne dass sich jemand die Frage gestellt hat, was das eigentlich für eine Aussage über die Organisation selbst ist: Es ist eben einfacher, jeweils personenbezogen zuzurechnen.

4. Mentale Modelle

Verschiedentlich ist im Text bereits der Begriff „mentales Modell“ gefallen. Was ist darunter zu verstehen, und inwiefern ist er für das Verständnis der Vorgänge in Familienunternehmen wichtig? Allgemein gesehen ist der Begriff „mentales Modell“ eine Bezeichnung für ein System von Überzeugungen darüber, wie die Welt beschaffen ist und welchen Platz man als Person darin hat (Seel, 1991). Doch mentale Modelle haben ihren Ort nicht allein „zwischen den Ohren“ eines Menschen, denn eine Person hat ein solches inneres Bild normalerweise nicht allein. Vielmehr lässt sich ein soziales System dadurch charakterisieren, dass eine Personengruppe ein (natürlich mehr oder weniger konsistentes und vielfältig differenziertes) gemeinsames mentales Modell entwickelt, man spricht dann auch von „shared mental models“, die sogar gesellschaftlichen Subgruppen zugeordnet werden können (Denzau & North, 1994). Im Kontext von Familienunternehmen wird der Begriff genutzt, um die Vorstellungen der Stakeholder darüber zu bezeichnen, wie aus ihrer Sicht eine „gute Führung“ des Familienunternehmens aussehen sollte und wie die Beziehungen von Familie und Unternehmen und die Rolle(n) der Familienmitglieder darin optimal zu gestalten sind (Gimeno et al., 2010; Rüsen & v. Schlippe, 2012). Auf diese Modelle hat sich die Familie unausgesprochen „geeinigt“, sie werden als Wertesystem kommuniziert und erfahren. Allerdings sind diese Vorgänge nicht bewusst, vielmehr erzeugen die mentalen Modelle Selbstverständlichkeiten, die erst dann bewusst werden, wenn sie, von wem auch immer, in Frage gestellt werden. Dann allerdings fällt man aus allen Wolken und erlebt das Verhalten des anderen als Zumutung oder Unverschämtheit, denn die mentalen Modelle sind an bestimmte Wertvorstellungen gekoppelt, deren Verletzung oft dramatisch erlebt wird: Das kann doch wohl nicht sein! Manchmal lässt sich der Bezug auf verschiedene mentale Modelle leicht klären, wie das folgende Beispiel zeigt:

Fallbeispiel: „Die zusätzliche Geschäftsführerin“
In dieser Unternehmensfamilie führte der Sohn seit über zehn Jahren die Firma, anfangs mit dem Vater zusammen, später mit zwei externen Managern. Es war geplant, ihm 52,5 % der Unternehmensanteile zu vererben, die drei Jahre jüngere Schwester, die in der Personalabteilung tätig war, war mit der Aussicht auf 47,5 % zufrieden. Die Erhaltung der Handlungsfähigkeit der Führung war oberstes Gebot, Vater und Sohn bewegten sich beide in der patriarchalen

Logik: Einer sollte die Oberhand behalten und damit entscheidungsfähig bleiben. Vor zehn Jahren waren beiden Geschwistern aus steuerlichen Gründen bereits jeweils 30 % übertragen worden. Bevor es nun um die Übertragung der letzten Geschäftsanteile ging, entschied der Vater, auch die Tochter auf ihren Wunsch zur Geschäftsführerin zu machen. Da Vater und Tochter gemeinsam die Mehrheit der Anteile besaßen, wurde sie in die Position eingesetzt, der Sohn fühlte sich zutiefst verraten: Warum war er so wenig in die Überlegungen und schließlich in die Entscheidung gar nicht angemessen eingebunden worden? Er, der schon so lange in der Firma und für diese arbeitete, hatte doch das Recht, der alleinige Leiter der Firma zu sein!
Erst als im Gespräch herausgearbeitet werden konnte, dass die Auseinandersetzung mit dem Bezug auf jeweils sehr unterschiedliche Werte zu tun hatte, wurde es entspannter: Für den Vater war die Einsetzung der Tochter eine solche Selbstverständlichkeit, dass er nicht im Entferntesten damit gerechnet hatte, dass der Sohn so gekränkt reagieren würde. Für ihn war dies auch keine Infragestellung des patriarchalen Prinzips. Es würde sich ja nichts ändern: Der Sohn bliebe die Nr. 1, nur wäre die Tochter eben auch formal Mitglied der Geschäftsführung. Für den Sohn war dagegen diese Aktion eine Verletzung des psychologischen Kontrakts (s.u., Abschnitt 3.2.1), der für ihn in der Position als alleiniges operativ tätiges Familienmitglied in Führungsverantwortung bestand. Das Verhältnis entspannte sich sichtlich, nachdem beiden bewusst wurde, dass der andere jeweils aus Werten heraus gehandelt hatte, die in ganz anderen Logiken wurzelten, dass sie aber weiterhin ein mentales Modell teilten. Es wurde auch klar, dass beide die Werte des jeweils anderen hoch schätzten und anerkannten in dem Moment, wo sie sie als Werte und nicht als Angriff verstanden.

Die Infragestellung eines mentalen Modells erfolgt häufig in Übergängen. Das mag erklären, warum Familienunternehmen gerade in Phasen der Nachfolge so verwundbar sind: Es geht nicht einfach um den Übergang in die nächste Generation, sondern oft auch um mehr, nämlich um eine komplexe Veränderung der Prämissen darüber, wie das Verhältnis von Familie und Unternehmen und die Beziehungen der Familienmitglieder untereinander gestaltet werden sollten (ausführlich hierzu: Otten-Pappas, 2014). Das Unternehmen wird sozusagen „um" das jeweilige Modell herum „gebaut": Wenn beispielsweise die Idee dominiert, dass gute Unternehmensführung nur dann gegeben ist, wenn „einer das Sagen" hat, wird eine ganz andere Struktur gebaut werden, als wenn sich die Vorstellung durchgesetzt hat, dass die besten Leistungen von einer Gemeinschaft, einem Team erbracht werden (Schumacher, 2014). Wie gesagt, werden mentale Modelle insbesondere im Rahmen der Generationen-Nachfolge auf die Probe gestellt, wenn die neue Generation mit einem anderen mentalen Modell antritt als die Vorgänger. Insbesondere gilt dies für den ersten (manchmal auch den zweiten Generationswechsel), da hier das mentale Modell des Gründers in Frage steht: Selbst wenn die Familie dieses Überzeugungssystem noch teilen sollte, steht vielleicht niemand zur Verfügung, der die Gründerlogik der charismatischen Einzelperson fortführen könnte, und die Familie ist gezwungen, in einem langwierigen Auseinandersetzungsprozess zu einem neuen Bild zu finden. Im Laufe der Zeit kommt es in aller Regel zu typischen Veränderungen der mentalen Modelle, doch sind diese nicht zwangsläufig. Es gibt auch kein „besseres" oder „schlechteres" Modell, es gibt nur spezifische Verwundbarkeiten, die mit einigen Modellen einhergehen und die man kennen sollte. Vier bzw. sechs Grundmodelle solcher „mentaler Modelle" werden bei Familienunternehmen ab einer mittleren Unternehmensgröße unterschieden (Gimeno et al., 2010; Rüsen & v. Schlippe, 2012):

- Die „patriarchale Logik" (in kleineren Unternehmen: die „Kapitäns-Logik")
- Die Logik der operativ tätigen Familie
  (in kleineren Unternehmen: die Logik der professionellen Familie)
- Die Logik der aktiven Eigentümerfamilie
- Die Logik der Investorenfamilie

Jede dieser Logiken beschreibt ein mentales Modell und damit zugleich eine bestimmte Art, die Führung im Familienunternehmen aufzubauen. Bei den ersten beiden Modellen finden sich jeweils zu Anfang zwei Bezeichnungen, die Modelle sind jeweils recht ähnlich, unterscheiden sich nur in der Größe des Unternehmens. Daher werden im Folgenden vor allem die vier am häufigsten diskutierten Modelle vorgestellt, die Bedeutung des Modells für kleinere Unternehmen wird in dem jeweiligen Absatz erwähnt. Die anderen Modelle finden sich nur ab einer bestimmten Unternehmensgröße (ausgiebig dazu s. Gimeno et al., 2010).

Mentales Modell I: Die patriarchale Logik (in kleineren Unternehmen: die Kapitäns-Logik)

Dieses Denkmodell ist typisch für die Gründersituation. Unabhängig von der Größe des Unternehmens ist die gesamte Organisationsstruktur auf eine Person ausgerichtet. Diese verfügt über ein nicht nachzuahmendes, detailliertes Wissen über den Markt, über die firmeninternen Strukturen und über die oft komplizierten finanziellen Verflechtungen, die sie aufgebaut hat. Das mentale Modell, das meist auch die ganze Familie teilt, lässt sich am besten wie folgt beschreiben: „Einer muss es machen, der Patriarch ist der Anführer von Firma und Familie, die Firma und Familie

bestehen aus einem Kopf mit vielen helfenden Armen". Dieses Modell hat enorme Stärken (vgl. hierzu ausführlich Kap. 5.2.1). Viele der bekannten deutschen Weltmarktführer wurden von Unternehmerpersönlichkeiten erschaffen, die von diesem mentalen Modell ausgingen. Meist sind Organisationsstrukturen entstanden, die durch eine starke Zentrierung auf diese eine Figur hin geprägt sind. Die größte Herausforderung für dieses Modell besteht daher in der Bewältigung der Nachfolgefrage. Ein Patriarch ist nicht ersetzbar – zumindest er ist davon fest überzeugt, doch oft trifft dies auch auf sein Umfeld, seine Familie, seine Mitarbeiter zu. So kann ein Nachkomme, von Ausnahmen abgesehen, nur selten reibungslos auf dessen Position folgen. Falls mehrere Kinder vorhanden sind, stehen sie oft in heftigem Wettbewerb. Gibt es nur einen potenziellen Nachfolger, fällt der Vergleich mit dem Patriarchen vielfach zu dessen Ungunsten aus. Manchmal gelingt es dem Nachfolger selbst, etwas außerhalb des direkten Bereiches des Seniors zu erschaffen (z. B. Aufbau einer Auslandsgesellschaft). Wenn der Nachfolger sich über Jahre hinweg bewährt hat und von den relevanten Familienmitgliedern als neues Familienoberhaupt akzeptiert wird, ist eine Wiederholung dieses mentalen Modells denkbar.
Wie gesagt, sind das patriarchale Modell und, in kleineren Unternehmen, das Kapitäns-Modell von ihrer Logik her sehr ähnlich. Einen Unterschied gibt es im Allgemeinen vor allem in der Nachfolge (Gimeno et al., 2010). Während der Patriarch oft sehr große Probleme hat, einen Nachfolger in das bereits sehr komplexe Unternehmen einzuführen, da oft die organisatorischen und finanziellen Verflechtungen sehr weit gediehen sind und nur noch von ihm allein durchschaut werden, wachsen im Kapitäns-Modell oft der Kapitän und sein Nachfolger Hand in Hand in die Nachfolge hinein (auch wenn sich dieses Idealbild im Laufe der Jahre deutlich verändert haben dürfte). So macht vielleicht der/die JuniorIn sogar die Lehre im heimischen Betrieb und arbeitet jahrelang neben dem Senior. Ein Übergang erfolgt hier oft sanfter und leichter.

Mentales Modell II: Die Logik der operativ tätigen Familie (in kleineren Unternehmen: die Logik der professionellen Familie)

Die gelebte Grundlogik einer Familie, die diesem Modell folgt, lässt sich wie folgt beschreiben: „Wir, die Familie, führen das Unternehmen gemeinsam. Als professionelles Team sind wir unschlagbar, wir stellen an uns, an jedes Familienmitglied, das im Unternehmen arbeitet, die höchsten Ansprüche; die Firma hat Vorrang vor privaten Interessen; mindestens ein Mitglied muss in der Geschäftsführung vertreten sein. Ohne Vertreter der Familie an der Spitze wäre es kein Familienunternehmen mehr!" Bei Unternehmen, die sich in der Hand der zweiten oder weiteren Generationen befinden, gibt es viele höchst erfolgreiche Beispiele von Geschwister- oder

Cousin-Konsortien, die das Unternehmen in höchster Eintracht und zum Wohle von Firma und Familie führen. Man fühlt sich dem „größeren Ganzen" der Familie verpflichtet und stellt seine privaten Bedürfnisse zurück. Zentraler Erfolgsfaktor ist hier der starke Zusammenhalt der Familie, dem jedes Hindernis, jeder denkbare Konfliktanlass untergeordnet wird. Die in diesem Modell erfolgreichen Familien schaffen es durch ein geschicktes Management von Paradoxien, sichtbare Ungleichheiten auszubalancieren. So kann es beispielsweise sein, dass einer aus dem Geschwisterkreis die erkennbar höhere Position des mit großem Renommee ausgestatteten Geschäftsführers einnimmt. Dieser ist jedoch nur so erfolgreich, weil er seine Legitimation im Sinne eines „Primus inter pares" durch die anderen Familienmitglieder bekommt, nur mit ihrer Zustimmung kann er seine Vormachtposition ausfüllen. Gerade das Management von Gleichheit und Ungleichheit, die Schaffung von Zusammenhalt und Bereitschaft, sich dem Familienziel als Individuum unterzuordnen, beschreibt die Herausforderungen von Gesellschafterfamilien dieses „Archetyps". Hier zeigt sich ihre spezifische Verwundbarkeit, denn der Generationenübergang ist sehr komplex und die Gefahr von Machtkämpfen um die Vormachtstellung und die Einflussmöglichkeiten von Teil-Familien und ihren Mitgliedern im Unternehmen ist groß.
Auch hier findet sich in kleineren Unternehmen ein Modell, das von der Logik her sehr ähnlich ist. Die „professionelle Familie" versteht sich ganz konkret als Träger des Betriebes, möglicherweise arbeiten tatsächlich alle Familienmitglieder im Restaurant oder in der Bäckerei mit. Während die operativ tätige Familie eher einzelne Mitglieder in die Führung entsendet und sich ansonsten als „Sparringspartner" genau für diese Personen versteht, sind die Mitglieder der professionellen Familie nicht nur in der Führung, sondern ganz konkret im ganzen Unternehmen an unterschiedlichen Stellen aktiv.

Mentales Modell III: Die Logik der aktiven Eigentümerfamilie

Gesellschafterfamilien mit diesem Denkmodell zeichnen sich typischerweise durch eine große Familienkomplexität aus, auch das Unternehmen ist oft komplex und differenziert. In der Regel ist kein Familienmitglied operativ tätig. Das mentale Modell lässt sich hier am besten wie folgt skizzieren: „Wir als Familie holen uns die professionellste Führung ins Unternehmen, die es auf dem Markt gibt. Wir verstehen uns als Verantwortliche für die Steuerung, aber nicht bzw. nicht notwendigerweise für die Führung des Unternehmens." Bei Gesellschafterfamilien, die diesem Denkmodell folgen, wird dafür Sorge getragen, dass die Familie ihre Gesellschafterrechte optimal durchsetzt. Daher ist i. d. R. die Familie sehr aktiv in Aufsichtsgremien vertreten. Die Führung des Unternehmens wird angestellten Managern überlassen. Das Unternehmen bekommt aus der Perspektive der Familiengesellschafter die beste am Markt verfügbare Geschäftsführung. Wenn ein Familienmitglied den gesetzten hohen Standards gerecht wird und sich im Vergleich mit externen Bewerbern bewährt, kann es zwar in die Führung eintreten, die Familienidentität ist aber nicht an die Übernahme operativer Aufgaben durch ein Familienmitglied gekoppelt. Gerade bei großen, ggf. auch börsennotierten Familienunternehmen lässt sich dieses mentale Modell sehr häufig beobachten. Das strukturelle Risiko besteht hier in der Organisation der Gesellschafterfamilie, die sich in ihrem Selbstverständnis als solche von einer reinen Aktionärsversammlung deutlich unterscheidet. So besteht für die Mitglieder dieser Gesellschafterfamilien kontinuierlich die Herausforderung, das Unternehmen als zentralen Sinn- und Identitätslieferanten und nicht als reines Investment wahrzunehmen. Wird dabei der Zusammenhalt der Großfamilie nicht systematisch organisiert, besteht die Gefahr, dass das Unternehmen seine Gesellschafterfamilie Zug um Zug durch nachlassendes Engagement und später Anteilsverkäufe verliert. Eine weitere Aufgabe des Familienmanagements besteht auch darin, die Präsenz des Familienwillens in der Führungsmannschaft des Unternehmens zu organisieren: Es ist also sicherzustellen, dass die Prinzipen und Werte der Familiengesellschafter nach wie vor in der Organisation gelebt werden, auch wenn diese nicht selbst in der operativen Führung durch eine Person vertreten sind.

Mentales Modell IV: Die Logik der Investorenfamilie

Dieses mentale Modell wird am besten wie folgt skizziert: „Wir als Familie managen und maximieren unser Vermögen gemeinsam, unabhängig davon, in welcher Anlageform. Wir streben nach der höchsten, denkbaren Rendite“. Die Verwaltung des gemeinsamen Familienvermögens steht im Vordergrund. Es gibt hier keine traditionelle Verbindung zu einem (Herkunfts-)Unternehmen mehr. Bringt das ursprüngliche Kerngeschäft nicht die größtmögliche Rendite, wird es verkauft. Auch ist die Besetzung von öffentlich sichtbaren Positionen unwichtig. Lediglich das Zusammenhalten der individuellen Vermögensteile und deren gemeinsame Anlage ist von Bedeutung. Die zentrale Herausforderung besteht hier in der Schaffung eines „Nutzens“ für den Zusammenhalt in der Familie. Es geht um Wahrung oder Erzeugung gemeinsamen Sinns (z.B. Gründung einer Familienstiftung, besondere soziale Aktivitäten). Man könnte sagen, es geht bei diesem mentalen Modell immer wieder um die Suche nach Herausforderungen und Zielen zu Investition und Gewinn und auch um die Abwehr von Depression und Geldentwertung. Der Gesichtspunkt der Ablösung und der Nachfolge spielt in dieser Konstellation kaum eine Rolle. Die Attraktivität der Zugehörigkeit ist hier weniger an einzelne Personen gebunden als vielmehr an die Vorteile, die aus einem Pooling des Vermögens resultieren.

Patriarchale Logik (Emperor)

Von einer zentralen Führungsfigur zusammengehaltene Unternehmen und Gesellschafterfamilien

Die Logik der aktiven Eigentümer-Familie (Family Corporation)

Weitverzweigte Familie steuert ein komplexes Unternehmen

Die Logik der operativ tätigen Familie (Professional Family)

Wenige Familienmitglieder leiten professionell ein komplexes Unternehmen

Die Logik der Investoren-Familie (Family Investment Group)

Familie investiert zusammen; ganz unterschiedliche Familienkomplexität

Abb. 4.1: Die mentalen Modelle von Unternehmerfamilien im Überblick

Die skizzierten mentalen Modelle von Unternehmerfamilien geben einen ersten Überblick über typische Denk- und Handlungsmuster. Auf ihnen basieren bestimmte Strukturentwicklungen, aber auch spezifische Konfliktlogiken, die sich meist im Kontext der Ablösung eines mentalen Modells durch ein anderes, oft im Zuge der Nachfolge, entzünden.

5. „Postpatriarchale Systeme“: Zwischen Inhaber-Führung und partizipativen Entscheidungsstrukturen[12]

In der Unternehmensführung kann man zwischen zwei Grundprinzipien unterscheiden: Das Entscheidungsprinzip „Verfahren“ setzt etablierte Regelungen voraus, wie Entscheidungen über einen gemeinschaftlichen Meinungsbildungsprozess des Managementteams zu treffen sind, das Entscheidungsprinzip „Person“ sieht Entscheidungen im Wesentlichen in einem Organisationsdesign, in dem der Entscheidungsprozess intuitiv und um eine Person (ggf. um einen Kreis eng vertrauter Personen) herum gebaut ist, die die Letztverantwortung übernimmt und sich selbst aussucht, wer sie berät (Nagel, 2014; z.B. Schumacher, 2014). Die beiden Prinzipien lassen sich mehr oder weniger prägnant in Familienunternehmen finden. Wenn sie gleichzeitig präsent sind und diskutiert werden, sorgen sie für ein gewisses Potenzial an Reibungsflächen, die sich in besonderen, mehr oder weniger konflikthaften Mustern zeigen können. Vor allem ein Prozessmusterwechsel von dem „personorientierten“ Entscheidungsprinzip, wie es die Inhaber-Führung auszeichnet, zu einem „verfahrensorientierten“ Prinzip, in dem sich jeweils ein Geschwisterkreis, ein Cousin-Konsortium oder eine Großfamilie zusammenfinden muss, um ein komplexer gewordenes Unternehmen zukunftssicher zu gestalten, geht selten ohne größere Turbulenzen vonstatten.

Das Thema, das in diesem Kapitel diskutiert werden soll, berührt auch einen Wandel in unserer Kultur. Die Gesellschaft hat bis vor gar nicht langer Zeit eine Reihe von Ordnungsprinzipien bereitgestellt, die, wie schon gesagt, Orientierung und Sicherheit boten, auch wenn sie ihre Schattenseiten hatten. Solange ein gesellschaftlich abgesegnetes dominantes Entscheidungsprinzip bestand, hatten die Familien mit den Entscheidungen selbst wenig interne Probleme, denn die Entscheidungen wurden nach den entsprechenden Prinzipien gefällt – ob es den Beteiligten gefiel oder nicht: Im Zunftwesen waren Rechte und Pflichten der fraglichen Personen festgeschrieben, Nachfolgekonflikte waren somit weitgehend ausgeschlossen. Aber, und das war die andere Seite, es gab auch keine Lernchancen. Mit der Liberalisierung der gesellschaftlichen Diskurse wurden all diese dominanten Entscheidungsprinzipien in Frage gestellt, und plötzlich entstehen neue, positive Möglichkeiten, Frauen stehen (zumindest im Prinzip) gleiche Karrierewege offen wie Männern (Moog & Soost, 2013; sehr gut hierzu: Otten-Pappas, 2014), Zweitgeborene haben

[12] Der Inhalt dieses Kapitels beruht in besonderem Maße auf den Diskussionen im Projektteam „Familienstrategie über Generationen“.

die gleichen Chancen wie Erstgeborene usw. Eines der Prinzipien, das die Kultur noch bis in dieses Jahrtausend hinein stark dominiert hatte, war das der Führung durch eine einzelne, „einzigartige" Führungspersönlichkeit. Das Prinzip galt in Politik, Wirtschaft bis hinein in die Familie. Das „Entscheidungsprinzip Person" ist auf dem Rückzug, neue Formen von Führung werden gesucht und gefunden, doch mit dieser Liberalisierung gehen die präformierten Ordnungsprinzipien früherer Zeiten verloren – und hinterlassen mehr oder weniger (oft weniger) gut vorbereitete Gruppen auf der Suche nach neuen Ordnungsmustern.

5.1 Das „Entscheidungsprinzip Person"

Sieht man von den wenigen großen, konzernähnlichen Familienunternehmen ab, ist diese Unternehmensform weit stärker als andere von einer zentralen Person an der Spitze geprägt. Beinahe jedes Familienunternehmen ist oder war ein Inhabergeführtes Unternehmen, also ein Unternehmen, das sehr stark in seiner Entscheidungsweise auf die eine Person an der Spitze ausgerichtet ist, vielfach wird diese Person auch als „Patriarch" bezeichnet[13]: „Die Unternehmensspitze bündelt alle relevanten Autoritätserwartungen von Außen wie von Innen bei sich. Sie ist im Zweifel bei allen Entscheidungen immer die letzte Instanz" (Wimmer, 2014a, p. 4). Bei dem Begriff „Patriarch" denkt man nun schnell an das Bild einer starken Persönlichkeit, die das Unternehmen gestaltet und ihm mit ihrem „unbeugsamem Willen" einen unverwechselbaren Stempel aufdrückt. Unzweifelhaft spielt die Person an der Spitze des Unternehmens eine besondere Rolle (H. Simon, 2014). Es gibt in diesen Beschreibungen eine Prämisse, naheliegend und scheinbar selbstverständlich: Die *Persönlichkeit* ist der Ausgangspunkt der Betrachtung. Immer wieder wird das Verhältnis von Führungskraft und Unternehmen so beschrieben, als würden diese in einer Weise einander gegenüberstehen, dass eine „Kraft" auf einen „Gegenstand" einwirkt. Und es bietet sich ja auch durchaus auch an, den Unternehmer unter der Perspektive seiner Persönlichkeitseigenschaften zu sehen: Ein starker Mensch mit einem großen Maß an unternehmerischem Willen, an Tatkraft und Entscheidungsfähigkeit bringt gute Voraussetzungen mit, um in eine solche Position zu gelangen – es ist ein „heroisches" Bild des Managers.

---

[13] Die Begriffe „Patriarch" und „patriarchalisch" sind ausgesprochen unglücklich, das englische „Emperor" (Gimeno et al., 2010) ist nicht besser. Denn immer wieder klingt darin eine negative Assoziation an. Dabei ist es wichtig zu betonen, dass es sich dabei um mögliche Formen handelt, um Prinzipien, wie eine Organisation entscheidungsfähig „gebaut" wird – und in diesem Fall eben um ein auf die Person zentriertes Prinzip. Es gibt dabei keine besseren oder schlechteren Formen, es sind jeweils Wege mit vielfach unbestreitbaren Qualitäten – die jedoch auch jeweils besondere Verletzlichkeiten mit sich bringen. Diese zu reflektieren, ist das Ziel, nicht eine moralische Position, in der ein bestimmtes Modell auf- oder abgewertet wird.

Aus systemischer Perspektive ist diese Prämisse durchaus kritisch zu hinterfragen: Wenn man den Patriarchen versucht anders, eher „postheroisch“ zu verstehen (Baecker, 1994), erscheint er eher als Teil eines komplexen Kommunikationsmusters. Der Patriarch (sicher nicht zufällig wird seltener von der Patriarch*in* gesprochen) entsteht nicht „aus dem Nichts“ heraus, sondern er wird in einem komplexen Prozess von Zuschreibung und Annahme dieser Zuschreibung „erzeugt“. Das dreht die Argumentation gewissermaßen um: Nicht das Unternehmen ist die „Knetmasse“ in der Hand der charismatischen Person, sondern das Unternehmen erzeugt durch die spezifischen Erwartungsstrukturen diese Person erst als die Persönlichkeit, als die sie dann erscheint. Die patriarchale Persönlichkeit wird durch das Unternehmen geprägt und entsteht als gesellschaftlicher Akteur erst im Laufe der Zeit. Um zu verstehen, was das bedeutet, muss man sich die zentrale Operation von Organisationen vergegenwärtigen: Entscheiden. Organisationen bestehen, überspitzt gesagt, aus einem kontinuierlichen Strom des Entscheidens (vgl. Kap. 2.2), und zwar durchgehend in einem Kontext von Unsicherheit und bestenfalls geringer Vorhersagbarkeit. Und da Entscheiden immer mit Verantwortung verbunden ist, ist leicht erklärbar, dass in einer Organisation patriarchale Strukturen besonders reibungslos entstehen können: Ökonomische, juristische und persönliche Verantwortungszuschreibung bedeuten immer ein Risiko. So liegt der Wunsch nahe, dass man einer Person die Letztverantwortung zuschreiben können möge und dass diese sie auch übernimmt. Man wird – zumindest in der Gründergeneration – nicht zum Unternehmer geboren, schon gar nicht zum Patriarchen, sondern wächst in einem komplexen Prozess in eine Rolle hinein, die einem aus der Organisationslogik heraus zugeschrieben wird und die man annimmt und ausfüllt (Groth, Rüsen, & v. Schlippe, 2013; Groth & v. Schlippe, 2008). Indem man sie übernimmt, entsteht im Laufe der Zeit natürlich auch eine große Expertise: Man ist „hautnah“ am Kunden und hat das unternehmensinterne Geschehen im Blick, man kennt die Details der Abläufe im Unternehmen und die Eigenheiten der einzelnen Mitarbeiter genau. So entsteht ein Prozess der ständig mitlaufenden Verfeinerung des Einschätzungsvermögens und der Faustregeln, mit deren Hilfe die Person, auf die alles zuläuft, dann schnell und mit minimaler Information ein Problem identifizieren und lösen kann. Irgendwann ist sie dann „der einzige“, die in sich auch genau das Wissen angesammelt hat, das nötig ist, um diese Position auszufüllen: Der Patriarch ist entstanden. Seine unternehmerische Intuition fußt auf einer menschlichen Begabung, die durch Kompetenzzuschreibung und Übung zu einer außergewöhnlichen Fähigkeit geworden ist. So gesehen, entstehen Familienunternehmer und patriarchale Organisationsstruktur in einem Wechselspiel persönlichen, familiären und organisationalen Lernens. So wird die Persönlichkeit an der Spitze durch die Prozesse im Unternehmen geformt, die Fremdzuschreibung: „Du bist großartig und unersetzbar!“ und der Selbstverdacht: „Ich bin offenbar unersetzbar, vielleicht ja sogar großartig ...!“ gehen Hand in Hand.

Unternehmensführung so zu sehen, bedeutet in gewisser Weise einen Paradigmenwechsel: Führung ist nicht die „Sache" der Person, sondern eine Funktion, für die die Organisation sich Akteure „sucht". Die Führungsform des „Patriarchen" kann damit auch als ein mögliches (und hoch effektives) soziales Muster angesehen werden. Eine patriarchale Führung beruht, so gesehen, auf einem der in Kap. 4 beschriebenen „mentalen Modelle" (Gimeno et al., 2010; Rüsen, v. Schlippe, & Gimeno, 2012; Rüsen & v. Schlippe, 2012), das jeweils von den entscheidenden Beteiligten gleichermaßen getragen wird. Eine Familie, die bzw. ein Unternehmen, das nach Führung und Fremdbestimmung sucht, weist einer Person Charaktereigenschaften zu, diese nimmt diese Zuschreibung an – in einem wechselseitigen Prozess verstärken sich Führung und Geführt-Werden, bis alle Beteiligten überzeugt sind, dass es ohne die Figur an der Spitze nicht geht. Statt in Kategorien von a priori vorgegebenen „charismatischen" Persönlichkeitseigenschaften zu denken, kann man sich dann eher auf das Wechselspiel des Zuschreibens und Annehmens von Qualitäten konzentrieren, auf typische Muster im Strom kontinuierlicher Entscheidungskommunikation (Groth & v. Schlippe, 2008). So können wir uns die Zusammenhänge zwischen dem Unternehmer und dem Unternehmen, das er gegründet hat oder dem er vorsteht, als zirkulär vorstellen: Der Patriarch zieht die Entscheidungsunsicherheit auf sich, die in anderen Unternehmen auf viele Schultern verteilt wird. In vielen öffentlichen Unternehmen ist dies anders und bekanntlich eine große Schwäche: Führungskräfte sorgen hier nicht selten primär dafür, dass eine kritische Entscheidung im Falle eines Scheiterns nicht ihnen persönlich zugerechnet werden kann; es war ja „die Strategieberatung", die alles durchgerechnet hatte und zu dem Schluss kam, dass nur diese Lösung die beste, die einzig mögliche sei, das Versagen kann also nicht dem Betreffenden angehängt werden ...

Der Patriarch als Familien- und Gesellschaftervertreter und dann auch noch als Geschäftsführer versammelt die vielfältigen Spannungen des Gesamtsystems in sich und trägt sie innerlich aus. Als zentrale Entscheidungsfigur wird auch der Ausgleich der vielfältigen Interessen zwischen Unternehmen und Familie von ihm ausbalanciert, die Systemmitglieder delegieren die Entscheidungsmacht darüber erleichtert an ihn oder sie: Er/sie entscheidet. Im Fall des Scheiterns kann man so das Versagen auf ihn zurechnen („Ich war ja immer dagegen, aber mich hat ja keiner gefragt, dann haben wir es eben so gemacht, wie er es wollte ..."), im glücklichen Fall allerdings ist dann auch er derjenige, dem der Erfolg zugeschrieben wird. Beim Patriarchen verbinden sich diese wechselseitige Zuschreibung, unternehmerisches Gespür und schlicht das Glück, dass er am richtigen Platz im richtigen Moment das Richtige entschieden hat, so miteinander, dass alle Beteiligten gemeinsam beginnen, an die Unfehlbarkeit des Patriarchen zu glauben (Groth et al., 2013). Die Eigenschaften des Unternehmers werden ihm zugeschrieben, sie werden zu „Entscheidungsprämissen". Und über die vielen möglichen UnternehmerInnen,

die vielleicht auch „das Zeug“ dazu gehabt hätten, die Rolle eines Patriarchen einzunehmen, wenn das Glück mitgespielt hätte, wissen wir nichts.
Der Begriff „Entscheidungsprämisse“ wird in der Organisationstheorie so verstanden, dass sie den Spielraum weiterer Entscheidungen definiert (Luhmann, 2000). Eine einmal getroffene Entscheidung schränkt die Anschlussentscheidung ein und macht sie zugleich einfacher: Man weiß, was zu tun ist, weil man es „immer schon“ so gemacht hat. Der Unternehmer wird in der Kommunikation im Unternehmen, vor allem in den Geschichten über ihn, als eine solche Entscheidungsprämisse konstruiert: „Er will, dass es so gemacht wird!“ – „Hast du schon gefragt, was er von dem Vorschlag hält?“ So gesehen wird leicht verständlich, warum dieser auch nach seinem Ausscheiden noch sehr prägnant wirksam sein kann: „Er hätte gewollt, dass es so gemacht wird!“ hat eine ähnliche Funktion wie der Satz davor. „Man weiß“ eben, was zu tun ist – und so haben Nachfolger, die etwa schon als Kind auf dem Firmengelände gespielt haben, es zuweilen schwer, Führungsautorität zu erlangen. Der Unternehmer bzw. die Geschichten über ihn sind zur Entscheidungsprämisse geworden. Mit dem Unternehmer als Entscheidungsprämisse wird Unsicherheit absorbiert: Man weiß, wie man sich verhalten muss, eben weil man eine Idee (und noch besser: eine Geschichte) hat, wie der Unternehmer sich verhalten würde. Bei allen Entscheidungen fragen sich die Mitarbeiter, wie der Unternehmer entscheiden würde oder entschieden hätte.

Fallbeispiel: „Die Dienstreiseregelung“
In einem großen Unternehmen wird gern die Geschichte erzählt, wie der Gründer in einer Phase der bereits sehr erfolgreichen Unternehmensentwicklung einmal zu einer Konferenz in die USA fuhr. Beim Einsteigen in das Flugzeug begegnet er einem seiner Mitarbeiter, der erst vor Kurzem Geschäftsführer eines der Teilunternehmen geworden war. Dieser sitzt in der ersten Klasse. Er bleibt kurz stehen, unterhält sich freundlich mit ihm und sagt dann: „Schade, dass wir unser Gespräch nicht fortsetzen können!“ – und geht weiter in die Touristenklasse. Unser Gesprächspartner, Sohn dieses Gründers und geschäftsführender Vorstand des Unternehmens, beendet die Geschichte so: „Wir brauchen keine Dienstreiseregelungen in unserem Unternehmen. Wir erzählen diese Geschichte, und danach ist alles klar!“

Wenn sich unter diesen Bedingungen Wachstumsanforderungen ergeben, wächst die Führung vielfach Schritt für Schritt mit den zunehmenden Anfragen seitens der Kunden mit. Es wird jeweils flexibel und personorientiert auf Wachstumsimpulse reagiert. Bewährte Leistungsträger aus dem Unternehmen übernehmen neue Aufgaben, die, getragen vom Wohlwollen des Inhabers, mit hohem persönlichem Einsatz das Wachstum der Organisation vorantreiben. Sie sind durch ihren Kontakt mit dem Inhaber auf ihn ausgerichtet, denn „sie stehen stets in einem engen persönlichen Kontakt mit der Unternehmensspitze und loten hier aus, in welche Richtung dort gerade gedacht wird. Um selbst aktiv zu werden, genügen oft Andeutungen des Unternehmers, seine Leute sind darauf trainiert, „zwischen den Zeilen zu lesen“. Sie gehen dann eigenständig auf die Suche nach Lösungen stets im vermuteten Interesse der Spitze. Dafür braucht es keinen großen Kommunikationsaufwand. Man unterstellt wechselseitiges Verstehen und kann deshalb in der Regel auf formelle Besprechungsroutinen verzichten“ (Wimmer, 2014a, p. 5). So kann das Unternehmen sich über lange Zeit hinweg im Muster personorientierter Entscheidungsstrukturen weiterentwickeln und groß werden. Damit entstehen in vielen Familienunternehmen Führungsstrukturen, die auch dann einen familienähnlichen Charakter aufweisen, wenn die Führungsmannschaft anwächst: Das Muster der Entscheidungsfindung über die Person und das Zulaufen der Entscheidungsprozesse auf eine zentrale Figur bleibt lange bestehen. Was für betriebswirtschaftlich ausgerichtete Beobachter wie ein schlecht organisiertes, nur auf persönlichen Beziehungen fußendes Netzwerk anmuten mag, ist die Basis für ein flexibles, zu schnellen Entscheidungen fähiges Führungsgeschehen – solange die Unternehmen organisch wachsen (Wimmer & Groth, 2008). Eine geringe Fluktuation im relevanten Personenkreis sorgt dafür, dass ein hohes Maß an persönlichem Vertrauen und an geteiltem Wissen über die Markt- und Technologieentwicklung, über die Konkurrenten und über die Strategie vorhanden ist. Der Umstand, dass die Organisation um Personen herum gebaut ist und nicht andersherum, macht wohl einen Gutteil des Erfolgs vieler Familienunternehmen, ihrer „Familiness“ aus (vgl. Kap. 5.2.1).

Das patriarchale Muster

„Stichwortartig sind als Besonderheit dieses Musters hervorzuheben:

- Die Entscheidungslast wird auf eine Person übertragen, mit der Folge, dass relevante Wahrnehmungen und Auswahlfragen nur noch sehr bedingt in die Kommunikation des weiteren Gesellschafterkreises kommen.

- Die Unsicherheit, die automatisch mit weit reichenden Entscheidungen verbunden ist, wird durch eine Person aufgenommen und „ertragen“ – zur Erleichterung der anderen.

- Diese Übernahme von Unsicherheit funktioniert, solange dieser Person die Autorität zugeschrieben wird, für alle entscheiden zu können und zu dürfen. Im Endergebnis kommt der Gesellschafterkreis also nicht mehr in die Situation, zwischen schwer entscheidbaren Alternativen wählen zu müssen. Er wird nur noch mit dem Ergebnis des patriarchalen Sondierungsprozesses konfrontiert. Und selbst falls das Ergebnis kritisiert wird, das Prinzip der Unsicherheitsabsorption durch den Patriarchen bleibt unhinterfragt“ (Groth et al., 2013, p. 112).

5.2 Die beiden Seiten der Inhaber-Zentrierung

Die zentrale Entscheidungsprämisse im patriarchal geprägten System ist, wie gesagt, die *Person* im Gegensatz zum *Verfahren*. Im Laufe vieler Jahre ist eine Kultur entstanden, die langfristig auf die eine Person zugeschnitten ist, die entscheidet. Die gesamte Unsicherheitsabsorption im Unternehmen, die Unsicherheit, die mit jeder unternehmerischen Letztentscheidung verbunden ist, wird auf ihn/sie übertragen, und er/sie übernimmt und trägt sie entsprechend.

5.2.1 Effektivität

Eine solche Kultur ist über weite Strecken hinweg sehr effektiv. Nicht zuletzt wird ja, wie gesagt, genau dies den Familienunternehmen zugeschrieben, macht dies die „Familiness“, die „Familienhaftigkeit“ aus, die vielfach als besonderer Wettbewerbsvorteil, als besonderes „Ressourcenbündel“ dieser Unternehmensform zugesprochen wird (Frank et al., 2010; Habbershon & Williams, 1994; Plate, 2012; Weismeier-Sammer et al., 2013; Wimmer, 2014b; Zellweger et al., 2010): Entscheidungen werden schnell, klar und eindeutig gefällt, weil die Kommunikationswege kurz sind und die Entscheidungsverantwortung nicht vielfach diffundiert wird. So gibt es nur geringe Reibungsverluste im Entscheidungsprozess. Ähnliches sagt das Konzept des „Family Capital“ aus, das aus drei Komponenten zusammengesetzt wird (Hoffmann, Hoelscher, & Sorenson, 2006): „Human Capital“ beschreibt die besondere Einsatzbereitschaft von Familie und Mitarbeitern, „Financial Capital“ ist die Bereitschaft, eine geringe Ausschüttungsquote zu akzeptieren, statt hohe Auszahlungen auf die Gesellschafteranteile zu fordern (Kormann, 2013). „Social Capital“ schließlich ist das auf persönlichen Beziehungen aufbauende soziale Netzwerk, das durch die Familie und insbesondere durch den Inhaber erschlossen wird. Die mit langfristiger

Perspektive geknüpften Beziehungen zu Lieferanten und Kunden sind ebenfalls an die „eine Person gebunden“ und gewährleisten Wettbewerbsvorteile (s. hierzu beispielsweise Milton, 2008).
Auch die Familie ist oft über lange Zeit zufrieden, der Gesellschafterkreis gerät selten in die Situation, zwischen schwer entscheidbaren Alternativen wählen zu müssen, er wird in der Regel mit dem Ergebnis der patriarchalen Überlegungen konfrontiert. Natürlich wird das Ergebnis durchaus auch kritisiert („Das hätte der Alte so nicht machen sollen!“), doch das Prinzip der Entlastung und Unsicherheitsabsorption durch den Patriarchen versorgt alle Beteiligten in Unternehmen und Familie mit genügend Sicherheit, so dass „Revolutionen“, die mit einer Absetzung des Patriarchen enden, nur selten sind. Im Lauf der Zeit entwickelt der Patriarch auch Qualitäten, die ihn/sie tatsächlich unersetzlich machen. Die intime Kenntnis der Spielregeln der Branche und der Bedürfnisse der Kunden, der tiefe Vernetzungsgrad in den verschiedensten sozialen Netzwerken, ein intuitives Gespür für strategische Positionierungen des Unternehmens (Nagel & Wimmer, 2014; Nagel, 2008) sind Ressourcen, die, wenn überhaupt, nur schwer imitierbar und so praktisch nicht zu ersetzen sind.
Die Unsicherheit absorbierende Qualität einer so ausgeformten Führungsfigur sorgt auch für lange Zeit für eine Unternehmenskultur, in der sich die verschiedenen Führungsebenen und Mitarbeiter wohl und aufgehoben fühlen: Der Unternehmer ist im Zweifel bei allen Entscheidungen die letzte Instanz, und der Rest der Firma vertraut darauf, dass die relevanten Aufgaben der Unternehmensführung an der Spitze im Sinne eines langfristig orientierten Fortbestands des Betriebs wahrgenommen werden, schnelles Handeln zählt oft mehr als langfristig strategisches Denken, das Unternehmen wird mit einem guten „Riecher“ für Marktchancen entwickelt (Wimmer & Groth, 2008).
Die Führungsstrukturen und -ideale sind von den Erfahrungen der Pionierzeit geprägt, eine intuitiv und aus persönlicher Stärke heraus agierende Führung bleibt oft über Generationen das Ideal, setzt sich in manchen Unternehmen auch über viele Generationen hindurch fort (die sog. “Kronprinzenregelung”, vgl. Simon et al., 2005).

5.2.2 Vulnerabilität

Die wichtigste Ressource ist in der personorientierten Konstellation die Autorität der Führungskraft, steht diese außer Frage, können die beschriebenen Vorteile ausgespielt werden. Die besondere Vulnerabilität liegt in der Fixierung auf eine Person, denn wenn diese ausfällt oder ihre Autorität beschädigt ist, gibt es wenig alternative Führungsressourcen und Entscheidungsmodelle.

Fallbeispiel: „Die entscheidungsschwache Führungsebene"
In einer Beratungsanfrage beklagt die Auftraggeberin (Teil der dreiköpfigen Spitzenmannschaft eines großen Familienunternehmens) die „Passivität der zweiten Führungsebene". Es sind etwa 30 KollegInnen, die jeweils einen Unternehmensbereich führen und nun endlich lernen sollen, „mehr Eigenverantwortung zu übernehmen", eine gar nicht so seltene Form einer paradoxen Beauftragung. Das Unternehmen war in den letzten Jahren massiv gewachsen, etwa auf das Zehnfache seines Umsatzvolumens, und zwar nicht zuletzt durch eine Reihe von Zukäufen (anorganisches Wachstum) und durch bedeutsame Internationalisierungsschritte. Zugleich hatte der inzwischen knapp 70 Jahre alte Patriarch nicht nur angekündigt, sich zunehmend mehr aus der Führung zurückzuziehen, sondern dies auch durch klare Schritte vollzogen. Zugleich zeigte er sich jedoch auch immer wieder im Unternehmen und griff in die Abläufe und Prozesse nachregulierend ein. Seine drei Kinder (zwei waren an der Übernahme operativer Führungsaufgaben interessiert) waren noch im Studium, doch hatten die drei engsten langjährigen Mitarbeiter schrittweise die zentralen Führungsaufgaben übernommen. Die zweite Führungsebene zeigte sich recht verunsichert und abwartend, was wiederum das Führungstrio irritierte, das von diesen erwartete, dass der eingeleitete rapide Wachstumsprozess aktiv mitgetragen werde – „natürlich unter Wahrung der für uns typischen Kultur". Diese Irritationen hatten wiederum die Bereichsverantwortlichen weiter verunsichert. Sie fragten sich, was sie falsch gemacht hätten und zeigten sich eher hilfloser als aktiver – ein schwieriger Teufelskreis. Die Frage war, wie diese Gruppe stabiler und mutiger in der Übernahme von Entscheidungsverantwortung werden könne und wie jeder Einzelne die eigene Entwicklung verstärkt in die eigene Hand nehmen könne.

Das Beispiel zeigt welche verwundbaren Seiten es für ein Unternehmen, das sich ganz auf die Figur des Inhaber zentriert, geben kann. Qualitäten, die lange Zeit eine besondere Ressource waren, können „umschlagen" und zur Belastung werden:

- Schnelles, vor allem „anorganisches" Wachstum, das ist ein Wachstum das durch „Mergers und Acquisitions", also durch Aufkäufe und Firmenzusammenführungen, erfolgt (Wimmer, 2014a) und/oder durch gezielte, schnelle Internationalisierung (Pukall & Calabrò, 2013; Wolf, 2011) stellen die gewohnte Weise der auf eine Person hin ausgerichteten Unternehmensführung in Frage, die Führungsstrukturen wachsen nicht in der gleichen Geschwindigkeit (so wird es etwa recht schnell unmöglich, alle Mitarbeiter persönlich zu kennen usw.).

- Nachfolge generell und besonders eine ungeklärte Nachfolgesituation bedeuten eine enorme Verunsicherung der gesamten Belegschaft (Dreyer & v. Schlippe, 2008).

- Der Rückzug (manchmal auch Autoritätsverlust) der Führungsfigur, die zugleich immer wieder noch im Unternehmen präsent ist und manchmal irritierende, doppelte Botschaften vermittelt, geht ebenfalls mit erheblichen Verunsicherungen einher (ebd.).

Die Infragestellung gewohnter Weisen des Entscheidens führt zu spezifischen Verunsicherungen. Sowohl auf der Seite des Unternehmens wie auf der Seite der Familie wird ein bislang gemeinsam geteiltes mentales Modell auf den Prüfstand gestellt, verlangt nach einem Prozessmusterwechsel: Wusste man bislang, wohin man „im Zweifelsfall ... Probleme und Konflikte weitergeben kann, nämlich nach oben" (Baecker, 1994, p. 31), geht es nun um die Entwicklung neuer, partizipativer Entscheidungsstrukturen. Ein solcher Wandel stellt die elementaren inneren Bilder von Führung sowohl der MitarbeiterInnen als auch der Familienmitglieder vor eine Zerreißprobe.
Es geht darum, etwas einzuüben, für das es in der Familie vielfach wenige bis keine Modelle gibt, während es zugleich im Unternehmen langjährig gebahnte Entscheidungswege in Frage stellt. Je stärker die Inhaber-Zentrierung, desto stärker dürfte auch die Verunsicherung sein, die die Beteiligten aushalten müssen. Da mentale Modelle, wie beschrieben (Kap. 4) nicht nur kognitive Konstrukte sind, sondern sich in vielfachen Gesprächen, Diskussionen und Auseinandersetzungen in der Familie und in der Organisation „kommunikativ bewegen", ist ein erhebliches Konfliktpotenzial zu erwarten, denn die verschiedenen Modelle werden in der Kommunikation miteinander „kämpfen" – „Das kann doch so nicht gehen!" – „Wieso soll denn jetzt auf einmal alles anders sein!" – „Das hätte es früher nicht gegeben!"

5.3 Der Übergang zu Verfahrensorientierung

Kulturen ändern sich nur sehr langsam, sie gelten auch nicht als geplant veränderbar (Luhmann, 2000). Und so finden sich in vielen Unternehmensfamilien mit einer patriarchalen Geschichte (und das sind eigentlich alle) langwierige Adaptationsprozesse, bis sich ein neues „mentales Modell" durchgesetzt hat und sich eine demokratische Entscheidungsstruktur entwickelt. Es ist ein mühsamer Weg, denn es besteht anfangs noch keine eingeübte Auseinandersetzungskultur. Die ersten vorsichtigen Übergänge von einer *Personorientierung* zu einer *Verfahrensorientierung* sind gefährdet, durch Streitigkeiten der Geschwister, die nun auf einmal gemeinsam entscheiden sollen, durch emotionale Auseinandersetzungen darüber, was geht, was nicht, durch energische Proteste von denjenigen, die Angst haben, Privilegien zu verlieren, die ihnen eine diffuse patriarchale Entscheidungsstruktur geboten hatte usw. In dieser „postpatriarchalen" Phase können sich Muster entwickeln, die den Übergang von dem Entscheidungsprinzip „*Person*" zum Prinzip „*Verfahren*" erschweren.

Wenn nicht mehr die Person die zentrale Entscheidungsprämisse ist, um die herum sich Entscheidungen organisieren, braucht es ein anderes Prinzip, wie entschieden wird. Die Entscheidung, die eine Legitimation über die Aussage „So machen wir es!" des Inhabers bekam, braucht nun eine neue Form, sich zu legitimieren, über ein Verfahren: „Wir haben ... auf dem Weg entschieden, den wir vorher besprochen haben!" Dieser Schritt zur Legitimation durch Verfahren (Luhmann, 1969) erfordert ein Umschwenken auf vielen Ebenen (wie schon in den vorhergehenden Kapiteln diskutiert).

Solange das Unternehmen im Wesentlichen durch die eine Figur an der Spitze getragen worden war, hatten Mitarbeiter und Führungskräfte ihre Unsicherheit nach oben abgeben können. Nun müssen sie sie selbst aushalten. Ähnlich die Familie: Keiner brauchte weiter danach zu suchen, worin eigentlich die eigene Position im Kontext einer familiären Willensbildung für das Unternehmen besteht. So hatten die Familie, genau wie die Mitarbeiter im Unternehmen über lange Zeit hinweg wenig Notwendigkeit, aber auch wenig Chancen, eine Kultur der fruchtbaren sachlichen Auseinandersetzung, der demokratischen Lösungs- und Konsensfindung zu entwickeln. Das Fehlen dieser Auseinandersetzungen dürfte über weite Strecken zunächst auch als ganz angenehm empfunden werden.

Doch Familie und Unternehmen „entlernen" sozusagen, wie mit schwierigen Entscheidungslagen umzugehen ist, es werden keine Muster gelernt, wie Entscheidungen auch im Kontext einer breiteren Übernahme von Verantwortung durch mehrere Personen getroffen werden können (Simon, 2004a). Familie und Unternehmen funktionierten über die Delegation von Vertrauen an „ihn" – aber was, wenn „er" nicht mehr verfügbar ist? So wird das mentale Modell des Patriarchen, auch wenn – oder gerade weil – es über so viele Jahre stabil funktioniert hat, im Übergang oft kritisch. Da, wo vorab alle Prozesse auf eine Person fokussiert waren, geht ein Übergang in eine andere Form fast zwangsläufig mit heftigen Auseinandersetzungen einher bzw. zeigt sich zumindest in vielfachem Konfliktpotenzial.

5.4 Konfliktpotenziale in postpatriarchalen Strukturen

5.4.1 Konflikthafte Themen in der Familie

a) Der „Schatten" des Patriarchen

Ein Lebenszyklus hat seine eigene Dynamik. Auch ein Patriarch kommt – wie jeder Mensch – an einen Punkt, an dem er von seiner Lebenskraft her den Aufgaben zunehmend weniger gewachsen ist. Wenn er dies aber selbst nicht wahrnimmt oder zugibt, kann dann das Umfeld einen solchen Prozess der Leugnung mehr oder weniger offen mitmachen, auch wenn zugleich mehr oder weniger offen die Unzufriedenheit wächst. Wenn dann eine Entscheidung lange, möglicherweise zu lange auf sich warten lässt oder gar strategische Fehlentscheidungen passieren, kann es geschehen, dass die Unternehmerfamilie nur zwei Möglichkeiten sieht: den Niedergang des Patriarchen zu ertragen – dabei bleibt nicht selten die Zukunft auf der Strecke, wenn etwa qualifizierte potenzielle Nachfolger sich resigniert zurückziehen (oder vom „Alten" sogar aktiv entfernt werden) – oder den Patriarchen, der sie über Jahre erfolgreich geführt hat, aus dem Amt zu drängen.[14].

Fallbeispiel: „Unsterblichkeit"
In einer Familie arbeitete der Sohn schon seit einer Reihe von Jahren als zweiter Geschäftsführer im elterlichen Unternehmen mit. Der Vater, der Gründer, hatte das Unternehmen sehr erfolgreich aus dem Nichts aufgebaut. Der Sohn liebte und bewunderte ihn, hatte zugleich aber auch große Schwierigkeiten, seinen Platz im Entscheidungsprozess zu finden. Immer wieder stieß der Vater auch kleinere Entscheidungen, die er getroffen hatte, um und nahm diese zum Anlass, ihm zu sagen, dass er ihm ja ganz offenbar nach wie vor noch nicht soweit vertrauen könne, dass er ihm voll die operative Führung überlassen könne. Zugleich hatte er ein verzwicktes und schwer zu durchschauendes Finanzimperium aufgebaut, in dem verschiedene Werte (Immobilien u.a.) jeweils für die anderen hafteten. Mehrere Anläufe des Sohnes, der Vater möge ihm doch bitte einmal erklären, wie die Dinge zusammenhingen, blockte er ab: „Das ist für dich zu kompliziert zu verstehen!" Die Frage des Moderators, was denn passiere, wenn er am Folgetag tot umfalle, quittierte er mit den Worten: „Ich sterb' schon nicht!"

[14] Zu einer regelrechten „Revolution", also dem Schritt, eine Führungsfigur, die das Schwinden der eigenen Leistungsfähigkeit nicht zur Kenntnis nimmt, abzusetzen, wenn sie das Vertrauen der Familie bzw. der Mitarbeiter verloren hat, kommt es nur selten, doch auch dafür gibt es eine Reihe von Beispielen (vgl. Dreyer & v. Schlippe, 2008).

Sein Tod war in seinem mentalen Modell „nicht vorgesehen". Mit großer Mühe gelang es, ihm die Zusage für ein Wochenende abzuringen, an dem er zusammen mit dem Finanzberater der ganzen Familie die Verflechtungen erklären wollte. Kurz vor diesem Wochenende, auf das die Familie etwa ein halbes Jahr gewartet hatte, sagte er das Treffen ersatzlos ab. Es war nicht nur dieses Ereignis, sondern noch einige andere, die schließlich den Sohn veranlassten, seinen Dienst in der Firma zu quittieren und sich, dann allerdings sehr zum Bedauern des Vaters, eine Position außerhalb des eigenen Unternehmens zu suchen.

Die Frage nach dem passenden Zeitpunkt des Rückzugs des „Alten" wird immer wieder als besonders kritischer Punkt benannt. Oft kommt es hier zu Konflikten und zu verletzenden Kämpfen, entweder zieht sich ein Nachfolger gekränkt und „verbrannt" wieder zurück oder der „Alte" erlebt verbittert, wie mit ihm persönlich auch sein Lebenswerk abgewertet wird. Der „Schatten" des Gründers (Davis & Harveston, 1999) spielt in vielen Nachfolgekonflikten eine zentrale Rolle, die Konflikte sind meist umso stärker, je mehr „der Alte" nach dem Übergang die – und sei es implizite – Kontrolle über das Geschäft behalten will (ausführlich hierzu v. Schlippe u. Kellermanns, 2008; v. Schlippe, 2009; v. Schlippe u. Kellermanns, 2013); angemerkt sei hier, dass es auch hier ganz positive Beispiele von einem harmonischen Miteinander der Generationen bis ins hohe Alter des Seniors gibt. Zudem ist es wichtig, auch hier nicht in die „Falle" der personenbezogenen Zuschreibung zu tappen. Nachfolge ist ein komplexes Beziehungsgeschehen (vgl. Kap. 3.3.6), es liegt nicht immer nur alles bei dem „Alten der nicht loslassen kann" (De Massis, Chua, & Chrisman, 2008).

Fallbeispiel: „Endlich kann ich loslassen!"
Schon seit einiger Zeit arbeitete der Nachfolger als erster Geschäftsführer im Unternehmen. Doch sein Vorgänger war ständig präsent, die Chefsekretärin legte ihm als Erstes die Geschäftspost vor, die er jeweils vorsortiert an seinen Nachfolger weitergab. Keine größere Entscheidung wurde getroffen, ehe er nicht zugestimmt hatte. Die Situation war für den Junior ausgesprochen unbefriedigend, auf dem Papier hatte er alle Macht, in der betrieblichen Realität keine. Ein Coach, den er sich gesucht hatte, riet ihm, er müsse nun einmal eine geschäftliche Risikoentscheidung ganz allein fällen und durchziehen. Er tat dies, nach kurzer Zeit kam die Sache heraus, er wurde ins Zimmer des Seniors zitiert, der ihm eine „Riesenszene" machte. Der Junior bat um eine Toilettenpause und rief den Coach an: „Es gibt ein Drama, was soll ich machen?" – Der

Coach riet ihm, dem Alten klipp und klar Folgendes zu sagen: „Über dieses Thema diskutiere ich jetzt nicht. Ich habe es so entschieden! Wenn es schief geht, trage ich dafür die Verantwortung, dann kannst du mich meinetwegen rausschmeißen. Aber jetzt stehe ich dazu. Punktum!“ Als der Nachfolger genau dies tat, fiel dem „Alten“ zunächst „die Kinnlade herunter“, doch dann breitete er die Arme aus, umarmte den Nachfolger und sagte: „Drei Jahre habe ich auf diesen Moment gewartet! Nun weiß ich, dass ich dir zutrauen kannt, diesen Laden vernünftig zu führen!“

Abb. 5.1: Paradoxien der Nachfolge II

Ein anderer kritischer Fall ist der, dass der Patriarch verschwindet, also sich in den Ruhestand begibt oder stirbt, ohne dass entweder ein Nachfolger gefunden wurde, der das patriarchale Muster weiterträgt, oder dass eine tragfähige Struktur entwickelt wurde, die das Muster ablöst. Ein Prozessmusterwechsel ist im patriarchalen System sehr schwer. Denn es ist ja nicht nur „der Alte“, der nicht abgeben kann, sondern das Umfeld passt genau dazu, es hängt an dem Bild, dass das Unternehmen nur und ausschließlich von „dem einen“ an der Spitze geführt werden könne: Wo ist nun die starke Figur, die ihm folgt? Paradoxerweise gelingen die Übergänge dann am besten, wenn der Patriarch „weise“ genug ist, sich selbst abzuschaffen.

b) Keiner darf Macht haben

Der erste Übergang vom Gründer auf den Nachfolger ist bekanntermaßen besonders bedeutsam (García-Álvarez, López-Sintas, & Saldaña Gonzalvo, 2002), vor allem wenn der soeben angedeutete Prozessmusterwechsel ansteht, weil es eben keinen neuen von allen akzeptierten Patriarchen gibt. Ein Geschwisterkreis muss beginnen, Strukturen für die Folgegeneration zu entwickeln. Es muss also nicht nur entschieden werden (das Alltagsgeschäft eines Unternehmens), sondern es muss auch entschieden werden, wie künftig entschieden wird (der Prozessmusterwechsel): Wie sollen Entscheidungen gefällt werden, wie sollen Verfahren ausgerichtet sein, die für die Zukunft des Unternehmens und der Familie tragfähig sind, wie gehen wir mit der Selbstbegrenzung unseres Kreises um (also wer wird unter welchen Bedingungen in welche Position berufen usw.) u. v. a. m.? Diese Fragen sollen nun durch eine Gruppierung entschieden werden, die nicht gelernt hat zu entscheiden und die sich mit Entscheidungen schwer tut – sachliche, unternehmerische Entscheidungen zu fällen, ist nicht die Stärke familiärer Logik (vgl. hierzu etwa Wetzel & Dievernich, 2014). Besonders schwierig wird dies, wenn es angesichts des Patriarchen nie notwendig war, eine geschwisterliche Streit- und Konfliktlösungskultur zu entwickeln: Es wurde ja eh am Schluss von ihm entschieden.

An dieser Stelle können sich unter den Bedingungen einer „schwachen Demokratie“ Muster entwickeln, die die Entscheidungsfähigkeit lähmen: In die Entscheidungsprozesse wird eine Form von „Verhinderungsmacht“ eingeführt, die eine Qualität verdrehter, „inverser“ Machtkämpfe gewinnen kann: Es geht nicht darum, etwas durchzusetzen, sondern nur darum, etwas zu verhindern, zu blockieren. Emotional kämpfen die Beteiligten dann nicht mehr darum, zu gewinnen, sondern darum, nicht zu verlieren – um welchen Preis auch immer. Solche Kämpfe können heftiger sein als solche, wo es ums Gewinnen geht, und eine derartige Konstellation kann sich auf lange Sicht in eine Kultur „kalter Konflikte“ und zunehmender Lähmung entwickeln (Glasl, 2014a).

Fallbeispiel: „Wenn meiner nicht, dann deine auch nicht!“
Drei Brüder und eine Schwester waren gemeinschaftlich die Nachfolger des vom Vater gegründeten Unternehmens geworden. Über viele Jahre hatten sie an verschiedenen Positionen gearbeitet. Peter, der Gewitzteste von ihnen, war offiziell Geschäftsführer geworden, aber natürlich wurden alle großen unternehmerischen Fragen gemeinsam entschieden, auch wenn es miteinander nicht immer einfach gewesen war. Aber nun hatten sie gerade gemeinsam entschieden, den Unternehmensstandort zu wechseln, weil das alte Gelände an seine Grenzen gekommen war. Ein Grundstück war schon gefunden, Architekten eingeschaltet, erste Pläne lagen vor, die Kredite waren mit den Banken durchverhandelt.
Doch beinahe über Nacht war es zu einem massiven Streit über die operative Nachfolge von Peter gekommen. Peter wollte gern seinen Sohn in diese Position bringen. Sein Bruder sah aber seine Tochter auf diesem Posten. Beide „Kinder“ hatten schon in Positionen unterhalb der Geschäftsführung im Familienunternehmen gearbeitet, ihre Leistungen wurden jedoch von den Brüdern jeweils sehr unterschiedlich bewertet. Während Peter die Wahl seiner Nichte für eine Katastrophe für die Firma hielt, sah sein Bruder keinen Grund dafür, dass anstatt seiner geschätzten Tochter nun sein Neffe, Peters Sohn, den er für einen „großen Blender“ hielt, diese Position ausfüllen sollte: Er sei schließlich der Ältere, er habe damals Peters Ernennung zugestimmt, aber jetzt sei seine Tochter „an der Reihe“. Schnell spitzte sich der Streit zu, die Geschwister konnten keine Entscheidung finden, denn die beiden anderen hielten sich raus. In großer Empörung entschied der ältere Bruder sich schließlich, den Banken mitzuteilen, dass er die Entscheidung für den Grundstückskauf nicht mittragen werde.
Daraufhin zog diese die Zusage für den Kredit zurück, der Kaufvertrag für das neue Gelände musste rückgängig gemacht werden, es ergab sich neben dem großen Reputationsschaden auch ein großer finanzieller Verlust für die Firma, die Beziehungen der Geschwister erreichten einen Tiefpunkt.

Manchmal bleibt die „patriarchale Struktur ohne Patriarchen“ bestehen, sie ist aber nur noch eine leere Hülle, da die entscheidende (und entschiedene) Person fehlt. Unter den Geschwistern kann dann die beschriebene „Kultur der Verhinderungsmacht“ entstehen, die eine Art „verdrehten Machtkampf“ bedeutet. Da keine Strukturen partizipativer Entscheidungsfindung entwickelt worden sind, beschränkt sich die Auseinandersetzung oft auf das „Nein“-Sagen. Vielfach sind die Betreffenden selbst gar nicht so sehr darauf erpicht, Einfluss zu haben, weil

sie sich gar nicht zutrauen, die Position des Patriarchen einzunehmen. Stattdessen beobachten die Geschwister einander und achten vor allem darauf, dass kein einzelner Macht bekommt. Wer immer aus dem Kreis heraus einen Schritt in eine Entscheidung hinein macht, wird durch Bedenken der anderen gebremst. Wer versuchen sollte, einen aktiven Schritt als Entscheider zu gehen (vielfach gibt es ja auch einen, der sich den Schritt zutraut), wird von den anderen mehr oder weniger liebevoll daran gehindert, denn dann würde ja ein Unterschied zwischen ihnen entstehen. Wenn dann einer die Rolle des „Primus inter pares" einnimmt, wird dies eher als die Position eines Sprechers als die eines Führers definiert, der Betreffende wird genau beobachtet und begrenzt. So finden wir nicht selten einen Kreis mehr oder weniger entscheidungsunfähiger Geschwister, die sich in endlosen Debatten verlieren, nicht auf den Punkt kommen, auch wenn sie sich oft durchaus gern haben (was sich zeigt, wenn das Unternehmen einmal „aus dem Raum geschickt" wird, vgl. Kap. 7.4.5).
Dies Gernhaben begrenzt die Konflikteskalation, heißt aber nicht, dass die Beteiligten einander nicht sehr genau in Bezug auf das Thema „Macht" beobachten: Keiner darf in eine Position der Macht kommen! Über die Zeit hin kann sich dabei einiger Groll ansammeln, so dass sie vielfach oft auch recht böse aufeinander sind: „Wenn es nach mir ginge, würde es hier alles ganz anders aussehen, aber ich werde ja nicht gefragt ..."; „Die anderen machen so viel Durcheinander, man hält es nicht aus!" So gibt es vielfach eine Art von chronischem, unterschwelligem Dauerkonflikt, eine Unzufriedenheit miteinander, eine kritische Grundstimmung. Zugleich sind sie in der ersten Generation noch in Treue an den Patriarchen gebunden – Entscheidungen werden so noch nach den Vorstellungen gefällt, die er gehabt hätte, aber untereinander gibt es Gerangel.

c) Die Teilfamilien beobachten einander genau

Bereits in der zweiten Generation nach dem Patriarchen ist auch die Rolle von Ehepartnern beiderlei Geschlechts bedeutsam. Diese beobachten die Prozesse um Entscheidungen herum besonders aufmerksam (sie bekommen ja oft genug auch mit, wie ihr Ehepartner an den zermürbenden Auseinandersetzungen mit seinen Geschwistern/Cousins leidet). Da sie der Loyalität zur Unternehmensfamilie weniger verpflichtet sind, achten sie viel stärker auf die Bedeutung von Entscheidungen für die jeweilige Kernfamilie. In der ersten postpatriarchalen Generation sind sie oft dem Gründer, den sie persönlich kennen/kannten und schätzen, noch emotional verbunden.
Doch dies nimmt in Folgegenerationen deutlich ab: Die „vertikale Loyalität", also die Verbundenheit zur vorhergehenden Generation wird immer stärker durch eine

„horizontale Loyalität“ ersetzt, also durch den Blick auf die jeweils eigene Familie und ihren Vorteil. Im Sinne der erwähnten Theorie sozialer Vergleichsprozesse wird dabei manchmal auf die kleinsten Kleinigkeiten eifersüchtig geachtet. Dies dürfte eine der Belastungen sein, denen Stammesunternehmen ausgesetzt sind: Die im Stamm gebündelten Partikularinteressen können so stark überwiegen, dass das Interesse des Gesamten aus dem Blick gerät.

Fallbeispiel: „Die Beerdigungsrede“
Ein Nachfolger aus einem Stammesunternehmen berichtete, dass seine Mutter ihn in höchster Verärgerung darauf angesprochen hatte, dass bei den in der letzten Zeit erforderlichen Beerdigungen im Großfamilienkreis jeweils ein Vertreter des anderen Stammes die Beerdigungsansprache gehalten habe. „Beim nächsten Mal siehst du zu, dass du die Ansprache hältst!“ – Minutiös, bis in die Familienrituale hinein, ziehen sich die sozialen Vergleiche!

d) Das Dilemma des „Lieblings“

In dieser Struktur kann es schließlich auch noch einen „Liebling“ des Patriarchen geben, diese/r hält dessen Werte hoch, führt aber auf diese Weise ebenfalls einen Verhinderungsmachtkampf: „Das hätte der Alte nicht gewollt!“ (in diesem Fall ist meine Erfahrung übrigens tatsächlich auf männliche Patriarchen beschränkt). Es ist dies eine Rolle, die langgediente Chefsekretärinnen einnehmen können, die dem alten Chef in tiefer Loyalität verbunden sind. Sie können Veränderungsinitiativen eines Nachfolgers freundlich boykottieren, immer darauf bedacht, dass es keinen offenen Affront gibt: „Oh, ja, hmm, aber haben Sie schon überlegt, was Ihr Herr Vater dazu sagen würde?“ – „Oh ja, stimmt, das hatte ich ganz vergessen. Ich weiß aber auch nicht, ob dem Gründer das wirklich recht gewesen wäre. Entschuldigen Sie, das soll nicht wieder vorkommen.“ So scheint formal alles gut, aber „dummerweise“ geht es immer wieder nicht.

Vielfach übernimmt diese Rolle auch ein Lieblingskind, das dem Vater besonders nahestand und sich ihm und seinen Werten besonders verpflichtet fühlt. Dies sind nicht selten Töchter, zwischen dem Vater und der Lieblingstochter gibt es vielfach eine besonders enge Verbindung, sie bewundert ihn, er genießt dies und erlebt sie zugleich nicht als potenzielle Rivalin. Zwischen ihr und dem Rest der Geschwister kann dann, wenn er nicht mehr ist, eine schwierige Konstellation entstehen: Sie wird als Aufpasserin erlebt und abgewertet oder bekämpft, zugleich stellt sie sich bei Entscheidungen quer, wenn diese nicht – aus ihrer Sicht – den Segen des Vaters hätten. Sie gerät so langsam in eine Außenseiterposition und zahlt einen hohen emotionalen Preis.

e) „Narzisstische[15] Nachlässe"

Unter den Aufzählungen der „Folgewirkungen" patriarchaler Strukturen, die Prozessmusterwechsel für die Familie erschweren, darf ein Blick auf gelegentlich zu beobachtende besondere Machtstrategien des Seniors nicht fehlen. Denn auch wenn wir anfangs das patriarchale Muster als Kommunikationsmuster beschrieben haben, wird es doch von den Akteuren im Sinne harter Macht verhandelt, auch und nicht zuletzt von dem Patriarchen, der durchaus effektiv egoistische und selbstbezogene Strategien anwendet, seine Macht zu erhalten und zu vertiefen – und im Laufe der Jahre eine große Expertise genau dafür entwickelt. Die Geschichte des Vaters, der allen drei Kindern „im Vertrauen" mitgeteilt hatte, dass er jeweils sie für die operative Nachfolge vorgesehen habe, wurde bereits erwähnt. Es ist ein typisches Beispiel für jemanden, der verhindern will, dass eine gemeinsame Front gegen ihn entsteht, die seine Macht gefährden könnte – zugleich schwächt er damit seine Kinder und erschwert massiv eine Regelung für die Zeit nach ihm.[16] Andere Geschwistergruppen berichten von einer Kultur der massiven Entwertung, die die Familie beherrscht habe: „Wenn der Tyrann nach Hause kam, mussten alle zittern, wer der nächste sein würde, der fertig gemacht würde – oft war es unsere Mutter" (aus einem Interview). Patriarchale Familien werden von Simon auch als „vormoderne Familienformen" bezeichnet (Simon, 2002a). Patriarchat scheint ein Bereich zu sein, wo sich bis in unsere Zeit hinein in einigen Familien ungebremste und manchmal erschreckend brutale Machtmuster erhalten haben, die auf Instrumentarien setzen, die gesamtgesellschaftlich schon eher verpönt sind: ungezügelte und völlige Kontrolle, psychische Gewalt (manchmal gar körperliche), Dominanz und Entwertung. Die beschriebene Hilflosigkeit der Folgegeneration hat sicher oft auch damit viel zu tun.

---

[15] Mit diesem Begriff wird i.a. eine Person bezeichnet, die mit Überheblichkeit, Geltungsbedürfnis und großer Selbstbezogenheit agiert (Hartmann, 1997). Der Hintergrund ist oft eine Schwierigkeit in der Regulation des eigenen Selbstwertgefühls: Man fühlt sich entweder „ganz oben" oder man ist „nichts" – daher wird mit allen Tricks, vor allem mit Abwertungen anderer Personen, versucht, das eigene Selbstwertgefühl hochzuhalten, die eigene Ohnmacht wird weit verdrängt, kaum bewusst gespürt. Je näher die Ohnmacht kommt, umso dramatischer können sich die beschriebenen Kommunikationsformen zeigen. Mir ist bewusst, dass diese Beschreibungen einem Denksystem personenbezogener Zuschreibung entspringen, ich gehe das Risiko, der Leserin/dem Leser diese Spannung zuzumuten, an dieser Stelle ein.

[16] Ein Kommentar eines Kollegen (Joe Astrachan) an einen Studenten, der im Rahmen eines WIFU-Seminars ein ähnliches Muster vorstellte: „Haben Sie schon einmal ein Buch über narzisstische Persönlichkeitsstörungen gelesen?"

f) Ein Tabuthema: Scham

Über Scham wird selten gesprochen, sie ist eines der privatesten und zugleich der schmerzhaftesten Gefühle, die Menschen kennen. Doch wenn sie zu schmerzhaft ist, wird sie von den Betroffenen häufig subjektiv nicht (mehr) empfunden, sondern stattdessen abgewehrt und an andere delegiert: Man bringt einen anderen dazu, sich zu schämen (Marks, 2013). Der Gegenaffekt zu Scham ist Stolz auf persönlich Erreichtes. Und hier stoßen wir in manchen Unternehmensfamilien darauf, dass die Frage „Worauf bin ich eigentlich stolz?" in schwierige emotionale Bereiche hineinführt. Denn manchmal gibt es nur wenig, auf das man aufgrund eigener Leistung, aufgrund eigener bewältigter Herausforderungen stolz sein kann, vor allem wenn man in einem Klima der Entwertung und Beschämung, wie im letzten Abschnitt besprochen, groß geworden ist. Die Höhe der eben oft nicht durch persönliche Aktivität verdienten Ausschüttungen ist nichts, auf das man stolz sein kann, man mag sich ihrer evtl. sogar schämen. Doch sie abzulehnen ist verständlicherweise keine Option. In sehr vertrauten Gesprächen im kleineren Raum wird manchmal deutlich, dass es einem Gefühl ähnelt, dass man sich von den Ausschüttungen „bestechen" lässt („Schweigegeld" nannte es einmal eine Gesellschafterin). Vorstellungen, was einem zusteht, was dem anderen zusteht, Auseinandersetzungen darüber, wem was „gebührt", sind oft durch Scham bzw. die Abwehr von Scham (die sich manchmal in einer besonderen Anspruchigkeit äußert) beeinflusst.

So beantwortete ein stiller 50%-Teilhaber einmal die folgende Aussage seines operativ tätigen Bruders: „Mensch, sei doch froh mit dem, was dir deine Anteile einbringen! Ich habe seit der Übernahme des Geschäfts den Umsatz verfünffacht! Und das wirkt sich doch auch auf deine Ausschüttungen aus!" mit der trockenen (und in gewissem Sinn auch „scham-losen") Bemerkung: „Dafür hast du ja auch dein Gehalt bekommen. Wer weiß, ein Fremdgeschäftsführer hätte uns vielleicht noch viel mehr gebracht!"

Eigene Scham kann, wie das Beispiel zeigt, über das Herunterziehen der Leistungsträger unproduktiv ausgeglichen werden, man beschämt den, von dem man sich beschämt fühlt, und hält sich so ein schwieriges Gefühl vom Leibe. Zugleich wirft Scham noch einmal ein besonderes Licht auf das Thema der innerfamiliären „Verrechnungskonten", von denen in Kap. 3.2.2 die Rede gewesen ist (s. a. Kap. 6.4.3): Sich selbst gegenüber eine ehrliche Bilanz zu ziehen, kann so peinlich sein, dass es leichter ist, den anderen abzuwerten, als ihm für seine Leistung zu danken und ihm den Respekt zu zollen, den er – zumindest aus Außensicht – verdient hat. Doch um

das zu tun, braucht es ein so antiquiertes Gefühl wie „Demut" – und auch das haben wir Menschen im Allgemeinen nicht so gern, auch wenn es uns paradoxerweise aus den Kreisläufen von Neid, Missgunst und Scham befreien kann. Manchmal macht es einen Menschen sogar größer, wenn er sich verneigt ...
Konflikte, die mit dem Thema Scham verbunden sind, sind sehr schwer zu bearbeiten. Als BeraterIn kann man manchmal das Thema erahnen, die Angst, die einhergeht mit dem „Kampf um das psychische Überleben, vergleichbar einem Ertrinkenden" (Marks, ebd., S. 160). Doch braucht es viel Vertrauen, um sie zu benennen und damit bearbeitbar zu machen – und das ist, wenn Konflikte toben, nicht unbedingt leicht zu gewinnen. Am ehesten, so die Quintessenz aus diesem Abschnitt, hilft es, sich bei so manchem besonders unver-schäm-ten Verhalten die Frage zu stellen, inwieweit es hier um etwas ganz anderes geht, als sich nur über den Betreffenden aufzuregen und ihm wütende Bemerkungen an den Kopf zu werfen (damit kann er/sie nämlich meist gut umgehen ...).

5.4.2 Konfliktpotenziale im Unternehmen

Im Unternehmen, das wurde im Fallbeispiel zu Beginn dieses Kapitels (Kap. 5.2.2) bereits deutlich, gibt es ebenfalls einiges an Turbulenzen im Prozessmusterwechsel. Der Musterwechsel lässt sich auf die Formel bringen: Vom Entscheidungsprinzip „Person" zum Entscheidungsprinzip „Verfahren" – also von einer „vertikalen", auf einen Letztentscheider hin ausgerichteten Entscheidungslogik zu einer „horizontalen", partizipativen Entscheidungskultur. Wenn die Unsicherheit unternehmerischer Entscheidungen nicht mehr in einer Person absorbiert wird, wird für jeden Entscheidungsträger unmittelbar spürbar, dass er/sie nun einen Teil der unternehmerischen Funktion „Unsicherheitsabsorption" übernehmen muss.

Es geht dabei um die durchaus schwierige Aufgabe, ein Erfolgsmuster zu verändern, ohne es zu zerstören, denn natürlich sollen viele der Qualitäten der Personorientierung beibehalten werden, die Kultur einer Publikumsgesellschaft zu entwickeln, ist in der Regel nicht angestrebt. Wie können also Entwicklungsschritte forciert werden, ohne die besondere Kultur von Familienunternehmen, ihre Flexibilität und Geschwindigkeit über Bord zu werfen?

Gefragt ist hier nichts weniger als die „Quadratur des Kreises":

- stärker organisationsförmige und weniger familienähnliche Strukturen der Entscheidung zu entwickeln,
- aktiv und bewusst partizipative Entscheidungsstrukturen aufzubauen,

- zugleich die positiven Seiten der Personorientierung zu bewahren (dabei hilft es meist sehr, dass ja die Familie nach wie vor im Hintergrund des Unternehmens als „Sparringspartner“ zur Verfügung steht),
- dezentrale Intelligenz im Betrieb zu mobilisieren und vor allem
- Strategieentwicklung als gemeinsam zu leistende Aufgabe verstehen, die nicht an andere Instanzen delegierbar ist – dies könnte den Schritt von einer intuitiven zu einer systemischen Strategieentwicklung bedeuten (Dietl & Nagel, 2014; Nagel & Wimmer, 2014; Nagel, 2008).

All das bedeutet einen gesteigerten Kommunikationsaufwand und geht mit einem größeren Abstimmungsbedarf und einer höheren Formalisierung des wechselseitigen Abstimmungsgeschehens einher. Ehe man die konstruktive Seite des Wandels spürt, wird es also zunächst mühselig.

5.5 Alles andere als ein Spaziergang: Der Wandel eines mentalen Modells

Dieses Kapitel sollte für eine Situation sensibilisieren, in der sich vermutlich jedes Familienunternehmen in der einen oder anderen Form einmal sieht. Es ist ein Wandel, für den wir den Begriff „postpatriarchale Struktur“ gewählt haben (Groth et al., 2013). Allerdings ist, wie schon anfangs erwähnt, diese Bezeichnung eher unglücklich, impliziert sie doch einen „höheren Reifegrad“ der „postpatriarchalen Phase“. Dabei sind es einfach verschiedene mentale Modelle mit besonderen Qualitäten und eben besonderen Verwundbarkeiten, die ohne Bewertung nebeneinander gesehen werden sollten. Wichtig erscheint mir hier nur, dass manche Konfliktlage im Familienunternehmen – sei es die Familie, sei es die Mitarbeiterschaft – besser verstanden werden kann, wenn man sich klarmacht, dass Familie und Unternehmen möglicherweise gerade mit diesem Wandel beschäftigt sind.
„Mentale Modelle“ sind eben nicht nur einfache „kognitive Programmierungen“, sondern sie beziehen sich auf ein ganzes Sozialsystem. Sie sind, wie in Kap. 4 diskutiert, nicht „im Kopf eines einzelnen“, sie sind eher „zwischen den Menschen“ zu verorten. Erste Erfahrungen an unserem Institut legen es nahe, davon auszugehen, dass es nicht selten Jahre, manchmal vielleicht sogar Jahrzehnte brauchen mag, bis sich im Gefolge der Infragestellung eines gewohnten mentalen Modells und der entsprechend in vielen Auseinandersetzungen veränderten Entscheidungsstrukturen langsam ein neues mentales Modell durchsetzt und allgemein akzeptiert ist. Der Wandel der mentalen Modelle ist alles andere als ein Spaziergang, er erfordert vielmehr von allen Beteiligten ein hohes Maß an Bereitschaft und Fähigkeit, sich in Frage zu stellen und in Frage stellen zu lassen (was manchmal mit einer externen Unterstützung leichter gelingt).

Die zentrale Aufgabe für die Familie liegt darin, dass sich alle Mitglieder aktiv zu einer neuen, demokratischen Kultur bekennen. Dies erfordert ein neues, gemeinsam entwickeltes Ziel, ohne das es schwer wird, dass alle Beteiligten sich einer neuen Struktur unterordnen. Welchen Inhalt die Familie für ihr Ziel wählt, ist nicht wesentlich, es geht nur darum, dass sich ein moralischer Wert in diesem neuen Bild verwirklicht, einer der über den persönlichen Rahmen und reine materielle Gewinne hinausgeht, einer, für den es sich lohnt zu leben (Stiftung Familienunternehmen, 2011). Eine stark religiöse Familie sah etwa für sich den Sinn ihrer Tätigkeit darin, ihr Unternehmen zur Ehre Gottes zu führen, eine andere Familie setzte sich den Anspruch, das Unternehmen in Harmonie mit der Umwelt zu führen und es intakt an die nächste Generation weiterzugeben, als oberstes Ziel. In ähnlicher Weise können Familien karitative oder andere moralische Ziele wählen. Es sollte jedenfalls ein Ziel sein, für dessen Einsatz es sich lohnt zu kämpfen.

6. „Entschuldigen Sie bitte, wo geht es denn hier nach Dämonistan"? Über Eskalation

Vor dem Hintergrund der emotionalen Arenen in Familienunternehmen und der vielfältigen Spannungen zwischen personorientierten und verfahrungsorientierten Entscheidungsstrukturen, können nun vielfältige Konflikte entstehen. Sie sind natürlich nicht zwangsläufig, Familienunternehmen bedeutet nicht automatisch, dass man Konflikte hat – im Gegenteil, eine ganze Reihe von Familien lebt miteinander und dem Unternehmen recht einträchtig zusammen (mancher mag sich fragen, wie sie das schaffen ...). Doch ist die Wahrscheinlichkeit des Auftretens konflikthafter Auseinandersetzungen höher, schlicht weil es mehr mögliche Anlässe gibt. Hinzu kommt, dass Konflikte in Unternehmensfamilien schnell eine Vielzahl von Personen mit einbeziehen können. Vor dem Hintergrund der in den vergangenen Kapiteln beschriebenen komplexen Konstellationen sind sie daher, wenn sie einmal „ausgebrochen" sind, schwerer beherrschbar und können sich zu „Familienkriegen" ausweiten (Gordon & Nicholson, 2008).

Wenn Konflikte dann einmal begonnen haben, folgen sie ihren eigenen Gesetzmäßigkeiten, ihrer eigenen „Grammatik", die vermutlich in der Evolution in uns angelegt wurde. Es greifen psychologische Mechanismen, denen man unbewusst unterliegt, sofern man nicht aktiv daran arbeitet, sie sich und anderen bewusst zu machen. Diese Mechanismen treiben den Konflikt in Richtung Eskalation, und die Beteiligten können den Prozess zunehmend weniger kontrollieren. Ihr Denken verändert sich, sie können immer weniger den Hintergrund des anderen nachvollziehen. Es entsteht „eine Art von progressiver Versklavung und Verrückung des gesamten Fühlens, Denkens und Verhaltens, die meist nicht sprunghaft, sondern im Gegenteil monate-, jahre- oder gar jahrzehntelang kontinuierlich voranschreitet" (Ciompi, 2005, p. 213).

Die Kontrahenten gelangen im Laufe der Zeit manchmal kaum merklich tiefer nach „Dämonistan" hinein. Es ist ein gefährliches Land, voller „dämonisierter Zonen", also massiv eskalierter Konflikträume, in denen andere Wahrnehmungsformen und Handlungsmuster gelten als in gewöhnlichen Interaktionen (Ballreich & Glasl, 2011; Glasl, 2013). In diesem Land ist der andere ein „Monster" geworden, das es mit allen Mitteln zu bekämpfen gilt, und in dem man selbst sich oft sehr destruktiv verhält und zugleich jede Verantwortung für diese Handlungen ablehnt („Das hat er sich selbst zuzuschreiben ..."). Die Komplexität und Unwegsamkeit dieses „Landes" soll an einem weiteren Fallbeispiel verdeutlicht werden, das im Verlaufe des Buches bereits verschiedentlich angesprochen wurde und das in diesem Kapitel immer wieder aufgegriffen werden wird.

Abb. 6.1: „Dämonisierte Zonen"

Fallbeispiel:
Die beiden Brüder III: „Absolute Gleichheit!"[17]
35 Jahre lang war es gut gegangen! Manfred, der Ökonom, hatte nach dem Tod des Vaters, des Gründers, das Unternehmen geführt, das ihm zu 50 % gehörte, sein jüngerer Bruder Michael, von Haus aus Architekt und 50 %-iger Teilhaber, hatte die wichtigen Entscheidungen im Unternehmensbeirat lange Zeit mitgetragen. Die Mutter, eine eher stille Person, hatte, wie schon in Kap. 3.2.6 beschrieben, selten im Beirat etwas gesagt und in ihrer Stille den Auftrag erfüllt, den der Vater ihr auf dem Sterbebett gegeben hatte: „Sorge dafür, dass die beiden sich nicht streiten!" Er war früh und überraschend nach kurzer Krankheit gestorben, die Brüder waren 26 bzw. 24 Jahre alt gewesen, noch kurz vor seinem Tod hatte der Vater, dem sehr wichtig war, dass „absolute Gleichheit" zwischen den Söhnen herrschte, entschieden, das von ihm aufgebaute Unternehmen zu gleichen Teilen an die Söhne zu vererben, die Mutter sollte ein lebenslanges Nutzungsrecht auf einen Teil der Unternehmensgewinne behalten. Alle waren sich einig, dass Manfred die operative Führung übernehmen sollte, Michael mit seinem Architekturstudium hätte dazu auch gar keine Lust gehabt.
Manfred hatte eigentlich von einer wissenschaftlichen Karriere geträumt. Nachdem er sich jedoch für das Unternehmen entschieden hatte, hatte er mit vollem Einsatz für diese Aufgabe gearbeitet. Das Unternehmen hatte sich ausgezeich-

[17] S. a. die bereits erwähnte DVD (v. Schlippe, 2014a).

net entwickelt, der Unternehmenswert war um etwa das Zehnfache gestiegen. Michael und die Mutter waren in den Unternehmensbeirat gegangen, der noch zwei weitere unternehmensfremde Mitglieder umfasste. Die Mutter hatte ihren Mann um 35 Jahre überlebt. Erst kurz nach ihrem Tod wurde deutlich, welche Bedeutung sie für die Balance zwischen Familie und Unternehmen gehabt hatte. Es war, so berichten beide, eigentlich eine Bagatelle gewesen: Michael war eines Tages mit dem Firmenprospekt in der Hand zu seinem Bruder gekommen und hatte das Marketingkonzept der Firma kritisiert. Manfred hatte ihn abgewiesen, das sei operatives Geschäft, da solle er sich raushalten.

An dieser Auseinandersetzung brach eine alte Konfliktlinie auf, die so vielschichtig und facettiert war, dass die Brüder selbst sie überhaupt nicht durchschauen konnten – die sie aber zugleich in eine Konfliktdynamik hineinführte, die das Unternehmen an die Grenzen seiner Existenz führte. Michael fühlte sich zutiefst verletzt und verraten. Hatte nicht der Vater ihm zu „genau 50 %" das Unternehmen auch übereignet? Was dachte Manfred sich dabei, ihn so abzuweisen, er denke wohl, er sei ein „Diktator", der im Unternehmen schalten und walten könne, als sei er der alleinige Besitzer? Michael begann daher nun, den „Diktator" herauszufordern und an allen möglichen Punkten Ansprüche auf Mitsprache zu stellen. Manfred sei schließlich nur sein „Angestellter" und nicht der Chef des Ganzen. Je heftiger er agierte, desto mehr verfestigte sich Manfreds Position, der für sich reklamierte, das Unternehmen 35 Jahre lang erfolgreich geführt zu haben. Abgesehen davon sei er, Manfred, nicht der Angestellte seines Bruders, sondern nur dem Beirat Rechenschaft schuldig. Doch auch dort blieben die Ereignisse nicht ohne Folgen. Die externen Beiratsmitglieder gaben entnervt auf, aus Sicht der Brüder jeweils wegen des anderen. Versuche, neue, weitere Personen einzubeziehen, scheiterten, so dass gegenwärtig die beiden Brüder im Kontrollgremium allein sitzen, sozusagen Gesellschafterversammlung und Aufsicht in einem. Da das Misstrauen gegen den jeweils anderen extrem angestiegen ist, ist das Unternehmen nun kaum noch handlungsfähig.

Manfred tätigt weiterhin das operative Geschäft – auf dünnem Eis, denn wichtige Beschlüsse finden im Beirat keine Unterstützung. Manfred ist, wie er sagt, „harmoniesüchtig" und macht daher einerseits immer wieder finanzielle Versöhnungsangebote (die Michael als „paternalistische Geste" entwertet, auch wenn er die Zuwendungen annimmt), andererseits behält er aber kritische Themen auch für sich, so etwa das Kaufangebot eines US-Investors, der das Unternehmen mit einem deutlichen strategischen Zuschlag übernommen hätte. Michael muss immer wieder bedeutsame Informationen über das Unternehmen einklagen, die er dann bruchstückhaft erhält, immer im Misstrauen, nicht alles zu wissen.

Michael ist unglaublich wütend über seine Ohnmacht. Sein Bruder breche andauernd das Recht. Diese diktatorische Haltung wolle und werde er sich nicht mehr gefallen lassen. Derzeit könne er zwar nichts tun, doch er beobachte seinen Bruder genau und sammle Material, beim ersten Fehler ziehe er vor Gericht, etwa „30 Aktenordner" Material habe er schon gesammelt. Er wolle seinen Bruder zu einer partnerschaftlichen Führung zwingen – selbst wenn es das Unternehmen koste. Manfred wiederum weigert sich inzwischen, sich auch nur einen Millimeter zu bewegen. Er sieht sich durch das erklärte Ziel von Michael, ihn zu vernichten, bedroht und sieht nun keinen Grund, ihm weiter entgegenzukommen. Der Brüderkonflikt hat sich so weit ausgeweitet, dass das Unternehmen gefährdet ist. Als Michael damit konfrontiert wird, dass, wenn es so weitergehe, es nur noch wenige Monate dauern werde, bis die Firma vollständig zerstört sei, antwortet er: „Ja, das kann sein, aber dann ist wenigstens Gerechtigkeit da! Dann haben wir eben beide nichts mehr! Und er muss es sich selbst zuschreiben, er ist es dann, der es vernichtet hat, ich will nur mein Recht!"

Wenn man wissen will, wie man vermeiden kann, nach „Dämonistan" zu gehen, kann es hilfreich sein, die Wege dorthin zu kennen, denn eine ganze Reihe solcher Wege sind inzwischen bekannt. Dieses Kapitel soll daher so etwas wie ein paradoxer „Wegweiser" sein: Wer die Wege kennt, kann leichter entscheiden, ob er/sie sie gehen will.

6.1 Personenbezogene Zurechnungen

„Die primitiven Formen unserer Sprache: Substantiv, Eigenschaftswort und Tätigkeitswort zeigen das einfache Bild, auf dessen Form sie alles zu bringen versucht" (Wittgenstein, 1994, p. 337).

Auf den ersten Blick scheint doch alles so einfach zu sein: Wir teilen uns eine Welt miteinander, und damit teilen wir doch auch eine gemeinsame Realität, nicht wahr? Doch so einfach ist es nicht. Was als Wirklichkeit bezeichnet wird, wird von jedem Menschen auf spezifische Weise erfahren und in einer spezifischen Weise beschrieben: Psychische Systeme sind füreinander undurchschaubar und operieren ganz in ihrer eigenen Logik. Man kann sie sich als „operational geschlossen" vorstellen, d. h., keiner kann dem Denken eines Menschen einen Gedanken unmittelbar hinzufügen (Luhmann, 1984). Auch wenn ein eigener Gedanke in die Kommunikation gebracht wird, wird er nicht einfach den Gedanken des anderen zugefügt, sondern nur dann als Gedanke beim anderen relevant, wenn er von diesem aktiv aufgegriffen, eingeordnet (und damit verändert) wird. Wie ein Mensch seine Wirklichkeit beschreibt, bleibt seine Sache. Natürlich kann man mit ihm darüber streiten, ihn einladen, die Dinge anders zu sehen, doch wenn er oder sie nicht mitgeht, bleibt dies vergebene Liebesmüh. Zugleich ist die Art, wie er/sie sich die Dinge beschreibt, nicht völlig losgelöst von allen Kontexten: Sprache wird nicht immer wieder neu erfunden, sie bringt uns dazu, die Dinge in ihrer Logik zu beschreiben (wie das Wittgenstein-Wort zu Beginn des Kapitels verdeutlicht), und die Schemata, wie man die Dinge sehen kann, sind im Laufe der Lebensjahre gelernt, d.h., jeder Mensch ist zwar in seiner Wirklichkeitskonstruktion eigenständig, aber zugleich eng an seine Kultur und an sein soziales Umfeld angebunden. Er/sie hat im Laufe seiner Entwicklung eine bestimmte „Erkenntnistheorie“, eine Tradition, die Dinge zu sehen und zu beschreiben, gelernt.

„[...] wollen wir überhaupt aus der Nacht der Sprachlosigkeit heraustreten, [...] dann müssen wir uns den Ordnungskräften, den Regeln und grammatischen Strukturen, die in der Sprache zur Wirkung kommen, unterwerfen. [...] Ursache-Wirkungs-Ketten bzw. Punktuierungen erwachsen gleichsam unreflektiert aus der Weise, wie sich Subjekt und Prädikat zusammenfügen, überhaupt, wie sich Wörter in Sequenzen ordnen, sich daraus Sätze und somit auch Erklärungen ergeben. ‚Der Stein zertrümmert die Scheibe. Der Vater drangsaliert die Mutter. Die Treulosigkeit des Mannes bricht der Frau das Herz. Lotte wurde von ihren Schulkameradinnen wegen ihrer Pummeligkeit gehänselt und entwickelte daher eine Magersucht usw.‘ Also: Wenn immer wir überhaupt sprechen, wenn immer wir durch die Sprache bzw. ihre Grammatik vorgegebenen Linien folgen, ergeben sich Ursache-Wirkungs-Verknüpfungen, Erklärungen, Sinn und Realitätsbezug fast zwangsläufig wie von selbst“ (Stierlin, 1990, p. 267 f.).

Die eindrücklichen Zitate von Wittgenstein und Stierlin unterstreichen, wie unsere Alltagssprache eine eigene Erkenntnistheorie umfasst, sie verführt uns „fast zwangsläufig“ zu einfachen Bildern (Fischer, 1990). Dies gilt auch und besonders im Konflikt. Wir alle mögen Komplexität nicht gern und versuchen sie schnell zu vereinfachen. Und wenn Beziehungen erst einmal in eine konflikthafte Schieflage geraten sind, wenn die Dinge also beginnen, komplexer und komplizierter zu werden, dann neigen die Beteiligten dazu, sich die Lage auf eine Weise zu beschreiben, die für sie einfacher sind, die aber zugleich dazu führen, dass die Komplexität ansteigt, weil sich die Verstrickungen eher vertiefen. Denn Komplexität muss mit Komplexität beantwortet werden, Vereinfachungen steigern paradoxerweise die Komplexität: „Das Einfache ist nicht der Gegenbegriff zum Komplexen, sondern ein Moment der zur Steigerung der Komplexität beitragenden Komplexitätsbewältigung“ (Baecker, 1999, p. 28). Das Geschehen wird von den Betroffenen in Ursache-Wirkungs-Ketten aufgeteilt, und zwar entlang der Handlungen/Aussagen der einzelnen Personen: „Der“ hat das gemacht, „weil ...“ und darum konnte „die“ nur das tun, „weil ...“ Die Verlockung, die psychosoziale(n) Wirklichkeit(en) in überschaubare Ursache-Wirkungs-Ketten aufzugliedern, lässt sich so universell beobachten, dass der Biologe Riedl von „angeborenen Lehrmeistern“ spricht, die uns mit großer Eindringlichkeit dazu bringen, die von uns erlebte Wirklichkeit kausal zu interpunktieren und zu ordnen (Riedl, 1981). Riedl sieht die Tendenz zum Herstellen von Kausalbeziehungen als angeborenes Erkenntnisschema an. Dieses Schema mag im Umgang mit einer mittelmäßig komplex strukturierten Umwelt funktional sein: Wer sich in der Savanne einem Löwen gegenübersieht, sollte besser keine großen Überlegungen über Jäger-Beutetier-Systeme und die eigene Bedeutung als Nahrungsangebot für die Ökologie des Gesamtsystems anstellen (wenn die Raubtiere genug Nahrung haben, halten sie die Pflanzenfresser im Gleichgewicht, so dass nicht zu viel Gras abgefressen wird, so dass es keine Bodenerosion gibt usw. ..., vermutlich kann man die Gedanken nicht einmal zu Ende denken). Vielmehr sollte er weglaufen, und wenn er entkommt, hat er mit Hilfe einfachen und reduktionistischen Kausalitätsdenkens ein funktionales Ergebnis erzielt: Er hat überlebt (auch wenn die Analyse seines „Vetters“, der systemisch dachte, aber vom Löwen gefressen wurde, eine viel genauere Modellierung der Systemzusammenhänge war ...). Für die Steuerung hochkomplexer Systeme jedoch kann es fatale Folgen haben, die angeborenen Lehrmeister unreflektiert als Erkenntnisinstrument zu nutzen – Stierlin beschrieb die Dynamik eines solchen „Status der Gegenseitigkeit“ als „malignen Clinch“ (Stierlin, 1979): Die eigene Hochrüstung, die eigene Unversöhnlichkeit wird damit begründet, man mache dies ja nur, weil der andere ... usw. Es kommt noch dazu, dass wir gewohnt sind, das Geschehen unserer Lebenswelten jeweils auf konkrete Akteure zurückzurechnen: „Soziale Systeme reduzieren Kommunikation auf Mitteilung und rechnen diese dann als Handlung einzelnen Personen zu; auf diese Weise sichern soziale Systeme Identifikationspunkte, auf die sie sich im fortlaufenden Kommunikationsprozess beziehen können“ (Kneer & Nassehi, 1993, p. 89). Unsere Wahrnehmungsorgane, unsere Sprache und damit unsere Kultur arbeiten hier zusammen, um eine Form von Erwartungskonstellation zu erzeugen, nach der es – ganz klar – immer jemanden geben muss, dem man etwas zurechnen kann, sei es der Sieg, der Erfolg, die Niederlage oder die Schuld. Aus der Sicht der Systemtheorie ist diese Form der Zurechnung allerdings so etwas wie der „erkenntnistheoretische Sündenfall“. Denn dieser Mechanismus ist einer, der in besonderem Maße für die Verewigung und die Chronifizierung von Konflikten sorgt. Zum einen bietet er eine verführerisch einfache Form der Komplexitätsreduktion an: Die Zuschreibung auf eine Person ermöglicht es, recht schnell Übersicht und Ordnung zu gewinnen. Es ist klar, woran es liegt, die „Ursache“ (der Schuldige) steht fest, und damit ist ein bedrohlich komplexes Konfliktgeschehen durchschaubar erklärt. Auch der Ort der Lösung steht fest, in der Regel ist es der andere, er muss sich ändern.

So fragte Manfred sich, warum sein Bruder ihn so hasse, es sei doch eine Tragödie, sie würden sich einfach nicht verstehen. Michaels Antwort dazu an den Berater: „Lachhaft! Ich mag meinen Bruder, ich habe nichts gegen ihn, alles wäre gut. Aber er verhält sich nicht nach den Regeln. Er denkt, er wäre der Alleininhaber der Firma und meint, er könne schalten und walten, wie er will! Es gibt gar kein Problem! Sobald er sich an die Regeln hält, ist unsere Beziehung gut!“

Paradoxerweise schafft aber andererseits die Form der personenbezogenen Erklärung neue Komplexität: Die Rückführung auf die andere Person, auf ihre Psyche, ihre bewussten oder gar unbewussten Motive usw. erzeugt ein ganz neues Spielfeld für die Entfaltung des Konfliktgeschehens, weil Aussagen über das (undurchschaubare) Innere einer Person gemacht werden: „Er macht das, weil ...“, „Ist doch klar, was sie vorhat, sie will ...“, „Er sagt zwar ..., aber in Wirklichkeit geht es ihm nur um ...“ (Simon, 2012a). Man spricht in diesem Zusammenhang von *Motivunterstellungen*, die, wenn sie in die Kommunikation gebracht werden, zahlreiche Anschlussmöglichkeiten für Eskalationen schaffen können. Denn keiner lässt sich gern in den Kopf gucken, und noch weniger gern lässt man sich sagen, was da aus Sicht des anderen im eigenen Kopf vor sich geht. Und wenn dann die eine Motivunterstellung mit einer anderen beantwortet wird („Du sagst das doch jetzt nur, weil du davon ablenken willst, dass in Wirklichkeit nämlich du ...!“), dann ist die gerade scheinbar so schön gefundene einfache Erklärung („Darum ist er so!!!“) perdu. Im Gegenteil, die Komplexität ist sogar massiv angewachsen und es entstehen neue Paradoxien, in unserer psychologie- und therapieorientierten Kultur noch verfeinert durch solche Zuschreibungen wie: „Das macht er jetzt, weil er schon in der Kindheit ...“, – „Die Tatsache, dass er sich dagegen wehrt, zeigt mir, dass ich mit meiner Vermutung Recht habe, ich habe offenbar einen wunden Punkt bei ihm getroffen ...“ usw. Es ist alles andere als einfach, von personenbezogener Zurechnung auf das Denken in Erwartungsstrukturen und kommunikativen Mustern umzuschalten, insbesondere wenn man selbst ein Teil dieses Musters ist. Man muss dazu lernen, sein eigener Beobachter zu werden, sich die eigene Tendenz, nach Sündenböcken zu suchen, bewusst machen und lernen, sich selbst und den/die Konfliktpartner aus größerer Distanz zu sehen. Das Ganze wird noch ein wenig kompliziert dadurch, dass der Verzicht auf personenbezogene Zurechnung von Ursachen nicht bedeutet (und nicht bedeuten kann), dass man auf die persönliche Zurechnung von Verantwortung verzichten könnte. Wie sich eine erwachsene Person verhält, liegt natürlich in ihrem Verantwortungsbereich, sie hat die Möglichkeit zu entscheiden. Eine Konfliktursache nicht personenbezogen zuzurechnen, heißt zwar, aus dem System der Schuldzuweisung und Ursachensuche auszusteigen, heißt aber nicht, dem Handelnden keine Verantwortung für destruktives Handeln zuzuschreiben („Es ist alles Schuld des Systems …“). Dazwischen immer sauber zu differenzieren, ist nicht einfach: Wenn der Bruder mit seinem Veto im Gesellschafterrat eine existenzielle Unternehmensentscheidung blockiert und damit dem Unternehmen schadet, schadet er dem Unternehmen. Und das ist seine Verantwortung. Doch ihm nun den Konflikt voll zuzurechnen („Alles liegt an ihm! Wenn er nicht wäre …“), ist eben zu kurz gedacht.

6.2 Die „Kunst“ der Dämonisierung

„Ein Bild hielt uns gefangen. Und heraus konnten wir nicht, denn es lag in unserer Sprache, und sie schien es uns nur unerbittlich zu wiederholen“ (Wittgenstein, 1994, p. 343).

Wenn Menschen den anderen nicht verstehen können, und wenn sie sich in der Logik der personenbezogenen Zurechnung bewegen, wählen sie meist eine von drei Möglichkeiten, sich die Vorgänge zu erklären: Der andere ist „dumm“, „krank“ oder „böse“. „Dumm“ stand als Erklärung den beiden Brüdern, zwei gestandenen Männern, die ihr berufliches Leben gut meisterten, nicht zur Verfügung. Also blieben nur die Beschreibungen „krank“ bzw. „böse“ – und sie nutzten genau diese im Gespräch mit dem Berater. Ohne dass es ihnen bewusst wurde, verfestigten sie jedoch genau damit den Teufelskreis, in dem sie selbst feststeckten.

In Einzelgesprächen mit den Brüdern äußerten beide sehr ähnliche Beschreibungen des jeweils anderen. So sprach Manfred davon, dass sein Bruder ein Verbrecher sei: „Und wie jeder geschickte Verbrecher hat er sich eine passende Geschichte zurechtgelegt, vielleicht glaubt er sogar selbst daran. Der wickelt Sie um den Finger! Sie müssen total aufpassen, dass Sie ihm nicht auf den Leim gehen!“ In demselben Workshop meinte Michael im Einzelgespräch: „Sie sind ja Psychologe, Sie haben doch längst gemerkt, dass mein Bruder schwer psychisch krank ist. Der ist doch nicht richtig im Kopf, mit seinen verrückten Sachen, die er da so bringt. Das ist ja voll offensichtlich! Ich habe sogar eine Idee für die Diagnose, aber die brauche ich Ihnen ja nicht zu sagen, das wissen Sie ja eh!“

Gefühle verletzter Ehre, verletzten Gerechtigkeitsempfindens, moralischer Entrüstung und zugleich Ohnmacht können in eine spezifische Art des Denkens und Erlebens hineinführen, es kommt zu einer zunehmenden Einengung des Gesichtsfelds, dämonisierende Beschreibungen des anderen beginnen, und die Fähigkeiten der Perspektivenübernahme, der Empathie und der Selbststeuerungsfähigkeit gehen schrittweise verloren. Unter Konfliktspannung kann man sich immer schlechter in den anderen hineinversetzen: „Die Strukturen des Denkens passen sich denen des Fühlens an" (Simon, 2001, p. 181). Der eigene Bezugspunkt wird absolut gesetzt, die Vorstellung, dass der andere sich ebenfalls verletzt oder ungerecht behandelt fühlen könnte, geht verloren. Zunehmend wird auf vereinfachende Unterscheidungen zurückgegriffen, Zwischentöne gehen verloren – schwarz oder weiß, alles oder nichts, Freund oder Feind. In dieser Veränderung des Aufmerksamkeitsfokus kommt es zu einer Veränderung des Zeitgefühls (Simon, ebd.), die Gegenwart allein zählt. Damit beginnt die Dämonisierung des Gegenübers (Omer et al., 2007). Ein Mensch oder eine Gruppe nimmt einen oder mehrere andere in einem zunehmend einseitigen, negativ gefärbten Licht wahr, solange bis der andere zu einem „Monster" wird, das es zu bekämpfen gilt, gegen das man sich mit aller Macht wehren muss. Diese Haltung mag mit einem Zweifel beginnen und sich mit Verdächtigungen fortsetzen. Schließlich endet sie mit einer „Gewissheit", aus der eine entschlossen feindselige Handlung folgt. Dämonisierung kann in eine Beziehung „einsickern" und diese vergiften. Schritt für Schritt entsteht eine negative Sicht des anderen, das entsprechende Verhalten folgt, und natürlich kommt es im Gegenzug zu wütenden Gegenanschuldigungen und vielleicht Beleidigungen, die dann die dämonischen Beschreibungen unterstützen: „Siehst du, ich wusste es!" So entsteht eine Form der „negativen Gegenseitigkeit" (Stierlin, 1979), ein Kreislauf aus Misstrauen und Destruktivität, bei dem sich beide Seiten mehr und mehr in ihren negativen Stellungen eingraben. Damit geht die wichtigste zwischenmenschliche Ressource verloren, die gerade in Familien viele Differenzen überbrücken kann und auch zu den wichtigsten Qualitäten gehört, die Familienunternehmen auszeichnen: Bindung und Vertrauen. Dämonisierung, also die zunehmend negativ-feindliche bis gar „unheimliche" Beschreibung des anderen kann eine verhängnisvolle Spirale in Gang setzen. Ohne sich dessen bewusst zu sein, stellen die Kontrahenten mit ihren Beschreibungen nämlich wechselseitig die Bedingungen dafür her, dass der jeweils andere so „wird", wie man ihn sich beschreibt. Wenn man versucht, soziale Wirklichkeit im Licht narrativer Theorien zu beschreiben, so stößt man auf das *Erzählen von Geschichten* als wesentliches Element, über die „der andere" narrativ konstruiert wird, im Erzählen sozusagen entsteht (Efran et al., 1992; Gergen & Gergen, 2009; Gergen, 2002). Anders als die Formulierung „Geschichten erzählen" es glauben machen mag, kann eine narrativ konstruierte Wirklichkeit sehr hart sein. Sie kann zu einem Gefängnis werden, vor allem, weil man sich in der Regel selbst nicht bewusst ist, wie man an diesem Gefängnis mit baut (vgl. Kap. 6.4.7). Es sind die Beschreibungen, die wir verwenden, die dazu beitragen, dass genau die Wirklichkeit entsteht, die man beschreibt: Beschreibungen geben nicht die Wirklichkeit einfach wieder, sie greifen in die Wirklichkeit ein und verwandeln sie. Mit diesem Aspekt, mit der sozialen Erzeugung unserer sozialen Welt, hat sich schriftstellerisch vor allem Max Frisch in der Gegenwartsliteratur beschäftigt. Zahlreiche seiner Romane behandeln genau diesen Aspekt, wie nämlich ein Mensch über die Weise, wie er beschrieben wird, genau zu dem wird, als der er (oder sie) beschrieben wird:

> *„In gewissem Grad sind wir wirklich das Wesen, das die anderen in uns hineinsehen, Freund wie Feinde. Und umgekehrt. Auch wir sind die Verfasser der anderen; wir sind auf eine heimliche und unentrinnbare Weise verantwortlich für das Gesicht, das sie uns zeigen, verantwortlich nicht für ihre Anlage, aber für die Ausschöpfung dieser Anlage. Wir sind es, die dem Freunde, dessen Erstarrtsein uns bemüht, im Wege stehen, und zwar dadurch, dass unsere Meinung, er sei erstarrt, ein weiteres Glied in jener Kette ist, die fesselt und langsam erwürgt. Wir wünschen ihm so, dass er sich wandle, o ja, wir wünschen es ganzen Völkern! Aber darum sind wir noch lange nicht bereit, unsere Vorstellung von ihnen aufzugeben. Wir selber sind die letzten, die sie verwandeln. Wir halten uns für den Spiegel und ahnen nur selten, wie sehr der andere seinerseits eben Spiegel unseres erstarrten Menschenbildes ist, unser Erzeugnis, unser Opfer" (Frisch, 1964, p. 33f.).*

Ganz ähnlich schreibt hierzu Glasl: *„Die Konfliktparteien durchschauen nicht, dass sie durch ihr fixiertes Bild voneinander sich gegenseitig gerade in die extremen Rollen drängen, die sie eigentlich aneinander bekämpfen"* (Glasl, 2011, p. 107).

6.3 Der Konflikt als Parasit

Ab einer bestimmten Eskalationsstufe ist ein Konflikt nicht mehr aus dem System heraus beherrschbar, es entwickelt sich ein komplexes Verlaufsgeschehen mit einer Eigenlogik und einer Eigendynamik in Form eskalierender Widersprüche, das die Kräfte und Ressourcen des Systems zunehmend beansprucht (Luhmann, 1984, p. 533). Der Konflikt kann nicht allein als Kommunikationssystem existieren, er benötigt andere Sozialsysteme, in denen er entsteht und sich fortsetzt. Denn da ein Konflikt Erwartungen negiert, ist er darauf angewiesen, dass zunächst Erwartungsstrukturen in einem System bestehen, denen er widersprechen kann (Bonacker, 2008,

p. 275). Dann kann er sich als „parasitäres Kommunikationssystem“ in die alltägliche Kommunikation „hineindrängen“ und die Erwartungen negieren. So absorbiert der Konflikt die Aufmerksamkeit und Ressourcen des Sozialsystems, das er „befallen“ hat, und drängt ihm seine eigene Logik auf (Luhmann, 1984, S. 532 ff.). Er hat die „Tendenz ..., alles Handeln im Kontext einer Gegnerschaft unter diesen Gesichtspunkt der Gegnerschaft zu bringen“ (ebd.). Diese Eigendynamik kann in Familien wie im Unternehmen sichtbar werden: Eine an sich harmlose Interaktion („Reichst du mir mal das Salz?“) kann, wenn die Gegnerschaft sich erst einmal verhärtet hat, vom „Parasiten“ besetzt werden („Hol‘s dir doch selbst!“) – und so hält sich die Gegnerschaft selbst aufrecht – manchmal weiß man gar nicht mehr, wie der Streit begann (man denke etwa an generationsübergreifende Blutrachefehden), aber einmal entzündet, „brennt“ er einfach weiter. In ähnlicher Weise können Führungskräftemeetings, Gesellschafter- oder Aufsichtsratssitzungen zur Konfliktaustragung umfunktioniert werden und die zwischenmenschlichen Beziehungen wie die Kultur des Unternehmens leiden. Es ist gar nicht so selten, dass die Beziehungen in konflikthaften Sozialsystemen so massiv korrumpiert sind, dass nicht einmal mehr elementare Formen des höflichen Umgangs miteinander eingehalten werden: Man grüßt oder verabschiedet sich nicht mehr, hält sich nicht die Tür auf usw.

In einem Familienunternehmen hatte der Konflikt zwischen Mutter und Sohn, beide in der Geschäftsführung tätig, ein Ausmaß angenommen, dass beide nicht nur miteinander sprachen, sondern sogar weite Umwege im Bürokomplex in Kauf nahmen, nur um einander nicht zu begegnen: Die Mutter hätte, um in ihr Büro zu gelangen, am Arbeitszimmer des Sohnes vorbeigemusst, der gern bei offener Tür arbeitete. Sie nahm stattdessen einen anderen Eingang und kam nur auf recht schwierigen Wegen an ihren Arbeitsplatz.

Der Konflikt irritiert die Prozesse und Abläufe im sozialen System und absorbiert so die Aufmerksamkeit der dort tätigen Personen. Vorhandene Ressourcen werden durch den Konflikt gebunden, die Selbsthilfekräfte der Beteiligten nehmen ab. Im Unternehmen verlangsamen sich die Entscheidungsprozesse, sie werden zunehmend stör- und krisenanfälliger, offene Fragen bleiben ungeklärt, die Mitarbeiter vermissen orientierende Aussagen und sind zunehmend verunsichert. In der Familie häufen sich die wechselseitigen Kränkungen und Verletzungen, Groll wächst an und Beziehungskultur geht verloren. So greift die Dynamik immer weiter in die Beziehungen ein, setzt sich im Kommunikationssystem fest und wirkt damit auf Dauer zerstörerisch. Ciompi spricht in diesem Zusammenhang von einer Art „psychischem Krebs“ (2005, S. 214), weil die Wirkung auf psychische Zusammenhänge ähnlich zerstörerisch ist, wie diese Krankheit im Körperlichen wirkt. Aus solchen Eskalationssituationen findet man, so die Erfahrung, allein keinen Ausweg mehr. Nicht selten merken die Konfliktparteien auch selbst, dass sie in einem Muster gefangen sind, das stärker ist als sie selbst. Der Konflikt ist ein „Ordner" geworden, der die Verhaltensweisen der Personen im Sinne der Theorie dynamischer Systeme „versklavt" (Kriz, 1999, 2004): Nach einigen Durchläufen übernimmt das Muster der durch die jeweiligen Personen selbst ausgeführten Verhaltensweisen die Kontrolle und zwingt den Betroffenen seine Dynamik auf: „Konflikte üben auf die meisten Menschen eine Wirkung aus wie ein Fluss im Gebirge: Wir geraten in einen Strudel der Konfliktereignisse und merken plötzlich, wie uns eine Macht mitzureißen droht" (vgl. Glasl, 2011, S. 119 ff.). Zumindest in Paartherapien gibt es immer wieder einmal die Auftragsform der ratlosen Partner: „Bitte helfen Sie uns da heraus!"

Abb. 6.2: Der Konflikt als Parasit

Das Bewusstsein für die Komplexität der Gesamtsituation, in der alle Beteiligten feststecken, geht verloren, die beschriebene Tendenz, sich die Dinge umso einfacher zu erklären, je undurchschaubarer die Situation wird, intensiviert sich. Persönliche Angriffe und Attacken nehmen zu, die Gefühle beeinträchtigen das Denken. Ein

Konfliktpartner, der sich aus seiner Sicht nur gegen Unterstellungen und Vorwürfe verteidigt, verliert das Bewusstsein dafür, in welchem Ausmaß es selbst die anderen attackiert und bedroht: Niemand kränkt mehr als ein selbst tief Gekränkter – ein schwer aufzulösender Teufelskreis (v. Schlippe & Kellermanns, 2013). Erschwerend kommt hinzu, dass dieses Kommunikationssystem in den psychischen Systemen der Beteiligten heftigste Turbulenzen mit sich bringt. Alte Themen aus der individuellen Geschichte werden angerührt, Schulz-v. Thun spricht auch von „Hilfsmotoren" (s. z. B. Schulz-v. Thun, 1981, 1989; Schulz-v. Thun, Ruppel, & Stratmann, 2003): Eigene alte Gefühle werden wach, ein beeinträchtigtes Selbstwertgefühl etwa („Das muss ich mir nicht bieten lassen!"), die die psychische Seite in Wallung bringen und damit das konflikthafte Kommunikationssystem weiter antreiben und die „Rotation beschleunigen" (vgl. Abb. 6.3).

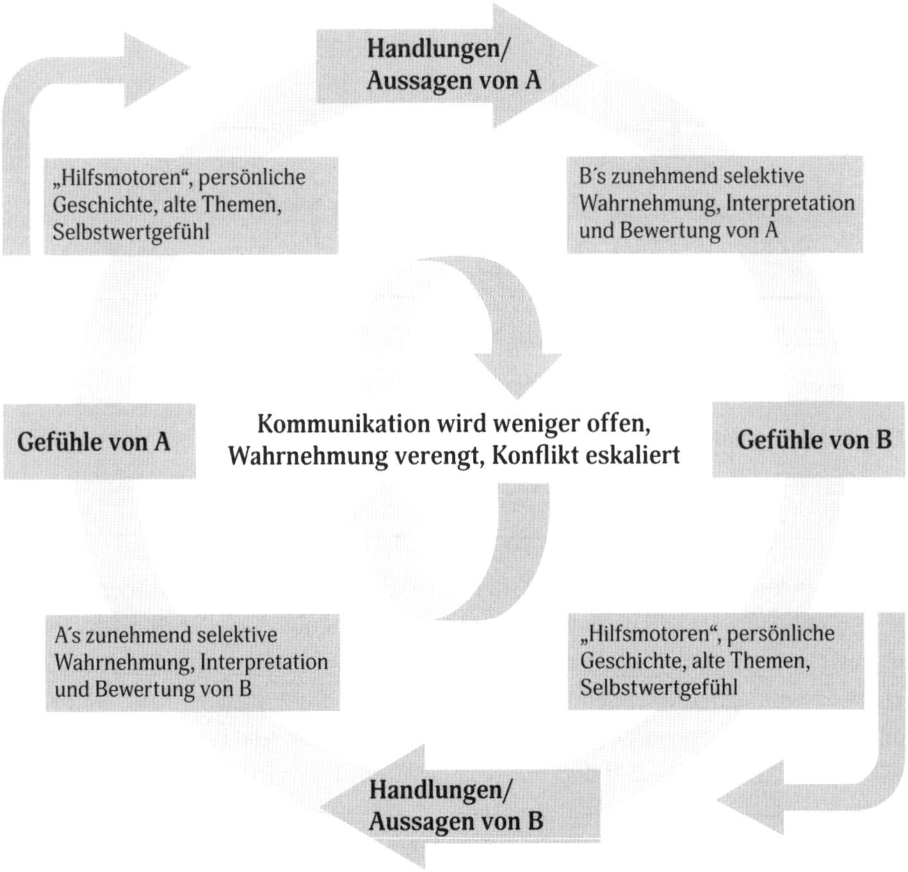

Abb. 6.3: Eskalierende Teufelskreise in Anlehnung an Schulz-v. Thun

Abb. 6.4: Gefühle zulassen

Geeichte Kommunikationsschleifen

Eine Facette der „parasitären Dynamik“ des Konflikts liegt darin, dass die Kommunikation sich in diesen eskalierenden Zirkeln sozusagen automatisch „verkürzt“ und beschleunigt. Man spricht in diesem Zusammenhang auch von „geeichten Kommunikationsschleifen“ (ausführlich hierzu s. Bandler, Grinder, & Satir, 1976): In einer emotional angespannten Situation verlaufen die Kommunikationsabläufe oft in vorhersagbaren Zyklen und sind hochgradig automatisiert. Man erlebt den anderen als weitgehend berechenbar, man „weiß“ schon, was er (Negatives) sagen will, hört nicht mehr zu, fällt dem anderen ins Wort oder bricht den Kontakt ab („Das muss ich mir hier nicht länger anhören!“). Ein Beobachter erlebt oft fassungslos mit, in welcher Geschwindigkeit diese Kommunikationssequenzen ablaufen. Für die Auslösung der emotionalen Reaktionen genügen manchmal kleinste Signalreize (Schlüsselworte, Gesichtsausdrücke), die der jeweilige Konfliktpartner als „typisch“ oder „immer dasselbe“ erlebt. Für einen professionellen Gesprächspartner wird oft deutlich erkennbar, wie der Konflikt sozusagen seine eigene Wirklichkeit erschafft: Versuche des einen, etwas Klärendes oder Konstruktives zu sagen, werden vom anderen manchmal schon nach wenigen Worten unterbrochen: „Jetzt komm nicht schon wieder damit!" – und der eine reagiert entsprechend gekränkt, der Zyklus dreht sich wieder eine Umdrehung weiter. Die Kommunikation folgt dabei gewissen Gesetzmäßigkeiten, die den Prozess von „Information, Mitteilung, Verstehen", wie er bei Luhmann (1984) als Voraussetzung für Kommunikation benannt wird, in einer besonderen Weise irritieren. So kommt es zu einer Form von verkürzten und verdrehten kommunikativen Anschlüssen, die einen Zuschauer (Beteiligte oder BeraterIn gleichermaßen) verwirren können, es wird in angefangenen Sätzen kommuniziert, als Beobachter „kommt man einfach nicht mehr mit" (ausführlich hierzu auch Plate, 2013, p. 26 ff.). Bandler et al. (ebd.) haben diesen Zyklus wie folgt zerlegt:

- *Inkongruenz:* Die Kommunikation lässt sich als inkongruent beschreiben, verbale, paraverbale und nonverbale Botschaften passen vielfach nicht zusammen.

- *Teiläquivalenz:* Es werden nur Teile der Mitteilung für Anschlusskommunikation genutzt, manchmal lässt sich entschlüsseln, dass es nur Bruchteile sind. *„Haben Sie gehört, was Ihr Gegenüber gesagt hat?" – „Nein, ich wusste ja schon, was er meinte!" – „Woran haben Sie das gemerkt?" – „Haben Sie nicht den Gesichtsausdruck gesehen? Dann ist mir sowieso klar, jetzt kommt wieder eine Beleidigung!"* Offenbar genügt manchmal bereits eine „hochgezogene Augenbraue", um eine Kaskade von Bedeutungszuschreibungen auszulösen.

- *Gedankenlesen:* Im Beispiel war das Gedankenlesen bereits eingeschlossen. Gemeint ist, dass man ohne Rückfrage schon „weiß", was die nonverbalen Signale des anderen bedeuten.

- *Generalisierung:* Das, was man „schon weiß", wird schnell auf die Gesamtsituation generalisiert, nicht: „So ist er eben gerade wohl drauf!", sondern: „So ist er und nicht anders!"

- *Verhalten:* Entsprechend vorhersagbar ist das sich entwickelnde Muster, denn eine stereotyp-negative oder chaotische Antwort wird natürlich bei dem Gegenüber in ähnlicher Weise ge(miss)deutet, und so setzt sich der Kreislauf fort, manchmal in atemberaubender Schnelligkeit.

Wenn ein Konfliktsystem in vielen solcher geeichter Kommunikationsschleifen gefangen ist, sind die Voraussetzungen, den Konflikt konstruktiv zu lösen, nicht gut. Ein wichtiger erster Schritt kann dann in der Verlangsamung liegen, diese kann man auch als Betroffener selbst einleiten, indem man aktiv verlangsamt und de-eskalative Schritte geht (vgl. Kap. 6.4) oder indem man als Berater etwa einen „kontrollierten Dialog" führen lässt, der die ungeprüfte Vorstellung, dass man schon „verstanden" habe, was der andere sagen will, hinterfragt: In dieser Übung besteht die Aufgabe darin, die Aussage des anderen zu paraphrasieren, also in eigenen Worten zu wiederholen. Eine eigene Antwort darf erst gegeben werden, wenn von dem Gegenüber klar und unmissverständlich die Aussage kommt, dass er/sie sich verstanden fühlt.

6.4 Der Weg in die Konflikteskalation

6.4.1 Downstairs: Stufenweise nach Dämonistan

Langsam rutschen die Akteure in den Konflikt hinein. Der österreichische Konfliktforscher Friedrich Glasl hat neun typische „Stufen" beschrieben, die den Konflikt nach unten führen, also in immer unbewusstere Bereiche hinein (Glasl, 2013, 2014b). Auf jeder dieser Stufen (siehe die Übersicht in Tabelle 6.1) nimmt der Stress zu, verarbeitet unser Gehirn Informationen anders, so dass sich der Konflikt unabhängig vom inhaltlichen Ausgangspunkt eigenständig weiterentwickelt. Tragisch ist dabei, wie bereits beschrieben, dass Personen, die sich in den Paradoxien der Familienunternehmen tief verstrickt haben, nur selten über eine Bewusstheit für die Destruktivität der Muster verfügen, in die sie schrittweise hineingeraten.

Stufe	Beschreibung
1. Verhärtung	• Standpunkte verhärten/prallen aufeinander • Noch keine starren Parteien • Überzeugung, dass Spannungen durch Gespräche lösbar sind • Kooperation ist noch größer als Konkurrenz
2. Debatte	• Beginnendes Schwarz-Weiß-Denken • Polarisation im Denken, Fühlen und Wollen • Diskrepanz Oberton/Unterton • Kampf um Überlegenheit
3. Taten statt Worte	• „Reden hilft nichts mehr!" • Strategie der vollendeten Tatsachen • Gefahr der Fehldeutung der Taten • Empathie geht verloren • Konkurrenz überwiegt Kooperation
4. Images und Koalitionen	• Stereotype entstehen, Imagekampagnen, Gerüchte • Werben um Anhänger • Selbsterfüllende Prophezeiungen • Verdecktes Reizen, Sticheln, Ärgern • Manövrieren des Anderen in negative Rollen

5. Gesichtsverlust	• Öffentliche und direkte Angriffe • Verlust der moralischen Integrität • „Demaskierungsaktionen“ • Engel-Teufel als Bild • Isolation
6. Drohstrategien	• Spirale von Drohung und Gegendrohung mit Sanktionen (Ultimatum – Gegenultimatum) • Man manövriert sich in Handlungszwang • Konfliktbeschleunigung
7. Begrenzte Vernichtungsschläge	• Keine menschlichen Qualitäten mehr gültig • Begrenzte Zerstörungen als „passende Antwort“ • Umkehrung der Werte (relativ kleiner eigener Schaden wird als „Gewinn“ erlebt)
8. Zersplitterung	• Es geht um die Vernichtung des Gegners • Zerstörung und Auflösung des feindlichen Systems als Ziel: physisch-materiell (wirtschaftlich) und/oder seelisch-sozial bzw. geistig
9. Gemeinsam n den Abgrund	• Totale Konfrontation ohne Weg zurück • Vernichtung des Gegners zum Preis der Selbstvernichtung wird in Kauf genommen

Tabelle 6.1: Eskalationsstufen im heißen Konflikt

Simon zeigt in einem eindrücklichen Schaubild auf der Basis der neun Glasl'schen Stufen, wie sich die drei wesentlichen Sinndimensionen der Kommunikation im Eskalationsverlauf radikal ändern: Die Wichtigkeit der Sachseite des Streites nimmt ab, wird zunehmend unwichtiger, während die Beziehungsseite, die Sozialdimension an Bedeutung zunimmt und die Zeit zwischen den Entscheidungen sich verkürzt (Abb. 6.5).

Im Zusammenhang mit den Eskalationsstufen ist eine Unterscheidung hilfreich, die von Friedrich Glasl für die Handhabung von Konflikten eingeführt wurde. Er unterscheidet „heiße“ und „kalte“ Konflikte (Glasl, 2014a, 2014b). Heiße Konflikte bewegen sich in hohen Bereichen der Stufenskala, sie sind gekennzeichnet durch ein intensives, sehr emotionales Geschehen, darum fallen sie auch mehr auf: Ein Wort gibt das andere, Gleiches wird mit Gleichem vergolten, das Adrenalin steigt auf beiden Seiten. Die Steigerungsdynamik lässt aus Worten Taten werden, die jeweils mit einer weitergehenden Verschärfung beantwortet wird, bis es zur massiven Eskalation kommt. Auch wenn die Lage durchaus gefährdet ist, beinhalten diese Konflikte auch die Chancen zur Veränderung, denn bei den Parteien ist zumindest anfangs die Begeisterung für die eigene Sache hoch, die Parteien suchen die Konfrontation in der Hoffnung, ihre Positionen durchzusetzen. „Veränderung wird geschmiedet im Feuer der Affekte“, so sagte der amerikanische Gestalttherapeut

Walter Kempler einmal. Kalte Konflikte dagegen entfalten ihre Bösartigkeit oft, ohne dass man es groß merkt. Sie verlaufen leiser und „kälter", durchaus auch emotional, allerdings verdeckter (man will dem anderen den Triumph nicht gönnen, dass man sich ärgert). Darum werden sie von Führungskräften im Unternehmen seltener bewusst wahrgenommen (Glasl, 2014a). Während im heißen Konflikt die Wut regiert, sind im kalten Konflikt die Angst oder die Resignation bestimmend: Forderungen wird durch Nachgiebigkeit begegnet (eine sog. komplementäre Eskalation), eine Provokation wird zwar weggesteckt, doch bestimmen Sarkasmus und Entwertung das Klima. Über den anderen wird heimlich geschimpft, man bemüht sich, Eskalationen auszuweichen, die Kultur des Umgangs wird erkennbar schlechter („Die nehmen wir doch nicht ernst!"), es gibt ein Klima der Stagnation, der Lähmung und der Verhinderungsmacht (vgl. Kap. 3.3.7). Doch kann die Dynamik manchmal blitzschnell in extreme Eskalation umkippen, etwa wenn zu viel nachgegeben wurde, wenn es einem „endgültig reicht" (die komplementäre Dynamik schlägt in eine symmetrische um, näher dazu Omer & v. Schlippe, 2004; 2007).

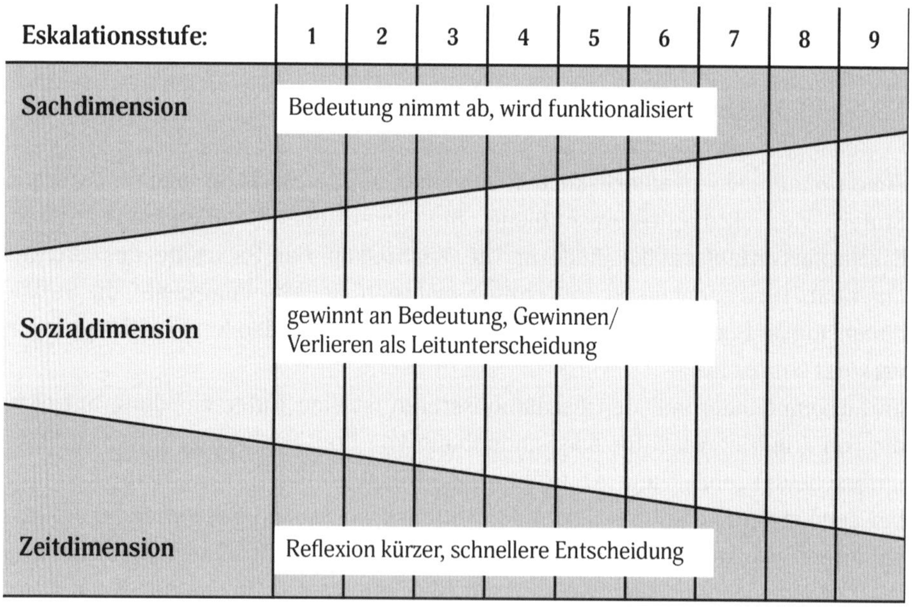

Abb. 6.5: Sinndimensionen in der Eskalation

Als grobe Faustregel für kalte Konflikte geht es darum, die Menschen zu ermutigen, im geschützten Rahmen „ihre Gefühle zu spüren und zum Ausdruck zu bringen", im heißen Konflikt geht es darum „Rationalität in heiße Konflikte [zu bringen]: Dies geschieht durch disziplinierende Spielregeln" (Glasl, 2014a, p. 107).

6.4.2 Kontaktunterbrechung und die Uniformierung der inneren Stimmen

Fast immer geht, wenn ein Konflikt beginnt, das wichtigste Moment verloren, über das man sich noch alternative Informationen holen kann: der Kontakt. In tragischer Regelmäßigkeit brechen Staaten in Momenten der Spannung die Gesprächskontakte ab, Besuche werden abgesagt, höchstens noch sitzen Delegationen mit versteinerten Mienen einander gegenüber (und allzu oft werden die Gespräche dann „ergebnislos beendet", „unterbrochen" oder „pausiert"). Ähnliches gilt für zwischenmenschliche Konflikte: Die Möglichkeiten, sich zu begegnen, werden minimiert, Blickkontakt wird reduziert, man spricht sich seltener an usw. Es ist, als ob das jeweilige psychische oder soziale System sich darauf einrichtet, sich ab jetzt vom Feedback von außen abzukoppeln und sich zugleich nur noch auf eine ambivalenzfreie innere Wirklichkeit zu beziehen: Die Bewusstheit einer eigenen und fremden inneren Vielstimmigkeit, die dem anderen (oder der anderen Gruppe) noch zubilligt, auch ganz andere Seiten zu haben, wird ausgeschaltet, er/sie ist eben „schlecht", „aggressiv", „dumm", „krank" usw. Für Konflikte zwischen Gruppen bzw. internationale Konflikte wurde das Phänomen des „groupthink" vielfach beschrieben (Esser, 1998): Der vielfältige Chor innerer Stimmen wird uniformierter, die Bereitschaft, den/die anderen wahrzunehmen geringer. Das Tragische dabei ist, dass sich damit auch beim anderen/bei der anderen Gruppe die Bereitschaft tatsächlich reduziert, mögliche alternative innere Stimmen zuzulassen.

In jedem Menschen finden sich unterschiedliche Stimmen, man kann sie als „inneres Parlament" oder „innere Familie" bezeichnen (z.B. Schulz-v. Thun, 1989; Schwartz, 1997). Es dürfte wohl kein Mensch ohne solch ein inneres Selbstgespräch auskommen, bei dem verschiedene – konstruktive und destruktive – Stimmen nebeneinander im Gespräch stehen. In ähnlicher Weise gilt dies für Gruppen, auch sie sprechen nie mit einer Stimme, immer gibt es gemäßigtere Parteien, die vorsichtig und leise für Verständigung werben. Auch in einem heftigen Konflikt existieren viele Stimmen in den einzelnen gleichzeitig nebeneinander, und niemals favorisieren alle von ihnen die Aufrechterhaltung des Streits. Diese „interne Opposition" kann stärker werden, selbst wenn sie aktuell schwach ist, sofern nicht der Druck von außen zu stark wird. Die Protagonisten des gewaltlosen Widerstands wussten dies: Gandhi und Luther King waren Meister darin, die Stimmen derer, die im herrschenden Lager einen Wandel befürworteten, zu aktivieren (Omer & v. Schlippe, 2004).

Um das zu erreichen, haben sie wiederholt betont, dass gewaltlose Aktivisten nicht die Botschaft vermitteln dürften, die andere Seite sei der Feind. Der Feind war für sie immer die Unterdrückung, nicht die andere Person. Der anderen Person, der anderen Gruppe gegenüber wurden immer wieder Zeichen des persönlichen Respekts gegeben. Damit reduziert sich beim anderen das Gefühl, persönlich bedroht zu sein. Denn wenn eine Person oder Gruppe sich bedroht fühlt, neigt sie dazu, die nachdenklichen und versöhnungsbereiten inneren Stimmen zu übertönen, steht doch die eigene (psychische oder gar physische) Existenz auf dem Spiel. Je sicherer der andere sich fühlt und je mehr er sich respektiert weiß, desto lauter können diese Stimmen werden. Dagegen wird jeder Schritt, der eine „Du-oder-Ich-" bzw. „Wir-oder-Ihr-Polarität" verschärft, den Zusammenhalt der inneren Stimmen vergrößern, die „Opposition im inneren Parlament" zum Schweigen bringen und die Positionen verhärten.

6.4.3 Gerechtigkeitsstandards und innerfamiliäre Verrechnungssysteme

Die Bedeutung des Gerechtigkeitsthemas wurde bereits im Kapitel 3.2.2 erwähnt. Gerechtigkeit stellt für viele Menschen einen sehr elementar erfahrenen Wert dar. Das jedoch, *was* jeweils als „gerecht" erlebt wird, ist sehr unterschiedlich – eine Spannung, die bereits in sich konfliktträchtig angelegt ist. Wenn eine Person oder eine Gruppe ihre Gerechtigkeitsstandards nicht als erfüllt ansieht, wird dies als Verletzung eines essenziellen Wertes erlebt. Verletzte Gerechtigkeitserwartungen sind damit wesentliche Konflikttreiber: Eine verletzte normative Erwartung darüber, wie man selbst oder ein anderer behandelt werden sollte und müsste, kann heftige Empfindungen von Empörung auslösen (Montada, 2003, 2014; Stierlin, 2005). Der Grad der Empörung ist als „Leitindikator für soziale Konflikte" ein Gradmesser für die Tiefe der erlebten Verletzung der Gerechtigkeitsprämissen. Diese Verletzung treibt den Betroffenen dazu, nach Ausgleich zu suchen, unter Umständen „um jeden Preis". Der Anspruch, dass die Welt gerecht sein solle, ja *müsse*, ist für Menschen ein enormer Motivator.

Es sei an die Aussage von Michael im Fallbeispiel zu Beginn dieses Kapitels erinnert, der sogar bereit war, die Existenz des Unternehmens zu riskieren, wenn dadurch endlich Gerechtigkeit hergestellt sei – und sei es die Gerechtigkeit, dass beide nichts mehr haben.

Wie gesagt, das, was jeweils als „gerecht" empfunden wird, unterscheidet sich bei verschiedenen Personen erheblich – schon aus diesem Grund wird es nie möglich sein, eine „gerechte Gesellschaft" zu errichten, dies wäre nur möglich, indem ein allgemeinverbindlicher Standard von Gerechtigkeit durchgesetzt wird, und das ginge nicht, ohne neue Ungerechtigkeitsgefühle zu erzeugen. Denn Gerechtigkeit ist ein kulturelles Phänomen und damit immer eines, das gestaltet wird. Das sieht man bereits in Familien: Hier bezieht sich jeder auf sehr individuelle Verrechnungssysteme darüber, was jeweils als „gerecht" oder „ungerecht" erlebt wird (Boszormenyi-Nagy & Spark, 1981; Stierlin, 2005). Die „Beziehungsregeln und Gerechtigkeitsprämissen", nach denen die inneren Konten verrechnet werden, verfilzen sich „zu einem immer weniger durchschaubaren Gemenge": Bewiesene oder verratene Loyalität, bewiesene oder vorenthaltene Liebe, gezeigte oder nicht gezeigte Dankbarkeit liefern die entscheidenden Kriterien (Stierlin, 2005, S. 50f. mit explizitem Bezug auf Familienunternehmen).

Wie unmöglich es ist, ein abstraktes Prinzip von Gerechtigkeit konfliktfrei in sozialen Beziehungen zu leben, zeigt ein einfaches Beispiel: Ein Ehepaar hatte drei Kinder. Als die Zeit gekommen war, über das Erbe nachzudenken, war die Situation dieser Kinder wie folgt: Ein Sohn lebte mit seinem Freund kinderlos zusammen, eine Schwester hatte zwei Kinder, der jüngste Sohn hatte vier Kinder. Wie sie es auch drehten und wendeten, es gab keine gerechte Lösung für die Vermögensaufteilung. Eine schlichte Drittelung, wie zunächst angedacht, hätte die kinderreichen Kinder benachteiligt (die dies auch lautstark anmerkten), eine Aufteilung nach der Zahl der Enkelkinder wurde von dem ältesten Sohn als höchst ungerecht bezeichnet. Keiner weiß, wie dies Dilemma gelöst wurde ...

Hinsichtlich vieler Aspekte führen Mitglieder eines sozialen Systems so etwas wie ein „Gerechtigkeitshauptbuch", in dem das Bewusstsein für „Beziehungsgerechtigkeit" verzeichnet ist. In diesem „inneren Konto" schätzen Menschen sich selbst im Vergleich zu den ihnen Nahestehenden ein. Je nachdem, wie die Verrechnung vorgenommen wird, erlebt der betreffende Mensch Scham oder Schuld oder ein Gefühl des Stolzes, der „Ausgeglichenheit der Konten" oder gar ein Gefühl, gegenüber der Familie „im Plus" zu sein, ein Recht darauf zu haben, etwas zu bekommen (beispielsweise beim Erbe). Dabei begeht man aber oft einen systematischen Fehler, nämlich die eigene Leistung positiv überzubewerten – man erzählt halt Geschichten gern so, dass man selbst im „weißen Kleid" dasteht (vgl. Bruner, 1997). So sind Konflikte und Gefühle der Empörung des jeweiligen Gegenübers zu erwarten, der die Geschichte ganz anders erzählt.
In Unternehmensfamilien sind diese Prozesse dann noch einmal komplexer, denn die verschiedenen Gerechtigkeitslogiken der Familie und des Unternehmens widersprechen sich von Grund auf: Was in dem einen System als gerecht beschrieben wird, kann im anderen als hochgradig ungerecht erlebt werden. Ein erneuter Blick in das Fallbeispiel zu Beginn des Kapitels soll dies verdeutlichen.

Im Verlaufe der Beratung von Manfred und Michael wurde zunehmend deutlich, dass die Heftigkeit des Konflikts zumindest teilweise auch darauf zurückzuführen war, dass jeder von ihnen sich auf ein ganz anderes Verständnis von Gerechtigkeit bezog als der andere. Manfred fühlte sich im Sinn der Unternehmenslogik des Vaters verpflichtet, das Unternehmen kompetent zu führen, für die Familie eine verlässliche Quelle von Einkommen und für die Mitarbeiter sichere Arbeitsplätze zu gewährleisten. Michael dagegen bezog sich vor allem auf die familiäre Gerechtigkeitslogik, nach der „absolute Gleichheit" zwischen den Brüdern der oberste Wert war.

Das Dilemma wurde in einem Brief der Berater an beide Brüder wie folgt angesprochen:

- „Sie, Michael, sind dem Vermächtnis Ihres Vaters verbunden. Dieser hat entschieden, seinen beiden geliebten Söhnen jeweils einen 50 %-Anteil an seinem Unternehmen zu geben. Ob Manfred das gefällt oder nicht, es ist ein Faktum. Und Sie erleben, dass Manfred immer und immer wieder dem zuwiderhandelt. Und da Sie dem letzten Willen Ihres Vaters verpflichtet sind, werden Sie alles dafür tun, dass Manfred schließlich nicht anders kann, als nachzugeben und zu akzeptieren, dass Ihr Vater Recht hatte, so zu handeln, wie er es tat. Denn wie ist es heute? Sie sind weit davon entfernt, Ihrem Bruder auf gleicher Augenhöhe gegenüberzustehen – und so lange dies nicht gegeben ist, werden Sie kämpfen. Darum geht es, das ist das, was zählt – wir erinnern uns gut, dass Sie ja sagten, aus der Sicht des Anteilseigners seien Sie im Großen und Ganzen ganz zufrieden mit dem Management der Firma durch Ihren Bruder. Aber aus der Sicht des Sohnes können Sie nicht anders, als die von Ihnen als diktatorisch wahrgenommene Haltung Manfreds zu bekämpfen, bis er endlich versteht! Sie sind in tiefer Loyalität der Tradition Ihrer Familie verbunden, nach der absolute Gerechtigkeit ein hoher Wert ist. Sie würden das Vermächtnis Ihres Vaters verraten, wenn Sie nachgeben würden."

- „Und Sie, Manfred, auch Sie halten das Vermächtnis Ihres Vaters hoch und sind ihm ebenso tief verbunden wie Ihr Bruder. Sie haben unter Hintanstellung Ihrer ursprünglichen wissenschaftlichen Pläne die Unternehmensführung übernommen und das Geschäft auf eine gute Bahn geführt. Ihre Loyalität, Ihre Treue und Ihre Bindung an den Vater liegt darin, dass Sie Ihre Aufgabe als Geschäftsführer mit Leib und Seele ausführen. Und dazu müssen Sie handlungsfähig sein, das hatte Ihr Vater im Sinn, als er Ihnen das Unternehmen anvertraute. Ihr Bruder Michael stört nun diesen Prozess immer wieder. Er beeinträchtigt Ihr unternehmerisches Handeln, kostet Sie Energie und Nerven, er regiert in Ihre Aufgaben hinein, kommt mit für sie unakzeptablen Ideen und Vorschlägen. Sie haben alles getan, was Ihnen möglich war, um ihn zufrieden zu stellen, zu besänftigen. Nun sind Sie an einem Punkt, an dem Sie sagen, dass, wenn dies so weitergeht, Sie Ihre Aufgabe nicht mehr gut bzw. gar nicht mehr erfüllen können. Sie würden das Vermächtnis Ihres Vaters verraten, wenn Sie noch mehr nachgeben würden."

Der Brief sprach beide Brüder sehr an, es ergab sich ein intensives Gespräch über erlebte Gerechtigkeit und deren jeweilige Wurzeln.

Schließlich geht es dann im Familienunternehmen bei der Frage nach dem „Verdienst" eines Familienmitgliedes auf dem imaginären familiären „Konto" nicht allein um Anerkennung oder Wertschätzung. Es geht auch um die materialisierte Form derselben in Form von Erbe, Vermögensanteilen oder Einfluss im Unternehmen. Die „hohe Bindungswirkung eines versprochenen oder erhofften Erbes", von der Simon spricht (Simon, 2002a), steht jedenfalls mit diesen Prozessen direkt im Zusammenhang. Das Gefühl, an die Familie auf Gedeih und Verderb gefesselt zu sein, ist jedenfalls in Unternehmensfamilien nicht gerade selten (etwa weil die wirtschaftlichen Bedingungen keinem der Beteiligten erlauben, den anderen auszukaufen). Die Konfliktlösungsform, sich einfach von den nahen Verwandten, von denen man sich enttäuscht oder verraten fühlt, einfach zurückzuziehen, steht weniger leicht zur Verfügung.

6.4.4 Soziale Vergleichsprozesse

Eng mit dem Gerechtigkeitsthema verwandt ist das des sozialen Vergleichs. Geschwister beobachten einander sehr genau hinsichtlich der Frage, wer wem von den Eltern näher steht, „lieber" oder „weniger lieb" gehabt wird usw. (vgl. Kap. 3.2.2). In Unternehmensfamilien kann man davon ausgehen, dass dies noch intensiver geschieht, denn es geht um größere Werte, an denen das eigene Selbstgefühl gemessen werden kann. Diese Fragen sind Gegenstand der bereits anfangs kurz erwähnten „Theorie sozialer Vergleichsprozesse", die schon in den 1950er Jahren entwickelt wurde (Festinger et al., 1954, zit. nach v. Schlippe u. Klein, 2010; s. a.

Werth & Mayer, 2008, p. 183 ff.). Sie geht davon aus, dass Menschen ihr Selbstwertgefühl und ihren gefühlten Status dadurch einschätzen, dass sie sich in jeweils für sie persönlich wichtigen Aspekten mit ihnen nahestehenden Persönlichkeiten vergleichen. Dieser universale Mechanismus kann in Unternehmensfamilien problematische Dynamiken befördern, wenn etwa die eigene Position in der Familie davon abhängig gemacht wird, dass man „genau gleich" behandelt wird wie ein Geschwisterkind. Wer „mehr", wer „weniger" hat – und wer damit mehr oder weniger Anerkennung der Eltern bekommt –, kann in Auseinandersetzungen eine große Rolle spielen. So können sich schwierige Lagen ergeben, wenn z. B. die Unternehmenslogik eine deutliche Unterschiedlichkeit in der Behandlung der Kinder verlangt, während die Familienlogik Gleichheit nahelegt (eine der zentralen Paradoxien). Dann kann um minimale Differenzen erbittert gefochten werden.

6.4.5 Wahrnehmung und Ursachenzuschreibung

Zwei sozialpsychologische Mechanismen tragen besonders zur Verschärfung des Konfliktgeschehens bei. Sie werden als „Wahrnehmungsfehler" oder auch als „Attributionsfehler" bezeichnet. Gemeint ist eine Tendenz, die eigene Wahrnehmung der Geschehnisse um einen selbst auf eine bestimmte Weise einzuordnen bzw. zu interpretieren. Als „Attributionen" bezeichnet man Vermutungen über kausale Zusammenhänge in der Welt, die uns umgibt. Der psychische Sinn solcher Zuschreibungen liegt darin, dass sie Ordnung schaffen: Dinge, Elemente und Personen werden miteinander so verbunden, dass sie für den Betroffenen sinnvoll erscheinen.

Unter Unsicherheit, dies zeigt die Forschung (Kelley & Michela, 1980), werden besonders intensiv Kausalzuschreibungen vorgenommen. Das leuchtet ein: Wer verwirrt und unsicher ist, der sucht schnellstmögliche Orientierung. Auseinandersetzungen, die durch Paradoxien gekennzeichnet sind, sind ja, wie gesagt, oft stark affektiv aufgeladen und zugleich undurchschaubar, irritierend. Der erste der beiden Mechanismen, der *fundamentale Attributionsfehler* (auch *fundamentaler Wahrnehmungsfehler* genannt), besteht in der Tendenz, jeweils das Verhalten des anderen als Ausdruck von ihm innewohnenden Charakterzügen zu werten (Andrews, 2006; Försterling, 1994): „Das zeigt wieder einmal seine abgrundtiefe Bosheit!" (die sog. dispositionale Attribution), während das eigene Verhalten als Reaktion auf die Handlungen des anderen gesehen wird: „Ich musste mich so verhalten!" (situative Attribution). Man versucht, „die eigene Komplexität moralisch [zu] konditionieren und Umweltkomplexität nach dem strategischen Schema von Freund und Feind" (Luhmann, 1984, p. 251) zu ordnen.

Mangelnde Bewusstheit über die vielfältigen Paradoxien in Familienunternehmen kann daher zu einem typischen Eskalationsmuster führen: Die betroffenen Familienmitglieder machen jeweils den anderen für die Situation verantwortlich, während sie sich selbst ja als nur re-agierend erleben. So „hypnotisieren" sie sich immer weiter in eine Art gemeinsamer „Trance" hinein, mit in der Folge immer stärker werdenden negativen Gefühlen. In einer Art Konfliktspirale wird der andere zunehmend mehr dämonisiert und verzerrt wahrgenommen.

Den Überlegungen in Kap. 2.3.3 folgend, können wir hier von festgefügten Erwartungs-Erwartungen sprechen (Luhmann, 1994, S. 411 ff.). Die Bilder davon, wie man vom anderen gesehen wird, sind dann kaum noch von innen heraus veränderbar. Ist ein solcher Kreislauf erst einmal etabliert, kann sich als zweites Phänomen der *„feindselige Attributionsfehler"* einstellen (Dodge, 2006). Dieser wurde anfangs bei aggressiven Kindern beobachtet, ist aber für viele soziale Situationen kennzeichnend, die von Misstrauen bestimmt sind: Jedes Verhalten des anderen wird als feindseliger Akt gewertet, selbst neutrale oder freundliche Verhaltensweisen des Gegenübers werden negativ umgedeutet. Ein Lächeln des anderen wird etwa quittiert mit der Aussage: „Was grinst du so komisch, findest mich wohl lächerlich oder was?" Natürlich lächelt das Gegenüber dann in der Regel nicht mehr, und so entsteht eine Art von selbsterfüllender Prophezeiung, durch die sich die negative Gegenseitigkeit festigt.

Wo der erstgenannte Mechanismus in den Konflikt hineinführt, weil beide Seiten sich die Szene passgenau spiegelbildlich beschreiben, verhindert der zweite den Weg heraus: In jedem Konflikt gibt es versöhnlichere Momente, macht eine Partei einmal einen positiven Schritt auf die andere Seite zu (vgl. die Ausführungen über die Vielfalt der inneren Stimmen in Kap. 6.4.2). Eine solche Geste wird im Licht des feindseligen Wahrnehmungsfehlers dann von der Gegenseite als besonders perfide „getarnte" Feindseligkeit gewertet oder gar verhöhnt („Ach, jetzt versucht ihr es auf die weiche Tour! Ja, glaubt ihr denn, dass wir so blöd sind?"). Der Versöhnungsbereite zieht sich enttäuscht und wütend zurück („Ok, ihr wollt es ja so, wir können auch anders!") – und die Eskalation geht eine Stufe weiter.

So beschwerte sich Manfred im Einzelgespräch: „Stellen Sie sich vor, mein Bruder hat die Frechheit gehabt, mir eine Einladung zu seinem 50. Geburtstag zu schicken! Es ist ja wohl klar, dass er mich damit verhöhnen will. Wie stellt er sich das vor, ich komme und alle sagen: ‚Oh, ist es wieder gut mit euch beiden?' Unglaublich!" Es war nicht einfach ihn dazu zu bringen, zumindest die Idee zuzulassen, dass es auch eine versöhnliche Geste des Bruders gewesen war. Erst die Frage, welche Chance denn der Bruder hätte, wenn er es tatsächlich ehrlich meinte, war für ihn hilfreich, da sie ihm zeigte, dass er selbst es war, der hier dem Bruder keine Chance gab.

Wenn man die Wahrnehmungsfehler in Betracht zieht, wird noch verständlicher, wie es kommt, dass die Emotionen so „hochkochen". Sie sind eng mit den Bedeutungs- und Ursachenzuschreibungen verbunden, die Menschen vornehmen. Das Gefühl, verraten, tief verletzt und gekränkt zu sein, verbindet sich mit der Vorstellung, dass *der andere* die Quelle dieser Kränkung sei, und in der Familie als „Ort enthemmter Kommunikation" (Luhmann, 1994) wird dies oft auch offen und damit eskalationssteigernd ausgedrückt. Damit nähert sich die Familie aber den sog. „apokalyptischen Reitern", die – ähnlich wie sie in der Bibel die Endzeit ankündigten – die zunehmende Zerstörung der Beziehung anzeigen (Gottman & Levenson, 2000; Gottman, 2002). Prägnant ist dabei Gottmans Aussage, dass er in 96 % der Fälle vorhersagen könne, ob ein ehelicher Konflikt lösbar sei, nachdem er nur drei Minuten einem Streit der Partner zugehört habe (2002, S. 57): Wenn das Verhältnis von positiven zu negativen Aussagen deutlich geringer liegt als 5:1, gerät die Beziehung dauerhaft in eine Schieflage, d. h., eine negativ-kritische Beziehungsgeste braucht etwa fünf positive, um ausbalanciert zu werden. Diese „Reiter" zeigen sich in einer angespannten Konfliktsituation kontinuierlich mehr oder weniger stark:

- Hemmungslose Kritik („Du"-Sätze), Schuldzuweisungen und Anklagen.
- Abwehr: Rechtfertigung mit Leugnung eigener Anteile, Gegenkritik.
- Verachtung: Der Respekt voreinander ist verloren gegangen, Sarkasmus und Zynismus stehen im Vordergrund, in der Kommunikation an nonverbalen Zeichen erkennbar wie Augenrollen, lautem Stöhnen bei Aussagen des anderen usw. Dieser „Reiter" wird von Gottman als der gefährlichste bezeichnet, paradoxerweise zeigt er sich in einem Nachlassen der Konfliktintensität und Lautstärke: Man ist sich egal, redet einfach nicht mehr miteinander.
- Abblocken: Dieser „Reiter" zeigt sich körperlich in Abwendung, in der Kommunikation in Schweigen, Versteinern, „Dicht-machen", so dass der andere „gegen die Wand" redet.

Diese Anzeichen zeigen den drohenden Punkt auf der anfangs erwähnten „Stufenleiter der Eskalation" nach Glasl an, bei dem externe Unterstützung unausweichlich ist, wenn noch versucht werden soll, ein Ende mit Schrecken zu vermeiden und damit oft bei Familienunternehmen auch die Vernichtung von enormen Werten (Hennerkes, 2004). Dabei wird von den Betroffenen oft die Zerstörung der familiären Beziehungen als noch dramatischer erlebt (Großmann, 2014), denn diese stellen für viele Familien einen noch deutlich höheren Wert dar als Sachwerte (s. z. B. Hennerkes & Augustin, 2012).

6.4.6 Wir gegen die

Ein sozialpsychologischer Mechanismus, der vielfach nachgewiesen ist, bezieht sich auf Inter-Gruppen-Effekte: Zwischen Gruppen können im Laufe recht kurzer Zeit Muster entstehen, die heftige Konflikte begünstigen: Die andere Seite wird jeweils schrittweise negativer beschrieben und damit zugleich die eigene Gruppe idealisiert (s. Werth u. Mayer, 2008). Dies gilt vor allem dann, wenn diese Gruppen in Konkurrenz zueinander stehen. Um diese Effekte zu erzeugen, genügt es, durch eine willkürliche Grenzziehung (etwa in einem Ferienlager für Kinder) zwei Gruppen entstehen zu lassen und sie in Wettkämpfe zu bringen: In kürzester Zeit können sich negative Stereotype ergeben, die bis zu massiven Feindseligkeiten gehen können. Dieses Phänomen, das sich etwa in Schlägereien unter Fußball-Fans gerade direkt benachbarter Städte zeigt, kann in Familienunternehmensfamilien bedeutsam werden, wenn die Organisationsform des „Stammesunternehmens" gewählt wurde. Diese Struktur ist die Folge einer Entscheidung des Gründers, sein Erbe unter seinen drei oder vier Kindern gleich aufzuteilen, diesen Anteil aber nicht mehr zu zersplittern. So hat er eine Struktur geschaffen, in der die Teilfamilien seiner Kinder und vor allem Enkel und Urenkel als Gruppen aneinander gebunden sind (Simon et al., 2005). Hier kann eine Dynamik entstehen, in der die „vertikale Loyalität" (Stierlin, 2005) zum Gründer hin langsam verblasst, die in der ersten Nachgründergeneration auch nach dessen Ableben meist noch sehr stark ist und so Konflikte dämpfen kann („Das hätte Papa nicht gewollt, lasst uns uns wieder vertragen!"). In späteren Generationen überwiegt dann eine „horizontale Loyalität", die eigene Untergruppe („Wir") wird von denen der anderen („Die") abgegrenzt, die Interessen der eigenen Bezugsgruppe werden zunehmend über die des Ganzen gestellt. In Unternehmensfamilien spielen hier, wie schon gesagt, oft Ehepartner eine besondere Rolle, deren Loyalität natürlich zur Großfamilie geringer ist als zur eigenen Kleinfamilie. Dort kann sich dann eine Stimmung gegen die Großfamilie und „die anderen" aufbauen („Was lässt du dir da alles gefallen!"), die Stammeskonflikte begünstigen kann.

6.4.7 Generationenübergreifende Geschichten

„Mein Vater antwortete lächelnd: Warum sollte ich traurig sein? Ich habe ja dich. Aber ich spürte es schon damals, obwohl ich noch klein war: Die Trauer war ihm ins Gesicht geschrieben, sie war wie ein Muttermal. Während wir uns unterhielten, phantasierte ich insgeheim: Ich würde alles sparen, keinen Dollar für Süßigkeiten oder Aufkleber ausgeben, und sobald mein Sparschwein voll

war ... würde ich es knacken und die kleine Schwester meines Vaters suchen gehen, wo immer sie auch sein mochte, und wenn ich sie gefunden hätte, würde ich sie zurückkaufen und nach Hause zu meinem Baba bringen. Ich würde meinen Vater glücklich machen. Ich wünschte mir nichts sehnlicher, als ihm die Last dieser Trauer von den Schultern zu nehmen" (Hosseini, 2014, p. 382).

Dieses ist ein besonders trauriger Abschnitt. Die in den vorhergehenden Abschnitten angesprochenen Empfindungen finden ihre Fortsetzung in der Frage, wie Erfahrungen von einer an die nächste Generation weitergegeben werden. Auch dies ist kein Spezifikum in Unternehmensfamilien, doch können diese Geschichten in diesen Familien als Systemgedächtnis deshalb so bedeutsam sein, weil das Unternehmen als konstanter Faktor über die Generationen hinweg in der Familie präsent bleibt und die Familien zerstrittener Geschwister oder Cousins/Cousinen weit über die Zeit hinaus zusammenhält, in der andere Familien sich noch an die immer weiter entfernten Verwandten erinnern. Da, wo sich im Laufe der Zeit Geschichten durch die Gnade des Vergessens verflüchtigen, weil man sich einfach nicht mehr kennt und aus den Augen verloren hat, halten Geschichten in Unternehmensfamilien die Geschehnisse lange im „sozialen Gedächtnis". Man begegnet sich eben immer wieder, in Gesellschafterversammlungen und Gremiensitzungen. Alte Geschichten von (Un-) Gerechtigkeit, von (verratener) Loyalität, gekränkter Ehre usw. werden dort immer weiter erzählt, bzw. sie erhalten durch aktuelle Geschehnisse neue Nahrung. Das transgenerationale Lebenswerk Familienunternehmen kann, wie gesagt, eine Quelle positiver und Identität stiftender Geschichten sein, es kann aber auch genauso bestehende Konflikte verewigen, wenn in sich schlüssige und konsistente, aber einseitige Weltbilder über Generationen hinweg in Form miteinander konkurrierender Geschichten in der Familienunternehmensgroßfamilie weitergegeben werden (Lueger & Froschauer, 2013; v. Schlippe & Groth, 2009; Zwack, 2011). Geschichten können insbesondere dann als Konfliktverstärker wirken, wenn sie im Familienkreis an die Kinder weitergegeben werden. Die Geschichten, die schon als Kind Einflüsse auf einen Menschen haben, prägen diesen besonders intensiv, denn sie bringen ein „inneres Theater" hervor: „Es ist die Macht der Wörter, in unserem Geist Bilder entstehen zu lassen, die uns zu faszinierten und zuweilen gefesselten Zuhörern und Lesern werden lässt ... Wir können ... in unserem geistigen Auge Szenarien konstruieren, deren Betrachtung uns wirklich berührt und unseren inneren körperlichen und emotionalen Zustand verändert, gleichgültig, ob es sich hierbei um Erinnertes oder Erfundenes handelt" (Bachg, 2004, p. 288). Besonders Kinder reagieren reflexhaft mit dem Impuls zu helfen, wenn ihnen eine Geschichte von Ungerechtigkeit erzählt wird. Sie identifizieren sich sofort liebevoll und unkritisch mit dem bedrohten Erzähler und phantasieren sich als dessen Retter. Das macht diesen

Abschnitt so bedrückend, denn gerade kleine Kinder sind durch solche Geschichten so leicht zu manipulieren. Das intensive Empfinden, helfen zu müssen, liegt ihnen nahe, insbesondere wenn in der Geschichte kein Retter auftaucht. Kinder etwa, die sich als Retter der Eltern phantasieren, können den Konflikt dann sogar massiver austragen als diese selbst, denn sie tun dies mit dem Gefühl absoluter moralischer Berechtigung (vielleicht lassen sich sogar Selbstmordattentate so verstehen[18]). Da, wo sie selbst vielleicht bereit wären zu verzeihen, wenn es um eigene Kränkungen gehen würde, ist ihnen dies bei den Geschichten anderer Menschen, denen sie loyal verbunden sind, nicht mehr möglich. Die Geschichte ist eine feste „Konserve" geworden, unveränderlich. So kann es dann zu Lösungsversuchen am falschen Ort kommen; sie sind vor allem tragisch, denn sie setzen die Kämpfe an einer Stelle fort, wo sich keine wirkliche Lösung finden lässt, und chronifizieren die Konflikte.

Fallbeispiel: „Lösungsversuche am falschen Ort"
In einer großen Unternehmensfamilie gab es einen intensiven Familienzusammenhalt, Eltern und die sechs Geschwister lebten örtlich sehr nah, man traf sich ständig, die Kinder erlebten es wie „eine einzige große Familie". Doch, wie es so ist, irgendwann entwickelte sich zwischen einem der Geschwister und den anderen ein Streit. Er fühlte sich abgelehnt und ausgegrenzt und zog schließlich mit seiner Familie aus dem Wohnort, in dem alle Kinder des Gründers noch lebten, fort. Auch seine (einzige) Tochter fühlte sich zeitlebens aus der Familie ausgestoßen und abgelehnt, sie hatte das Gefühl, dass auch ihr Mann in der Familie nicht willkommen war. So beteiligte sie sich trotz ihres Anteils von etwa 15 % wenig an den Geschicken des Unternehmens. Ihr ebenfalls einziger Sohn kannte das Geschehen nur aus Erzählungen. Er war empört über das Unrecht, das seiner Familie angetan worden war. Nachdem er die Anteile übernommen hatte, begann er sich in den Gesellschafterversammlungen heftig einzumischen und sich bei allen möglichen Entscheidungen querzustellen: „Warum sollte ich jetzt zustimmen? Ihr habt es damals unserer Familie auch nicht leicht gemacht!" Da in den anderen Familien weitaus mehr Kinder geboren worden waren, zählte er nun zu den Gesellschaftern mit dem größten Einzelanteil. Seine Stimme hatte also einiges Gewicht, die Unternehmensführung war zwar nicht blockiert, aber durch die zahlreichen Streitereien deutlich beeinträchtigt. Es war nur noch eine „Verhinderungsmacht", die sich aus den Geschichten her ableitete. Doch sie konnte die ursprünglichen Konflikte nicht lösen, sie verewigte sie nur.

[18] Ein interessantes Beispiel hierzu: http://www.faz.net/aktuell/politik/gastbeitrag-wie-ich-fast-ein-dschihadist-wurde-13143393.html; Abfrage 9.9.2014

6.4.8 Gefährliche Gedanken

In stark eskalierten Konflikten finden sich bei beiden Parteien besondere „Mindsets“, man kann sie auch „gefährliche Gedanken“ nennen. Sie entstehen scheinbar „wie von selbst“ und werden als so selbstverständlich erlebt, dass ihre Infragestellung oft heftigen Protest mit sich bringt. Zugleich befeuern diese Gedanken ihrerseits wieder die Gefühle, ein potenziell gefährlicher „affektlogischer“ Kreislauf aus Gedanken und Gefühlen entsteht (Ciompi & Endert, 2011; Ciompi, 2005). Paradoxerweise müssen sich zwei Parteien in diesen Gedanken „einig“ sein, um einen Konflikt bis in die letzten Stufen zu eskalieren – eine merkwürdige Form von Einigkeit: So konnten in früheren Zeiten die Parteien eines auf den Tod hin ausgetragenen Duells auf perverse Weise kooperieren („Sie haben die Wahl der Waffen!“ – „Sehr wohl!“ – „Wählen Sie Ihren Adjutanten!“ usw.), weil sie sich einig waren, diese Ehrverletzung kann nur durch den Tod gesühnt werden – so gesehen ist eine „schlichte Schlägerei“ heutzutage schon ein „Fortschritt“ ... Die wichtigsten Merkmale dieser Mindsets sind im Folgenden skizziert (ausführlich s. Eidelson & Eidelson, 2003; Omer et al., 2007).

a) „Totales Denken“

Eine immer wieder beschriebene Dynamik des Denkens in eskalierenden Konflikten ist der Verlust an Differenzierung. Ein positives Ergebnis ist nur durch die Realisierung einer von zwei Möglichkeiten gegeben: Verlieren *oder* Gewinnen, „Ich *oder* du!“, „Wir *oder* sie!“ Die Lösung eines Konflikts kann nur in der Kapitulation bestehen. Einer muss gewinnen als Voraussetzung für ein positives Ende. Es ist das Denken in einer Logik des Duells, die Tragik liegt in seiner Totalität, die dauernde Kontrolle erfordert: Der Sieg muss ein für alle Mal unzweifelhaft sein, es braucht die bedingungslose Kapitulation. Das Denken zentriert sich um „Entweder – Oder“ und neigt zu einer entsprechend selektiven und vergröberten Wahrnehmung.

b) Essenzielle Asymmetrie

Die Idee, dass der andere grundsätzlich schlecht („dumm, krank oder böse“) sei, während man selbst aus guten Motiven heraus handelt, findet sich bereits in den beschriebenen Wahrnehmungsfehlern: Das eigene Verhalten wird jeweils als berechtigt beschrieben, und man erlebt sich gezwungen, auf das Verhalten des anderen auf härteste Weise zu reagieren („Er versteht es nicht anders!“). Die Wahrnehmung ist auf systematische Weise selektiv, die positiven Bemühungen des anderen werden entweder nicht wahrgenommen oder als Manipulation abgetan.

c) Der Glaube an Kontrolle – und der Mythos der Macht

Ein weiterer „gefährlicher Gedanke“ ist die Idee, es wäre möglich, einen befriedigenden Zustand zwischenmenschlichen Miteinanders erreichen, wenn es nur gelänge, das Verhalten des anderen zu kontrollieren. Wer in Begriffen von Macht denkt, schafft eine sich selbst erfüllende Prophezeiung, indem er beginnt, jede Interaktion in Kategorien von Manipulation, Taktik, Strategie und Kontrolle zu betrachten und sich entsprechend zu verhalten (Bateson, 1981; v. Schlippe, 2007). Damit bringt man den anderen immer wieder in das Gefühl von Machtlosigkeit und Hilflosigkeit mit dem Bestreben, daraus herauszukommen – und wenn er dies dann seinerseits mit Mitteln der Manipulation und Macht versucht, ist wieder ein Teufelskreis etabliert.
Die Idee der Kontrolle ist eng mit dem Gefühl von Hilflosigkeit verbunden: Wer den Anspruch hat, den anderen kontrollieren zu müssen, macht immer wieder die Erfahrung, dass dies nicht gelingt. Paradoxerweise ist es nämlich in der Hand des anderen, ob er sich mächtig oder hilflos fühlt: nur wenn er es schafft, das Verhalten des anderen zu kontrollieren, fühlt er sich gut, der eigene Erfolg hängt ja vom Verhalten des anderen ab.

d) Verschwörung und Heimlichkeit

Wenn man sich im Griff der „gefährlichen Gedanken“ befindet, muss man ständig auf der Hut sein. Jedes Verhalten des anderen kann potenziell gegen einen selbst gerichtet sein (der „feindselige Wahrnehmungsfehler“ wurde bereits erwähnt). Dem offensichtlichen Verhalten des anderen kann nicht getraut werden, es geht immer darum, die „wirklichen“ Motive zu erkennen, die heimlichen Schläge, die der Gegner plant. Entsprechend muss man selbst ebenfalls heimlich aktiv werden, verschwiegen sein, um den Gegner zu isolieren.

e) Die Logik der sofortigen Vergeltung

Ein „eskalativer mindset“ geht davon aus, dass die eigene Position jederzeit gefährdet ist. Daher braucht es bei jeder Infragestellung eine unmittelbare Reaktion, die mindestens so hart ausfallen muss wie die erlebte Kränkung: „Wie du mir, so ich dir!“ Eine großzügige oder versöhnliche Geste im Konflikt, ein konstruktiver Schritt auf den anderen zu sind undenkbar, denn die kleinste Unentschlossenheit könnte als Schwäche ausgelegt werden.

6.5 Groll und die Erosion von Beziehungen

„Wenn wir unsere Freiheit gewinnen wollen, müssen wir zuerst unsere Verbitterung loswerden!“ (Nelson Mandela)

In der systemischen Praxis (v. Schlippe & Schweitzer, 2009), die im kommenden Kapitel (7.4.5) noch ausführlicher vorgestellt wird, gibt es eine interessante Intervention: die „Externalisierung“. Das beklagte Problem wird dabei fiktiv in eine „Sache“ oder eine „Person“ verwandelt, mit der man dann umgehen, sich unterhalten usw. kann („Ist Ihr Sohn mit seiner Depression schon verheiratet oder noch verlobt?“ u. ä.). Ähnliches kann man mit „dem Konflikt“ machen: „Wenn er ein ‚Ding‘ wäre, wo würde er dann stehen, vor Ihnen, neben oder hinter Ihnen? Was würde sich ändern, wenn er näher bei Ihrem Vater stünde und nicht mehr genau zwischen Ihnen?“ Anfänglich ist diese Art zu denken etwas ungewohnt, aber es können sich interessante Gespräche ergeben, wenn man „den Konflikt“, nun vielleicht symbolisiert durch einen Papierkorb o. ä., im Raum verschiebt: Was würde es ändern, wenn man den Geschwisterkonflikt, der derzeit mitten in der Familie steht, ein wenig auf die Seite zu den Eltern schieben würde („Oh nein, alles, nur das nicht!“) – oder auf die Seite der Geschwister („Das schon eher, denn da gehört er hin!“ – „Aha, was würde das denn in Ihrem Alltag verändern, wenn Sie ihn dort stehen ließen?“ – „Vielleicht würden mein Mann und ich uns dann nicht so oft einmischen und zu schlichten versuchen!“)?
Eine besonders interessante Variante besteht darin, „den Konflikt“ (also den Symbol-Papierkorb) einmal „Urlaub“ machen zu lassen: „Wie lange führen Sie schon eine ‚Ehe zu dritt‘?“ bzw. „Wie lange ist Mr. Konflikt schon zu Gast bei Ihnen?“ – „Oh, dann hat er aber einen Urlaub verdient, finden Sie nicht?“ Spielerisch kann dann der Papierkorb vor die Tür des Sprechzimmers gesetzt werden. Dann kann man die Beteiligten bitten, sich einmal gegenüberzusetzen und einander anzuschauen im Bewusstsein, dass der Konflikt gerade nicht da ist: Wie fühlt sich das an? In Unternehmensfamilien habe ich auf diese Frage hin sehr häufig die Erfahrung gemacht, dass positive Bilder kommen („Ich merke, wie gern ich meinen Mann habe, ich schaue ihn gern an – das haben wir lange nicht mehr gemacht, nicht wahr?“), mit denen zugleich sich oft ein Gefühl der wechselseitigen Rührung einstellt, aber auch des Schmerzes darüber, was der Konflikt der Beziehung angetan hat: „Eigentlich, das wird mir gerade bewusst, mag ich meine Schwester sehr gern, gerade denke ich daran, wie ausgelassen wir als Kinder miteinander gespielt hatten! Wie schade, dass dieses Gefühl so weit in den Hintergrund getreten ist.“
So habe ich den Eindruck gewonnen, dass in vielen sehr konflikthaften Unterneh-

mensfamilien es „darunter“ eine Ebene gibt, auf der viel positives Beziehungskapital zu finden ist – eine wichtige Ressource.
Doch der Konflikt ist ja nur auf Urlaub, er kommt wieder und mit ihm verdunkeln sich wieder, die Familienbeziehungen. Deutlich wird, mit wie viel Groll über Vergangenes die Mitglieder im Raum sitzen (statt des „Papierkorbs“ wäre manchmal ein „Müllcontainer“ das bessere Symbol). Gefühle von verletztem Gerechtigkeitsempfinden, enttäuschte Erwartungen, Kränkungen bis hin zu schweren Beleidigungen und manchmal sogar körperlichen Attacken hinterlassen im Kommunikationssystem Spuren. Vielfach scheint es, als sei dieser „Berg von Groll“ das eigentliche Problem, inzwischen größer geworden als das ursprüngliche Problem. Diesen zu überwinden erfordert eine Bereitschaft, die Betroffene, so die Erfahrung, nur selten aufbringen. So geschieht es immer wieder, dass trotz des positiven Potenzials, das die Beteiligten mitbringen, der Konflikt „der Stärkere“ bleibt.
Es mögen Lösungen gefunden werden wie Verkäufe oder Realteilungen, ein Fremdgeschäftsführer kann eingestellt, ein Familiengeschäftsführer gewählt werden, doch bleibt auch nach der Lösung sehr oft eine Verbitterung bestehen, die vielfach als nicht umkehrbar erlebt wird. Sie hat ihre Wurzeln in der personenbezogenen Zurechnung: Letztlich war es doch „seine/ihre Schuld“, wenn er/sie nicht so blöd gewesen wäre, hätte es auch anders ausgehen können! Es erfordert wohl ein bewusst zu bringendes Opfer, diese Beschreibung aufzugeben – und dieses Opfer ist für viele zu groß.

7. „Und nun? Was tun?“ Interventionen

„Wenn man Konflikte analog zu Spielen setzt, die sich jeweils ihre Protagonisten suchen, so ist nicht das Fortdauern eines Konflikts erklärungsbedürftig, sondern seine ***Beendigung****. Denn solange Negationen, die mit Negationen beantwortet werden, mit Negationen beantwortet werden ..., bleibt er am Leben. Als Konsequenz ergibt sich für Konfliktlösungsstrategien generell die Frage, wie diese sich selbst perpetuierenden Muster* ***unterbrochen*** *werden können. Ziel ist nicht Harmonie oder gar ein visionärer Frieden, sondern die Beendigung der Konfliktkommunikation.“ (Simon, 2012a, p. 29, Hervorhebung im Original).*

Nachdem dieses Buch bislang vor allem aus einer Art „Geisterbahnfahrt“ bestanden hat, die gezeigt hat, was alles möglich werden kann, wenn sich Konfliktdynamiken in Familienunternehmen und vor allem in Unternehmensfamilien ungebremst entfalten, soll es in diesem Kapitel um die Frage gehen, welche Möglichkeiten bestehen, aus unterschiedlichen Positionen, als Betroffener, als interner Beobachter (z. B. Familienmanager, Vorsitzender des Familienrates o. ä.) oder als externer Beobachter oder Berater daran zu arbeiten, diese Dynamiken zu beeinflussen.

Die Antwort ist ermutigend und enttäuschend zugleich. Enttäuschend weil, zumindest in meiner Erfahrung, eine Hollywood-Lösung – gut, sagen wir nicht unmöglich – aber doch sehr selten ist. In heftigen, manchmal sich über Jahre und Jahrzehnte hin erstreckenden Familienkonflikten sind so viele Kränkungen und Verletzungen entstanden (vgl. Kap. 6.5), hat sich oft so viel Groll aufgehäuft, dass, auch wenn die Zusammenhänge verstanden werden, so etwas wie psychische und soziale „Narben“ bleiben. Insbesondere verschwindet, wie gesagt, das hartnäckige Gefühl, dass es letztlich doch an „dem einen“ (natürlich dem anderen) gelegen hat, selten ganz. Doch die andere Seite der Botschaft ist: Wie schlimm auch immer, es gibt in jedem Moment die Möglichkeit, einen Schritt in Richtung einer Besserung zu tun – und manchmal passt dieses Wort auch besser als das Endgültigkeit unterstellende Wort „Lösung“. Ist diese Phase aber überwunden, hat die Familie es geschafft, von der Zurechnung von Konfliktursachen auf Personen („Alles nur die Schuld von ...!“) zu einer gemeinsam geteilten Verantwortung zu kommen, dann können robuste Regelungen entstehen, die die Konflikte dämpfen. Langsam verschiebt sich dann auch das Gerechtigkeitsempfinden, das lange an Personen und ihre Entscheidungen

geknüpft war, in Richtung stärkerer Verfahrensgerechtigkeit, d. h. konkret, es wird bei Selektionsentscheidungen leichter, Ablehnungen und Niederlagen zu verkraften, weil sie nicht dem Verdacht der Willkür und/oder Bevorzugung ausgesetzt sind, sondern in nachvollziehbaren Verfahren (klar strukturierte Auswahlprozesse, Wahlen o. ä.) organisiert sind.
Im Vordergrund dieses Kapitels steht der psychologische Umgang mit Konfliktdynamiken in Familienunternehmen, weniger der der Prävention im Sinne einer Vorbeugung und Vermeidung von Konflikten. Daher sollen Fragen, wie über juristisch gesicherte Klauseln etwa im Gesellschaftervertrag dem Auftreten von Konflikten entgegengesteuert werden kann (meist prophylaktisch), hier nicht weiter behandelt werden (s. hierzu beispielsweise Fabis, 2007, 2009; Kirchdörfer, Lorz, Wiedemann, Kögel, & Frohnmayer, 2009; Kirchdörfer & Lorz, 2011; Lange, 2005, 2009). Auch das Thema „Familienstrategie“ wird hier keinen großen Raum einnehmen, weil es dabei weniger um die Bearbeitung von Konflikten geht, sondern vornehmlich um deren Prävention im Rahmen eines breit angelegten strategischen Konzepts zur Sicherung einer guten, beiderseits fruchtbaren Verbindung von Familie und Unternehmen. Diese Thematik ist seit längerer Zeit ein wichtiges Forschungsgebiet am Wittener Institut für Familienunternehmen (Groth & v. Schlippe, 2012; Groth & Simon, 2011; Jansen & v. Schlippe, 2015; Rüsen & Groth, 2012; v. Schlippe et al., 2011; Simon et al., 2005), ein größerer Bericht dazu ist in Vorbereitung (v. Schlippe, Groth & Rüsen, 2015).

7.1 An Bewusstheit geht kein Weg vorbei

„Wir können uns nicht sehen, wenn wir uns nicht in unseren Interaktionen mit anderen sehen lernen, und dadurch, dass wir die anderen als Spiegelungen unserer selbst sehen, uns auch selbst als Spiegelung der anderen sehen“ (Maturana, 1987, p. 117).

„Das Überraschende, Paradoxe ist paradox nur in einer gewissen, gleichsam mangelhaften Umgebung. Man muss diese Umgebung so ergänzen, dass das, was paradox schien, nicht länger so erscheint“ (Wittgenstein, zit. nach Fischer, 1990, S. 210).

Im Zentrum der Bemühungen um die Eindämmung bereits entflammter Konflikte steht das „Consciousness raising“ (Harvey & Evans, 1994), also die Arbeit an Bewusstheit. Die Fähigkeit und vor allem die Bereitschaft, die Mechanismen zu durchschauen, denen man unterliegt und die Dynamiken zu verstehen, in deren Griff man steckt, kann helfen, eine gewisse Distanz zu ihnen zu gewinnen. Fischer (1990) versteht den zitierten Hinweis Wittgensteins als Aufforderung, sich des Kontextes bewusst zu werden, in dem eine Paradoxie auftritt. Paradoxien sind gerade in Familienunternehmen sehr zentral, wie in Kap. 2.3.1 beschrieben. Wer sich dessen bewusst ist, in einer paradoxen Falle zu stecken, und beginnt, den Kontext zu reflektieren, in der er sich zusammen mit den anderen bewegt, bewegen muss, der neigt weniger zu den Kurzschlüssen personenbezogener Zurechnung, dass „alles" nur „Papas Schuld" (oder wessen auch immer) ist. Er/sie kann nicht mehr einfach den anderen als den Auslöser für die eigenen negativen Gefühle sehen. Bewusstheit jedoch verlangt vor allem, eine Spannungssituation auszuhalten und sie nicht vorschnell durch Lösungen zu beenden. Stattdessen geht es darum, im Gespräch zu bleiben. Aus den Erfahrungen des erwähnten Projekts zur Familienstrategie mit Familienunternehmen, die erfolgreich, also ohne existenzbedrohende Konflikte die vierte Generation oder mehr erreicht haben (Groth & v. Schlippe, 2012; Jansen & v. Schlippe, 2015; Jansen, 2013; Klett, 2009; Plate et al., 2011; v. Schlippe et al., 2011; Simon et al., 2005), haben wir den Begriff „Paradoxiefreundlichkeit" geprägt, um das „intelligente" Verhalten der für die Familienstrategie Verantwortlichen zu beschreiben. Im Gegensatz zu betriebswirtschaftlicher Rationalität ist intelligente Paradoxiefreundlichkeit in der Lage, Ambivalenz auszuhalten und Familien- und Organisationslogik auf kluge Weise auszubalancieren.

Dazu zwei sehr unterschiedliche Beispiele:

Fallbeispiel: „Der eingeschriebene Brief"
Ein Unternehmer schickt seinem Sohn, etwa 19 Jahre alt, einen eingeschriebenen Brief, in dem er ihn ultimativ und unter Angabe eines Termins auffordert, sich von seiner Freundin zu trennen, anderenfalls habe er damit zu rechnen, enterbt zu werden. Man kann sich vorstellen, was der Vater zu lösen versucht. Er macht sich als Vater und Unternehmer zugleich Sorgen um seinen Sohn und das Unternehmen. Das Spannungsfeld, in dem sich Vater und Sohn hier bewegen, hat jedoch den Charakter einer paradoxen „Beziehungsfalle" (Litz, 2012). Die Art und Weise, wie der Vater versucht, diese aufzulösen, vertieft sie nur noch. Denn wäre ein Sohn, der ein „guter Sohn" wäre, indem er der Forderung seines Vaters nachkäme, ein guter zukünftiger Unternehmensführer? Und wenn er sich weigerte – wie es übrigens in der Realität auch geschah –, würde er zwar Kraftpotenzial und Stärke beweisen, wie sie ein guter Unternehmer braucht, es käme aber zu einer Eskalation zwischen Vater und Sohn. So ist

„der eingeschriebene Brief“ ein Beispiel für fehlende Paradoxietoleranz und die damit einhergehende Bereitschaft, Ambivalenz auszuhalten.

Fallbeispiel: „Aufsichtsratsbesetzung“
Dieses Beispiel stammt aus unseren Forschungen zur Familienstrategie (v. Schlippe et al., 2015). Der Interviewte berichtet über eine Szene, in der es um die Übernahme des Aufsichtsratsvorsitzes eines recht großen Familienunternehmens geht. Eine von zwei gleichrangigen Personen könnte die Position einnehmen, die Familie hatte eigentlich im Vorfeld schon geklärt, dass der Erzähler die Position einnehmen solle, doch wollte keiner die unangenehme Aufgabe übernehmen, dies dem anderen zu sagen. Also wurde der Erzähler gebeten, das mit dem Betreffenden direkt zu klären. Dazu berichtet er: „Das war natürlich etwas schwierig, aber ich kann Ihnen sagen, wir sind dreimal drei bis vier Stunden durch den Wald spazieren gegangen, wir kannten uns ja sehr gut, wir schätzten uns auch beide. Und ... ich dachte immer, ich werde ihm nicht sagen, dass er es nicht machen soll. Entweder er sagt: ‚Du machst es!‘ oder er übernimmt es, dann mach ich es nicht. Und nach dem dritten Spaziergang sagte er: ‚OK, ich hab alles kapiert!‘“ Was hier erkennbar wird, ist ein geduldiger (ein „intelligenter“) Umgang mit einer schwierigen Selektionsentscheidung. Der Erzähler hält die Ambivalenz aus, in die er durch die Familie gestellt wurde. Statt eine „Basta“-Entscheidung zu fällen, wie es der Vater im ersten Beispiel getan hat, lässt er die Dinge sich entwickeln. Aus einer „rationalen Sicht“ mag das haarsträubend sein: Da wird eine Top-Position im Unternehmen von ein paar Spaziergängen abhängig gemacht! Doch das Ergebnis spricht für sich. Es gibt hier natürlich keine Garantie für den Wiederholungsfall, doch zeigt sich hier die Paradoxiefreundlichkeit in einer besonderen Weise: Der „Unterlegene“ ist es, der dem Überlegenen die Überlegenheit zuspricht. Dadurch wird mit der paradoxen Situation paradox umgegangen: Das Selbstwertgefühl des Unterlegenen bleibt intakt, denn er war es ja, der die Entscheidung treffen konnte, sich zurückzuziehen.

Natürlich sind nicht alle Fälle so elegant lösbar, und natürlich ist „Bewusstheit“ allein nicht immer ausreichend. Je nach Grad der bereits eingetretenen Eskalation (vgl. Kap. 6.4.1) mag mehr oder weniger ausgeprägte Konfliktarbeit, mit oder ohne externe Hilfe, Mediation oder gar energische Intervention erforderlich sein (Glasl, 2013; Neuvians, 2011). Doch kann erfahrungsgemäß die Reflexion der spezifischen Ausgangsbedingungen von Familienunternehmenskonflikten hilfreich sein, diese Schritte zu unterstützen. Wenn nicht mehr der andere als der Gegner gesehen wird, sondern verstanden wird, dass der eigentliche Gegner die „Paradoxie" des Familienunternehmens ist, dann kann es möglich werden, dass sich die Kontrahenten als Verbündete begreifen, die gemeinsam die Herausforderung dieser „unmöglichen Unternehmensform" (Kap. 2) bewältigen müssen und können. Es kann dabei hilfreich sein, zu verstehen, dass in Konflikten oft die Werte und Gerechtigkeitsvorstellungen beider Seiten verletzt werden, dass diese Werte aber in unterschiedlichen Bezugssystemen wurzeln. Während der eine sich in seinen Werten der Familie tief verbunden fühlt, steht der andere möglicherweise mit seinen Werten in engem Bezug zum Unternehmen. Die Fähigkeit, die Motive des anderen als ehrenwert und nachvollziehbar anzusehen und nicht als niederträchtig, ist ein wichtiger Schritt, wieder in einen kooperativen Modus zu gelangen. Denn das wesentlichste Moment, das es wiederzugewinnen gilt, ist Vertrauen – und das heißt, das Risiko einzugehen, dem anderen eine gute Absicht zu unterstellen – und das in einer sozialen Situation, in der man eben nie ganz sicher sein kann, was im anderen „wirklich" vor sich geht.

Bewusstheit heißt nicht nur, die Situation abstrakt und theoretisch zu durchdenken. Bewusstheit heißt auch und besonders: reden, reden, reden – miteinander, mit anderen Unternehmensfamilien, Konferenzen besuchen, Seminare belegen und mit ähnlich Betroffenen zu diskutieren, andere Unternehmensfamilien zu besuchen und sie zu fragen, wie sie mit den Themen umgehen usw. Denn wenn eine Paradoxie nicht „lösbar" ist, geht es darum, sie kennenzulernen, den Kontext, in dem sie auftritt, besser zu verstehen und damit schrittweise „Gesellschafterkompetenz" zu entwickeln (Astrachan & Pieper, 2011; EQUA-Stiftung, 2011; Groth & v. Schlippe, 2011; Rüsen et al., 2014; Sharma, Hoy, Astrachan, & Koiranen, 2007). Der auf den ersten Blick etwas sperrige Begriff „Gesellschafterkompetenz" (s. Kasten) kann von existenzieller Bedeutung sein. Inkompetenz im Umgang mit Konflikten fand Großmann als ein wesentliches Moment der Verschärfung: „Gelingt es der Familie nicht, einer Fortsetzung ihrer Konflikte entgegenzuwirken bzw. einen konstruktiven Umgang mit dem vorhandenen Konfliktpotenzial zu finden, stehen die Chancen gut für einen Desintegrationsprozess, der im ungünstigsten Fall im Untergang des Familienunternehmens mündet" (Großmann, 2014, p. 139).

Gesellschafterkompetenz (GK) umfasst sämtliche Fähigkeiten und Fertigkeiten von aktuellen und potenziellen Gesellschaftern eines Familienunternehmens zur erfolgreichen Ausübung ihrer Eigentümerfunktion sowie ihrer Rechte und Pflichten innerhalb der Gesellschafterfamilie. Darüber hinaus geht es um die Befähigung, mit bisher unbekannten Situationen in Firma und

Gesellschafterfamilie erfolgreich umgehen zu können. Die Gesellschafterkompetenzentwicklung (GKE) beinhaltet sämtliche Maßnahmen, die Mitglieder einer Unternehmerfamilie ergreifen, um die Aus- und Weiterbildung von Kompetenzen zu forcieren sowie die Erlangung von Fähigkeiten und Erfahrungen zu unterstützen, die ihnen bei der Wahrnehmung einer Rolle als Gesellschafter des gemeinsamen Familienunternehmens dienlich sind. In diesem Verständnis eingeschlossen sind auch Familienmitglieder der Gesellschafterfamilie, die (noch) keine Anteile am Familienunternehmen halten bzw. zentrale Erziehungsaufgaben übernehmen (Rüsen et al., 2014, vgl. auch Kap. 7.1).

Denn auch sich im Reden mitzuteilen und dem anderen zuzuhören, muss gelernt werden. Wir wissen aus der Kommunikationspsychologie, wie schnell eigene innere Bilder es unmöglich machen, genau zuzuhören oder sich selbst klar mitzuteilen (Plate, 2013). Bewusstheit heißt auch, automatische Reiz-Reaktionsmuster zu bemerken und entschieden aus ihnen auszusteigen: „Konfliktlösungen erfordern von den direkt Beteiligten manchmal antiintuitives Verhalten, d.h. ein bewusstes Entscheiden, das ihren spontanen, emotionalen Handlungsimpulsen zuwiderläuft“ (Simon, 2012a, p. 8).
Wie dies gelingen kann, das soll im Folgenden aus den drei erwähnten Perspektiven diskutiert werden: der Perspektive des Betroffenen, der Perspektive des familieninternen Beobachters und aus der Perspektive eines Beraters bzw. einer anderen externen Person. Viele dieser Überlegungen entstammen der systemischen Praxis (z.B. Omer & v. Schlippe, 2004; v. Schlippe & Schweitzer, 2009, 2012; Schwing & Fryszer, 2009; Simon & Rech-Simon, 1999 u.a.m.). Einige Texte werden jeweils an den verschiedenen Stellen als Anregungen zum Weiterlesen zitiert.

7.2 Die Perspektive des Betroffenen: Zehn Empfehlungen

In diesem Abschnitt werden keine „Interventionen“ vorgestellt, denn mit diesem Begriff verbindet sich die Vorstellung, dass ein externer Beobachter nach Analyse der Situation einen Impuls in das Konfliktsystem hineinsetzt. Als Betroffener kann man natürlich auch Impulse geben, doch geht es dabei mehr um die Veränderung der eigenen Haltung (und damit eine veränderte Art von Konfliktverhalten), nicht so sehr darum, geplant zu „intervenieren“ – das lassen sich die anderen Beteiligten nicht gern gefallen. Daher werden im Folgenden Empfehlungen gegeben, die zu der Möglichkeit einladen sollen, sich im Konflikt bewusster zu bewegen und zu lernen, dem „Parasiten“ (s. Kap. 6.3) das Wasser abzugraben. Sie setzen eines voraus: dass man selbst noch die Bereitschaft verspürt, dem Konflikt eine konstruktive Wendung zu geben und an der Verbesserung zu arbeiten. Ist dies nicht gegeben, sollte man eher in Richtung einer möglichst für alle Seiten kostengünstigen Exit-Lösung gehen, anstatt eine quälende Konfliktlage weiter zu chronifizieren.

Den Empfehlungen vorangestellt sei ein Vorschlag für eine Grundhaltung, die sich durch alle Empfehlungen hindurchzieht. Es ist die für manch einen bittere Erkenntnis: „Ich kann niemanden ändern als mich selbst – und auch das ist schon schwer genug!“ Wir arbeiten uns alle so sehr aneinander ab in der Hoffnung, den anderen dazu zu bringen, sich zu ändern, und erleben uns immer wieder hilflos, wenn es nicht gelingt. Doch wenn man die Grundhaltung beherzigt, kann man eine interessante Erkenntnis gewinnen: *Man kann sich entscheiden, sich selbst zu verändern.* Statt den anderen dazu zu bringen, etwas zu tun oder nicht zu tun, kann man sich selbst entscheiden, sich einem Verhalten entgegenzustellen, das man nicht mehr tolerieren will. Ob man Erfolg hat oder nicht, ist dann nicht so wesentlich: man hat das getan, was man konnte, zu zeigen, dass man nicht einverstanden ist und seinen Widerstand dagegen ausdrückt – es sind dies Positionen, wie sie auch im gewaltlosen Widerstand Gandhis zu finden sind: nicht Kontrolle des anderen ist wichtig, sondern Selbstkontrolle, nicht Veränderung des Verhaltens des anderen, sondern Veränderung des eigenen Verhaltens (Omer & v. Schlippe, 2004). In diesem Sinn steckt in den Empfehlungen noch eine Enttäuschung: Sie sind eher auf einen „Langlauf“ ausgelegt als auf einen Sprint, es sind keine Tipps und Kniffe, die schnelle Erfolge versprechen, sondern Möglichkeiten, an sich zu arbeiten, um aus der eigenen Hilf- und Ratlosigkeit herauszutreten und so langfristig eine Veränderung der Kultur des Umgangs mit dem anderen zu ermöglichen.

Empfehlung 1: Werden Sie Ihr eigener Beobachter

Dies ist nach meiner Erfahrung bereits der wichtigste Vorschlag. In Konflikten geschieht vieles sozusagen „automatisch“, und so eskalieren und chronifizieren Konflikte sehr schnell. Sich diese Dynamik bewusst zu machen, ist der wichtigste Schritt des „Consciousness raising“, des Herstellens von Bewusstheit. Fragen Sie sich selbst, wo auf der Stufenleiter der Eskalation (Kap. 6.4.1) Sie stehen und ob Sie dort eigentlich stehen wollen. Beobachten Sie sich selbst und Ihr Gegenüber: Was sind eskalierende Reizworte und Handlungen mit denen Sie den anderen schnellstmöglich auf „180“ bringen können – und wollen Sie genau dies eigentlich wirklich? Was sind die besonderen Reizworte und Handlungen, mit denen der andere Sie „auf die Palme“ bringen kann? Und beobachten Sie, was geschieht, wenn Sie sich in einer solchen Situation anders verhalten als erwartet? Mehr dazu in der folgenden Empfehlung.

Empfehlung 2:
Machen Sie sich unvorhersagbar

> *„Ein Unterbrechen des Teufelskreises wird möglich, wenn nicht eine feindselige Reaktion auf die Provokation (die eigentlich vom Gegner irgendwie erwartet wird) folgt, sondern eine Antwort der Besonnenheit – wider alle Erwartungen!“ (Glasl, 2014c)*

In der systemischen Therapie fordert die Empfehlung „Mach etwas anderes!“ zu einer Entautomatisierung auf, nämlich dazu, sich für den anderen wieder weniger vorhersagbar zu machen. Was könnte denn so ein „Mach etwas anderes!“ sein?

- Eine Empfehlung kann sein, dass man da, wo man gewohnterweise mit einem Schwall von Worten reagiert, schweigt. Dieses Schweigen (das ist wichtig) ist dabei von dem beleidigten Schmollen („Du machst ja doch, was du willst!“) zu unterscheiden. Es ist eher eine meditative Grundhaltung, bei der man sich innerlich entscheidet, sich nicht in die Dynamik hineinziehen zu lassen.
- In Verbindung mit dem Schweigen kann die „konstruktive Unterbrechung“ eine Hilfe sein (Omer & v. Schlippe, 2004). Anstatt wie vielleicht gewohnt den Raum mit lautem Türenknallen zu verlassen, was eine Form von „destruktiver Unterbrechung“ wäre, kann man etwas sagen wie: „Ich merke, dass es jetzt nicht gut wäre zu antworten, ich würde vielleicht Dinge sagen, die ich bedauern würde. Ich unterbreche das jetzt und ziehe mich zurück, aber ich komme später darauf zurück!“
- Eine andere Möglichkeit liegt in dem wunderbaren Wort „teilweise“. Was würde man verlieren, wenn man dem anderen, der einen gerade angreift, eine Antwort gibt wie: „Wenn ich das höre, was du sagst, denke ich mir, dass du vielleicht teilweise Recht hast mit dem, was du sagst!“ Es ist ein kleiner Schritt auf den anderen zu, ohne dass man selbst kapituliert. Zugleich führt man in das Gespräch Differenzierung ein: zwischen „entweder“ – „oder“ liegen ein oder gar mehrere „teilweise“.

Gerade wenn man selbst betroffen oder wütend ist, ist ein solches „Anderes“ natürlich schwer, man muss hier ein wenig „über den eigenen Schatten“ springen. Doch genau darum geht es, das Muster zu verändern, in dem man sich bewegt, also aus der Logik von Gewinnen oder Verlieren auszusteigen. Wenn man sich Konflikte als hoch-integrierte Sozialsysteme vorstellt (Simon, 2012a), dann bedeutet dies, dass das Verhalten des einen Konfliktpartners stark determiniert ist durch das des anderen: Eine Provokation wird schnell und hart gekontert – und genau das ist oft das, was die Provokation hervorbringen möchte.

Das ist in massiven internationalen Konflikten gut zu beobachten: Gerade wenn die Lage etwas entspannter wird, gibt es einen Zwischenfall, einer oder eine Gruppe, die Interesse an Eskalation hat, wirft eine Granate von A nach B, sofort reagiert die andere Seite mit vorhersehbaren Strafaktionen, und ein Prozess der leichten Entspannung ist unterbrochen. Gut vorstellbar, dass es dem Provokateur auf der anderen Seite genau darum ging.

Im eskalierten Konflikt sind eben die Seiten sehr stark berechenbar, weil die impulsive Reaktion für den jeweils anderen so gut vorhersehbar ist. Wenn Sie sich selbst beobachten, fragen Sie sich, welches Verhalten Ihr Gegenüber von Ihnen in der entsprechenden Situation erwartet, und dann „tun Sie etwas anderes“ (de Shazer, 1989). Das Wichtige sollte dabei nicht das Überraschungsmoment für den anderen sein, sondern dass man sich selbst in eine experimentierende Haltung versetzt, sich also selbst überrascht[19]: Was geschieht eigentlich an möglichen neuen kommunikativen Anknüpfungen, wenn ich die gewohnte Weise des Handelns verlasse?

Empfehlung 3: Verlangsamen Sie den Prozess!

Die Geschwindigkeit des Konfliktgeschehens ist eine besondere Gefahr. Geeichte Kommunikationsschleifen (Kap. 5.3) treten auf: Man „weiß“ schon, was der andere sagen will, und reagiert, ehe er zu Ende gesprochen hat, „gefährliche Gedanken“ (Kap. 5.4.8) treiben einen zum schnellen Gegenschlag („Das darfst du dir jetzt nicht bieten lassen!“), verletzte Gefühle suchen den sofortigen Ausgleich. An einem Punkt, an dem man ohne Reflexion sofort und voller Emotion „zurückschlagen“ würde, kann es zunächst darum gehen, den eigenen Adrenalinausstoß zu begrenzen, beispielsweise

[19] Wenn man einmal damit anfängt, kann das auch im Alltag Spaß machen. Die Aufforderung: „Tue etwas anderes!“ kann sich auf viele Lebensbereiche beziehen, denen Entautomatisierung guttut. Mit welchem Fuß stehen Sie normalerweise auf? Auf welcher Seite des Bettes schlafen Sie/Ihr Partner, haben Sie schon mal getauscht? Haben Sie schon einmal eine Nacht im Freien verbracht? Wie wäre es, wenn Sie einmal beim Aufschnittkauf einfach die Kombination nachkaufen würden, die die Person vor Ihnen gekauft hat, anstatt Ihr gewohntes Lieblingssortiment zu nehmen, oder etwas Ähnliches beim Hemdenkauf probieren? Waren Sie schon einmal auf einem Schützenfest, in der Oper, in einer Spielbank, in einem klassischen, einem Punk-, einem Rockkonzert? Haben Sie im Kinocenter oder Theater schon einmal „Roulette“ gespielt und blind eine Karte für einen Film/ein Stück gekauft, dessen Titel Sie nicht kannten?

bis 100 zu zählen (manchmal wird es auch eher nötig sein, bis 1000 oder mehr zu zählen ...), ehe man reagiert (vorausgesetzt, man will etwas ändern, natürlich). Und wenn dann die eigene Antwort immer „ein wenig schwächer“ ausfällt als erwartet, ist man auf einem guten Weg. Denn symmetrische Eskalation ist dadurch gekennzeichnet, dass man unmittelbar reagiert und in seiner Antwort eher „mehr“ zurückgibt: Ein leichter Schlag wird mit einem stärkeren beantwortet usw. Manchmal kann die beste Antwort auch darin bestehen, nichts zu tun.

Empfehlung 4:
Senken Sie Ihren Adrenalinspiegel

Ein Aspekt der Konfliktdynamik, der bisher etwas zu kurz kam, ist der der „Selbsthypnose“. Menschen können in Konfliktsituationen sich selbst in Rage steigern. Ein Anlass wird genommen, um sich daran zu erinnern, dass ja auch damals schon und gestern wieder (und sowieso immer) das eine Unerwünschte passierte und noch nie das andere, das Erwünschte, und und und ... Wenn Sie diesen Mechanismus bei sich selbst beobachten, steuern Sie aktiv dagegen. Eine Möglichkeit aus dem Elterncoaching (zit. bei Omer & v. Schlippe, 2004) ist die Übung der „drei Körbe“. Hintergrund ist, dass, gerade in Familienkonflikten eine Kleinigkeit, sagen wir ein achtlos in den Flur geworfener Anorak, eine Kaskade von Eskalationen auslösen kann: Hatte man nicht schon letzte Woche gesagt, das Kind sollte mehr Ordnung halten – und wie steht es um die trotz Zusage nicht ausgeräumte Spülmaschine, das unordentliche Kinderzimmer usw.? So setzt ein manchmal nur kleiner Anlass eine Art emotionaler Kettenreaktion in Gang, die für alles gut ist, nur nicht dafür, einer Lösung näherzukommen.

Die „Drei-Körbe-Übung“ besteht darin, dass man alle Klagen und Beschwerden für sich auf jeweils einen Zettel schreibt und dann drei Körbe unterschiedlicher Größe vor sich stellt (es genügt aber auch, sie sich vorzustellen): In den größten dieser Körbe legt man das ein, was nicht wirklich dramatisch ist, was sich aller Voraussicht nach auch nicht mehr groß ändern wird – in einer Unternehmensfamilie kann es sein, dass ein Nachfolger das ständige kontrollierende Verhalten des Vorgängers in diesen Korb legt: Ärgerlich, man hätte es gern anders, aber „So what, ich leg’s in den großen Korb!“ Über die Dinge in diesem Korb entscheidet man dann sich nicht mehr aufzuregen. In den mittleren Korb legt man die Dinge, die man auf lange Sicht nicht tolerieren will, die aber derzeit nicht im Vordergrund stehen, wie vielleicht die Tatsache, dass der Senior nach wie vor die Geschäftspost als Erster liest. In den kleinen Korb sollte man maximal zwei, na gut, allerhöchstens drei Themen legen. Es sind dies die, gegen die man sich explizit stellen wird und alles in der eigenen Macht Stehende tun will, um sie zu ändern. Das kann in dem kleinen Beispiel zwischen

Senior und Nachfolger sein, dass man als Junior nicht mehr bereit ist zu tolerieren, wenn eigene Entscheidungen nachträglich vom Senior abgeändert werden oder der Senior sich offen kritisch über den Junior vor der Mannschaft äußert. Die drei Körbe helfen dann, bei einer ganzen Reihe von Anlässen gelassen zu bleiben; das entspannt das Klima schon mal. Und dann hilft es, sich auf einen Anlass zu fokussieren und die Verhandlungs- und Veränderungsenergie in diesen hineinzusetzen.

Empfehlung 5:
Gehen Sie das Risiko ein, dem anderen eine gute Absicht zu unterstellen.

Eine Einstellung, die sich in der Eskalation wie von selbst anbietet, ist, dem anderen „nur das Schlechteste" zu unterstellen. Diesem Mechanismus entgegenzuwirken, bedeutet, eine „riskante Vorleistung" einzugehen (Luhmann, 1968, p. 27), die sich gleichwohl langfristig als „Strategie mit der größeren Reichweite" erweisen kann (ebd.), sofern sie nicht in blindem Vertrauen besteht. In Familien jedenfalls kann es sich mittelfristig als sehr hilfreich erweisen, aktiv aus dem eigenen feindseligen Wahrnehmungsfehler auszusteigen und dem Verhalten des anderen eine zugrundeliegende gute Absicht zu unterstellen – dies scheint auch in Organisationen hilfreich zu sein: „Aus der Perspektive der Transaktionskosten ist nichts so ‚billig' wie Vertrauen" (Sprenger, 2012, p. 133). Selbst wenn das Verhalten des anderen nicht nachvollziehbar ist, kann es hilfreich sein, sich vorzustellen, dass auch er ein „getroffener Betroffener" ist, dass es ihm vielleicht um die Abwehr von Gefühlen von Scham oder Ohnmacht geht (vgl. Kap. 5.4.1, Abs. f.), dass er in seinem persönlichen Gerechtigkeitsempfinden verletzt ist o. ä. Das alles kann helfen, den anderen mit freundlicheren Augen zu betrachten – eine schwere Übung im Konflikt. Doch ist diese „Entteufelung" wichtig, wenn man sich dem „Parasiten" entgegenstellen will: zu lernen, dass der Gegner immer die Eskalation oder die gemeinsame Zwickmühle ist, nicht der andere. Im Konflikt steckt man gemeinsam – und wie heißt es so schön in einem Münsterländer Gasthof: *„In der Klemme steckt man unbequem, öwwer fest!"*

Empfehlung 6:
Zeigen Sie Gesten des Respekts für den anderen

Es kann sein, dass Ihre Reaktion auf diesen Vorschlag jetzt ungefähr so aussieht: „Respekt? Das wäre ja noch schöner, jetzt soll ich meinem Gegner auch noch etwas Freundliches zukommen lassen, nach all dem, was er mir angetan hat? Dann denkt er doch, er habe gewonnen! Soll der erst mal Respekt für mich zeigen, dann sehen wir weiter!" Wenn das so ist, dann gehen Sie bitte zurück zu Empfehlung Nr. 1![20] Im Konfliktgeschehen sind sehr oft symbolische Handlungen von enormer Bedeutung, oft kosten sie nur wenig oder sogar nichts außer einem Stück Selbstüberwindung. Der Satz von de Gaulle kurz nach dem 2. Weltkrieg „Die Deutschen sind ein *großes* Volk!" hat jedenfalls den Weg zur deutsch-französischen Verständigung wohl nicht beeinträchtigt und sicher auch nichts gekostet, zumindest nicht finanziell ... Kleine Gesten des Respekts oder auch der Wertschätzung, die an keine Bedingung gebunden sind, können das Klima positiv beeinflussen. Denn sie machen es dem anderen schwer, den feindseligen Wahrnehmungsfehler (Kap. 6.4.5) aufrechtzuerhalten, der ja darin besteht, zu vermuten, dass der andere einem nichts als übelwill. Solche Gesten können dabei die eigene Versöhnungsbereitschaft ausdrücken (vgl. Empfehlung 2) oder auch nur die Souveränität, dass man nicht bereit ist, sich vom Konflikt vollständig beherrschen zu lassen. Sie können auch darin liegen, dass man für eigenes Fehlverhalten Verantwortung übernimmt und sein Bedauern[21] darüber ausdrückt und beispielsweise sagt: „Da habe ich mich viel zu emotional verhalten, darüber ärgere ich mich im Nachhinein selbst, es tut mir leid!" Man muss dabei damit rechnen, dass das Gegenüber anfangs auf eine solche kleine Geste feindselig reagiert: „Ach, übrigens, ich habe am Bahnhof diese Zeitschrift gesehen, ich weiß doch, dass du an so etwas Interesse hast, daher habe ich sie dir mitgebracht!" – „Mir doch egal!" oder: „Ach ja? Interessiert mich eigentlich nicht! Leg sie mal da hin!" Hier ist es wichtig, sich nicht davon abbringen zu lassen, freundlich zu sein: „Du brauchst sie nicht zu lesen, ich hatte nur an dich gedacht!" Um das Muster zu ändern, ist es dann wichtig, weiterhin kleine, freundliche Gesten zu zeigen. Wenn man merken sollte, dass man selbst auf die Ablehnung einer solchen Geste beleidigt reagiert, sollte man zu der vor der Empfehlung Nr. 1 beschriebenen Grundhaltung zurückgehen, denn dann ist man noch in dem Mindset gefangen, den anderen ändern zu wollen: „Ich kann niemanden ändern als mich selbst!" Wertschätzungsgesten werden ohne Dankbarkeitserwartung gegeben, sie sind der bestmögliche Ausdruck, die eigene Entschlossenheit zu zeigen, sich selbst zu ändern, entschiedene Schritte zu gehen, um dem „Parasiten", dem Konflikt, die Stirn zu bieten – und gerade nicht, um den anderen möglichst perfekt zu manipulieren (Omer & v. Schlippe, 2004).

[20] „Zurück auf die Ausgangsposition" ... da gibt es zwischen innerer Konfliktarbeit und einem Mensch-ärgere-dich-nicht-Spiel doch so einige Ähnlichkeiten ...

[21] Ein Hinweis hierzu: Es ist besser, in einer solchen Situation das eigene Bedauern zu äußern, als um Entschuldigung zu bitten. Denn der Ausdruck des eigenen Bedauerns kann einem nicht genommen werden, während eine Entschuldigung brüsk und vielleicht verletzend verweigert werden kann – und wenn eine Eskalation entsprechend heiß ist, auch wird. Wenn dagegen auf die Aussage des eigenen Bedauerns der andere abweisend reagiert wie: „Das sagst du jetzt bloß so!", „Ach, hast du wieder was Neues überlegt!", dann kann man leichter sagen: „Du musst es nicht glauben, es war mir wichtig, es zu sagen!" – bei einer abgewiesenen Entschuldigung steht man da und hat den „schwarzen Peter". Es geht eben nicht darum, den anderen dazu zu bringen, sich anders zu verhalten: Ändern kann man nur sich selbst.

Empfehlung 7:
Akzeptieren Sie, dass es verschiedene Gerechtigkeitslogiken gibt

Gerade in Familienkonflikten sind auf dem Grund des Konflikts meist tiefe Kränkungen zu finden, die mit verletztem Gerechtigkeitsgefühl verbunden sind (Montada, 2014). Wenn Sie bei sich eine solche besondere Kränkung und entsprechend tiefgreifende Empörung feststellen, dann ist es vor allem wichtig, dieser Empörung nicht sofort nachzugeben (was im E-Mail-Zeitalter, wie schon in Kap. 1 gesagt, eine besonders große Versuchung ist). Zählen Sie bis 100 oder ggf. auch bis 10000 (Empfehlung 3), und versuchen Sie zu verstehen, in welcher Gerechtigkeitslogik Sie selbst, in welcher die andere Person unterwegs ist. Wenn Sie sich ganz in sie hineinversetzen, können Sie vielleicht nachempfinden, warum sie sich verhält, wie sie das tut. Wenn Sie die Kränkung oder den empfundenen Gesichtsverlust verstehen, können Sie das sogar anerkennen und etwas sagen wie: „Ich habe verstanden, dass es aus deiner Sicht ganz anders aussieht und dass du gerade das, was ich für eine gute Lösung gehalten habe, als total ungerecht erlebst." Sie brauchen dabei die Gerechtigkeitsvorstellung ja nicht zu teilen, aber wenn Sie sie zumindest nachvollziehen können, reduziert das die Empörung. Über Gerechtigkeit und Gerechtigkeitslogiken zu sprechen, ist etwas anderes als aus verletztem Gerechtigkeitsempfinden heraus aufeinander einzuschlagen.

Empfehlung 8:
Behalten Sie die Paradoxie von Gewinnen und Verlieren im Blick

Erstmals, so wird berichtet, sei es der König Pyrrhus gewesen, der feststellte, dass sein Sieg eigentlich tatsächlich sein größter Schaden war. Es kann manchmal sein, dass es besser ist, dem anderen den Sieg zu lassen, um selbst zu „gewinnen". Gerade in Familienkonflikten kann die Wahrung der Beziehung ein „größeres Drittes" sein (Kap. 3.2.6), unter das sich die Konfliktparteien gemeinsam stellen. Manchmal macht man die erstaunliche Feststellung, dass der andere an der Stelle, an der man selbst nachgegeben hat, plötzlich seinerseits Zugeständnisse macht.
Natürlich gilt das nicht für jede Situation. Doch lohnt es sich zu prüfen, ob es ein Konflikt ist, den man überhaupt gewinnen kann. Es ist ohnehin in vielen nahen Beziehungen fraglich, ob es sinnvoll ist, Machtkämpfe zu führen, aber wenn, dann sollte man auf jeden Fall sicher sein zu gewinnen! Im Zweifel überschätzen Sie lieber die Stärke Ihres Gegners! Wenn der weitere Verlauf der Eskalation nicht vorhersehbar ist, steigen Sie aus! Dies gilt vor allem, wenn Ihnen bewusst wird, dass Sie schon bereit sind, den anderen oder sogar sich selbst zu vernichten, um zu gewinnen (die finale Stufe 9 der Eskalation, siehe Kap. 6.4.1) – das ist keine so brillante Idee!

Empfehlung 9:
Sprechen Sie so, dass die Vielstimmigkeit des anderen lebendig bleibt

Sprache kann genutzt werden, um die eigenen Grenzen zu verdeutlichen („Ich bin nicht bereit, das so zu akzeptieren!") oder um in den Bereich des anderen einzudringen („Was bist du für ein unmöglicher Mensch!" oder: „Ach, jetzt versuchst du die psychologische Masche, ich durchschaue dich!"). Eine de-eskalative Sprechweise vermeidet es, den „inneren Bereich" des Gegenübers zu verletzen. Das ist möglich, ohne dabei eigene Positionen aufzugeben, etwa indem beispielsweise die hinter den eigenen Positionen stehenden Interessen in Form von sog. Ich-Botschaften ausgedrückt werden: „Mir ist das dabei wichtig ..." Man kann dabei Bedürfnisse und Wünsche ausdrücken und Anklagen oder ultimative Forderungen vermeiden (Rosenberg, 2001): „Wenn ich Sie richtig verstehe, ist Ihnen in dieser Sache wichtig, dass ... und nicht, dass ... Liege ich da richtig?" Wenn man diese Art von Sprache nutzt, kann beim Gegenüber (sei es eine Person oder eine Gruppe) etwas Interessantes geschehen: Seine innere Vielstimmigkeit kann angeregt werden. Weil sich die andere Partei nicht bedroht fühlt, muss sie nicht kritische interne Stimmen zum Schweigen bringen. Wer attackiert wird (sei es Einzelperson oder Gruppe), tendiert zur inneren Einstimmigkeit, zum „groupthink" (Esser, 1998; Glasl, 2014c). Wer dagegen respektvoll angesprochen wird, so dass er sich nicht bedroht fühlt, der kann sich eine „innere Opposition" leisten, die beispielsweise dann gegenüber der derzeit regierenden „inneren Mehrheit" leichter ihre alternative Meinung zu Gehör bringen kann („Vielleicht ist der andere doch nicht so knallhart auf Konfrontation aus, vielleicht sollten wir seinem Vorschlag eine Chance geben ..."). Es kommt immer darauf an, die innere Stimmenvielfalt beim anderen lebendig zu halten – und das geschieht natürlich am besten, indem man sie auch bei sich selbst lebendig hält.

Empfehlung 10:
Seien Sie sich bewusst, dass es dann, wenn etwas in Bewegung kommt, am gefährlichsten wird

Wenn Sie die Empfehlungen 1–9 ernstnehmen, kann es tatsächlich passieren, dass eingefahrene Konfliktmuster beginnen sich zu verändern. Genau diese Situation ist hochgradig gefährlich. Denn gerade dann, wenn Sie mit ersten vorsichtigen Schritten aufeinander zugehen, ist das Risiko besonders groß, dass ein unbedachtes Wort, eine falsch verstandene Geste das Kommunikationssystem wieder in die alte und gewohnte Struktur „zurückschnappen" lässt und Sie denken: „Ich wusste doch, er ist nicht vertrauenswürdig!" – „Wir haben es noch einmal versucht, aber man sieht ja, es geht nicht, mit denen kann man nicht reden!" Der feindselige Wahrnehmungsfehler (Kap. 6.4.5) stellt sich in solchen Situationen blitzschnell wieder ein (fast könnte man denken, er „freut" sich geradezu, wenn er einen Beweis findet – die selbsterfüllende Prophezeiung ist eingetreten, er wusste ja schon immer, dass Vertrauen nichts bringt!) und ist dann meist noch fester als vorher, eben eine enttäuschte Hoffnung. Man ist in einer solchen Situation besonders verwundbar, und Missverständnisse, die immer wieder passieren, geben dem alten Misstrauen wieder Futter: „Siehst du, er hatte es gar nicht ernst gemeint, er hatte in Wirklichkeit einen besonders fiesen Plan ..." Gerade deswegen ist es wichtig, einen langen Atem zu haben und im Zweifelsfall lieber eine unmissverständlich freundliche Geste mehr zu machen als eine weniger.

7.3 Die Perspektive des internen Beobachters

Vielfach ist man in einer Position als indirekt Betroffener mit Konflikten der Unternehmerfamilie konfrontiert, etwa aus einer Beiratsposition heraus (s. z. B. Freysoldt, 2013), als Familienratsvorsitzender, als Gesellschafter, als familienexterne Führungskraft oder auch als Inhaber, der konstruktive Weichen stellen möchte und mit Sorge auf die eigenen, streitsüchtigen Kinder schaut u. ä. Dies ist eine Position, in der man in Grenzen auch die o.a. Empfehlungen befolgen kann, allerdings ist man nicht in der Lage, professionell wie ein Berater zu intervenieren. Im Wesentlichen bleibt aus der Position heraus die Möglichkeit, die Einhaltung und Achtung familienstrategischer Regeln einzufordern, sofern es sie gibt, oder Schritte in eine Familienstrategie anzuregen bzw. einzuleiten (May, 2007; Rüsen & Groth, 2012; Schmidt, 2014).

Dies erfordert natürlich eine Situation, in der der Eskalationsgrad noch nicht so massiv ist, dass ein solches Projekt zwangsläufig an den entstandenen Konfliktmustern scheitert. Denn in einer stark eskalierten Situation ist es beinahe unmöglich, dass alle Beteiligten zustimmen, welcher Regel auch immer. Wenn aus der internen Beobachterperspektive die Konflikte die Grenze zur persönlichen Verunglimpfung überschritten haben (vgl. die Eskalationsstufen in Kap. 6.4.1), dürfte nur die Option bleiben, eine externe, neutrale Vermittlung vorzuschlagen und ggf. zu organisieren. Dies gilt insbesondere für die Beobachterposition eines familienexternen Geschäftsführers oder eines Beirates, weil diese Personen von der Familie zum einen als „intern", zum anderen am ehesten auch noch als „von außen" akzeptiert sein dürften.

Eine Möglichkeit, die sich dabei anbietet, ist die Frage danach, wohin das führen mag, wenn die Konfliktdynamik ungebremst weitergeht. Dabei können Varianten künftiger möglicher Konfliktverläufe überlegt werden und helfen, zumindest einen „Konsens über die unerwünschte Zukunft" zu erreichen: Was passiert, wenn nichts passiert, wenn keiner der Beteiligten einen kreativen Schritt unternimmt? Wie könnte die Situation weiter verschlechtert werden? Welche Varianten von Zukunft sind denkbar? Gibt es, bei aller Differenz, Einigkeit darüber, dass zumindest einige dieser unerwünschten Zukünfte vermieden werden sollten (Ballreich & Glasl, 2011; Glasl, 2013, p. 365)? Auch das Ansprechen der noch verbindenden Aspekte (sog. „Connectors") kann helfen, Motivation für ein aktives Angehen der Konfliktsituation zu schaffen (Glasl & Weeks, 2008) – gerade in Familienunternehmen kann dies der Ruf der Familie, das Vermächtnis des Gründers, die gute Beziehung zur Mutter o. ä. sein.

Im Falle von Konflikten ist die Frage zentral, wie stark die Konfliktdynamik des einen Systems auf das andere durchschlägt (Rüsen & v. Schlippe, 2007; Rüsen, 2008). Man kann sich die beiden Systeme (Familie und Unternehmen) als miteinander verbundene, gekoppelte „Pendelsysteme" vorstellen. Das Prinzip des Doppelpendels, also eines Pendels, an das ein weiteres Pendel angehängt ist, ist ein beliebtes Beispiel für chaotische, nicht vorausberechenbare Dynamiken in eng verbundenen Systemen und wurde von Rüsen (2008) als Bild für die „aneinanderhängenden Systeme" Unternehmen und Familie genutzt. Wenn man diesen Blick einnimmt, wird schnell nachvollziehbar, dass eine Irritation des einen Systems sofort auf das andere übergreift, wenn nicht Regelungen bestehen, die diese Irritationen abfedern (s. a. Großmann, 2014, p. 134 ff.). Spezifische Konfliktbereiche in Familienunternehmen, die dazu führen können, dass das Unternehmen in eine Krise gerät, haben daher immer mit dem „Grenzmanagement" zwischen Familie und Unternehmen zu tun (Wiechers, 2005), u.a. um zu vermeiden, dass der Konflikt sich auf andere Personengruppen ausweitet, was, wie Großmann zeigte, schnell geschieht (ebd. S. 135 f.). Entscheidend ist jeweils die Frage, wie der Zugriff des Unternehmens auf Familienressourcen gewährleistet ist und wie gut zugleich das Unternehmen vor Belastungen geschützt ist, die aus der Familie kommen. Nicht die Frage, ob eine Familie eher harmonisch oder eher konflikthaft miteinander umgeht, ist somit bedeutsam, sondern ob es gelingt, den Kooperationswillen der Familien für das Unternehmen nutzbar zu machen und es zugleich gegen die Familienkonflikte abzugrenzen. Es ist mithin immer wieder die Frage zu stellen, wie im jeweiligen Fall zwischen Geschäfts- und Familieninteressen entschieden wird.

Genau das ist die Aufgabe von Personen, die sich mit der Frage befassen, wie die Verbindung zwischen Familie und Unternehmen lebendig gehalten werden kann. Das ist das Anliegen und die Aufgabe einer Familienstrategie, die gleichberechtigt neben die Unternehmensstrategie tritt und so mit einem parallelen Blick auf beide Systeme zu agieren sucht (Carlock & Ward, 2001). Viele, insbesondere große Familienunternehmen haben bereits ausgesprochen differenziert ausgearbeitete Regelsysteme, die helfen, Konfliktsituationen bereits im Vorwege zu neutralisieren (z.B. Baumhauer, Böninger, Prügl, & v. Schlippe, 2011; Pieper, 2007; Simon et al., 2005). Wie gesagt, soll an dieser Stelle keine ausführliche Diskussion der familienstrategischen Möglichkeiten erfolgen, die sich hier anbieten (v. Schlippe et al., 2011, p. 534f.). Sie eignen sich nicht in eskalierten Konfliktlagen, denn sie sind eher präventiver Natur wie etwa:

- Interne Konfliktklärung hat Vorrang vor externer. Es wird gemeinsam besprochen, wie und unter welchen Bedingungen Konflikte angesprochen werden. Die Einrichtung eines „Kümmerers“, der im Familienkreis als neutral anerkannt ist und an den sich die Familienmitglieder wenden können, wenn sie ihre Belange bedroht sehen, kann hier hilfreich sein. Externe (z. B. Rechtsanwälte) sollten nur als letztes Mittel in die familieninternen Streitigkeiten einbezogen werden dürfen, wenn klar definierte De-Eskalations- und Klärungsschritte durchlaufen wurden. Der Weg in die Öffentlichkeit sollte explizit ausgeschlossen bleiben.
- Zügiges Ansprechen von Konfliktthemen: Es empfiehlt sich, Konflikte in einem frühen Stadium zu thematisieren, damit sich Groll erst gar nicht aufstauen kann. Familien haben „Elefantengedächtnisse“, d.h., Versäumnisse und aufgestauter Ärger können oft noch nach Jahren „präsentiert“ werden. Erleichtert wird dies, wenn es eine Regel gibt, wie z.B. die „48-Stunden-Regel“ einer Unternehmerfamilie: Ein Konfliktthema muss innerhalb von zwei Tagen thematisiert werden (etwa in dem man eine von der Familie gewählte Vertrauensperson daraufhin anspricht). Wichtig ist es dabei, dass der interne Beobachter einen solchen Prozess moderiert. Wenn jemand, der ein problematisches Thema formuliert, dies eher in Form von „Ich-Botschaften“ tut (Glasl, 2011, p. 121 ff.), also eher eigene Empfindungen anspricht statt anzuklagen, steigt die Wahrscheinlichkeit, dass das Thema von dem Gegenüber mit Interesse aufgenommen wird. Die Grundform der „gewaltfreien Kommunikation“ zu beachten, kann hier hilfreich sein: Es werden unbestreitbare, nachvollziehbare Beobachtungen formuliert („das und das ist geschehen“), dann wird das eigene Gefühl dazu benannt („das habe ich dabei empfunden“). In einem nächsten Schritt wird ein persönliches Bedürfnis formuliert, das dann in eine Bitte an den anderen mündet (Plate, 2013; Rosenberg, 2001).
- Regelmäßige Treffen machen es leichter *möglich*, heikle Themen anzusprechen. Die alte Formel „Kontakt fördert Sympathie“ stimmt sicher nicht durchgängig, doch bietet regelmäßiger Kontakt mehr Chancen für einen Austausch, als wenn man sich nur selten trifft.

- Verbindliche Beratungsschritte vor dem Ergreifen juristischen Maßnahmen: Es kann z. B. festgelegt werden, dass, wenn eine beteiligte Konfliktpartei eine Moderation wünscht, sich die andere Partei diesem Verfahren nicht verweigern, aber dafür dann z. B. den Moderator vorschlagen darf o. ä.
- Einrichtung von Regeln, wie etwa die Heranziehung einer externen Person, die „Schicksal" spielt, wenn eine Entscheidung im Gesellschafterkreis blockiert ist. Besonders pfiffig erscheint mir die Regel bei Menschen, die derselben Kirche angehören, dass bei einer Stagnation im Beirat der örtliche Gemeindepfarrer nach Anhörung beider Parteien definitiv entscheidet, ohne dass es eine Möglichkeit der Berufung gibt – soweit ich weiß, wurde diese Option noch nie gezogen. Eine interessante Variante ist das Amulett, das in Kap. 3.2.6 erwähnt wurde, das der Vater seinen Söhnen gab: Der Besitzer hatte das Recht, bei Stimmengleichheit zu entscheiden, doch er musste den „Entscheidungsstab" anschließend weitergeben (Lansberg, 1999).

Wie gesagt, diese Themen sind für geringe Eskalationsstufen angemessen. In massiveren Eskalationen wird die Einbeziehung einer extern moderierten Konfliktberatung oder Mediation eine Option sein. Gerade hier kann ein „interner Beobachter", der sowohl eine Innenperspektive hat als auch eine gewisse Außenposition, helfen, den „Konflikt über die Konfliktlösung" zu entschärfen, und die Suche nach einer guten Konfliktmoderation unterstützen.

7.4 Aus der professionellen Perspektive

7.4.1 Grundlegende Überlegungen

Die letzte Perspektive ist die professionelle; sie richtet sich vorwiegend an jemanden, der angefragt wird, eine Unternehmensfamilie im Konflikt zu beraten. In der Beratung wird grob unterschieden zwischen „Prozessberatung" und „Expertenberatung" (Glasl, Kalcher, & Piber, 2014). Die ehemals scharfen Gegensätze zwischen klassischer Expertenberatung mit sehr klar vorgegebenen inhaltlichen Eingriffen in organisatorische Prozesse, mit der Gefahr „Ersatzmanagement" zu betreiben (Wimmer & Hahn, 2007), und einer eher weichen Prozessberatung beginnen sich aufzulösen zugunsten einer „Beratung im dritten Modus", in der es darum geht, Organisationen zu unterstützen, Komplexität zu bearbeiten (Glatzel & Lieckweg, 2014; Wimmer, Glatzel, & Lieckweg, 2014; Wimmer, 2010). Im Umfeld von Konflikten, vor allem Konfliktprävention wäre hier eine Beratung zum Aufbau einer Familienstrategie zu nennen, also eines grundlegenden Regelwerkes, z. B. einer Familienverfassung, das die Beziehung zwischen Unternehmen und Familie regelt (Kirchdörfer &

Lorz, 2011). Für diese Form der Beratung, die Züge der Expertenberatung aufweist und zugleich sehr prozesshaft vorgeht, gibt es am WIFU einen sehr sorgfältig ausgearbeiteten „Fahrplan“ (eine Kurzfassung findet sich bei Rüsen & Groth, 2012). Wie schon gesagt, steht dies nicht im Fokus dieses Buches, ein ausführliches Werk dazu ist jedoch in Vorbereitung (v. Schlippe, Groth, & Rüsen, 2015).

Ich werde mich im Folgenden auf die Perspektive der systemischen Konfliktberatung als Form der Prozessberatung konzentrieren und auch bei der Unternehmensfamilie bleiben, die in diesem Buch schwerpunktmäßig im Vordergrund steht (für andere Konstellationen, etwa Medition zwischen Einzelpersonen, Gruppen und Teams s. z. B. Ballreich & Glasl, 2011). Natürlich ist das gesamte Repertoire der systemischen Praxis hier einsetzbar, ist es doch aus der Familientherapie heraus entstanden. Doch ich will der Versuchung widerstehen, hier das „Lehrbuch der systemischen Therapie und Beratung“ erneut zu erfinden, und verweise dafür explizit auf die „Schlippe/Schweitzer“-Bücher (v. Schlippe & Schweitzer, 2009, 2012; Schweitzer & v. Schlippe, 2006). Ähnliches gilt für die Grundprinzipien der Mediation, für die es ausgezeichnete Bücher gibt (Hertel, 2013; Montada & Kals, 2007), u. a. auch explizit für Familienunternehmen (Neuvians, 2011). Besonders verweisen möchte ich an dieser Stelle noch auf den ausgesprochen inspirierenden Ansatz der „Narrativen Mediation“, in dem es darum geht, sich auf eine neue Weise in die „Stories“ einzuklinken, über die Konflikte in der Kommunikation aufrechterhalten werden (Winslade & Monk, 2000, 2011). Im Abschnitt über die „Externalisierung“ wird unten darauf noch genauer eingegangen.

Insgesamt werde ich mich daher stark beschränken und auf Vorgehensweisen konzentrieren, die sich explizit für Unternehmensfamilien anbieten und sich dort besonders bewährt haben. Ganz kurz sei zuvor die Grundidee der systemischen Praxis skizziert. Sie liegt darin, das Gegenüber zu unterstützen, sich selbst zu beobachten, gemäß dem Bonmot: „Wer sich beobachtet, verändert sich.“ Die Unterstützung durch einen professionellen Praktiker besteht dann darin, dass er eine oder mehrere besondere „Brillen“ bereitstellt, mit denen der Ratsuchende auf sich selbst schauen und dafür sensibel werden kann, wie er sich und anderen seine Geschichten erzählt. Die Kunst besteht darin, vom Inhalt abzusehen, also dem Gegenüber zu helfen, zu sehen, was er/sie eigentlich schon weiß, und dies zu tun, ohne dem anderen zu sagen, was er sehen solle: „Die bloße Anwesenheit eines Externen bewirkt, dass eigentlich Bekanntes neu entdeckt wird, dass interne Informationen und internes Wissen, die für das Kollektiv nicht unmittelbar zugänglich, teilweise unbekannt waren, nun offenbar werden. Es wird entdeckt, was eigentlich bekannt ist“ (Baitsch, 2003, p. 169 f.). Das gilt für die meisten systemischen Interventionen. So gibt es das Instrument der sog. systemischen (zirkulären) Fragen (Simon & Rech-Simon, 1999). Anders als man Fragen sonst gewohnt ist, geht es bei der Antwort weniger um eine Information, die der Berater erfragen will (wie etwa eine Frage wie: „Seit wann haben Sie das Problem?"). Zirkuläre Fragen schlagen vielmehr eine Richtung vor, in die geschaut werden könnte, und regen daher beim Gegenüber Selbstbeobachtung an. Die Antwort ist weniger interessant für den Fragenden als vielmehr für den Antwortenden selbst. Wenn man etwa fragt: „Angenommen, Sie wollten bewusst Ihren Konfliktpartner auf 180 bringen, wie müssten Sie das tun?", dann ist das zunächst eine harmlose Frage. Doch sie impliziert, dass der andere nicht hilfloses Opfer einer tosenden Konfliktdynamik ist, sondern diese durch eigenes Handeln mit betreibt. Die Frage hilft, dass eine solche Konfrontation zu einer Selbstkonfrontation wird und daher leichter annehmbar ist. Fragen wie „Glauben Sie eigentlich, dass das nur Ihnen als Familie passiert? Sind Sie eine besondere Familie? Was macht Sie so besonders? Was denken Sie, wie andere Familien mit einer solchen Problematik zurechtkommen bzw. -kämen?" können helfen, auf neue Gedanken zu kommen und das Gefühl von Isolation zu verändern, ohne dass sie als billiger Trost empfunden werden (wie etwa durch die Aussage: „Überlegen Sie doch mal, anderen Familien geht es doch auch nicht besser als Ihnen!"). In diesem Zusammenhang sei noch die Familienskulptur als besondere Form kurz erwähnt: Ein Familienmitglied wird aufgefordert, ein „Standbild" der Familie zu bauen, das die Beziehungen darstellt (bei Unternehmensfamilien kann dann auch „das Unternehmen" symbolisch dazugestellt werden, etwa durch einen Stuhl). Auf diese Weise werden alle Betroffenen nicht nur zu Beobachtern von sich selbst (weil sie selbst darüber nachdenken, wo sie in Bezug auf die anderen stehen), sondern sie beobachten auch, wie die Perspektive des Skulpturbauers auf sie selbst aussieht.

„Herr X., wie geht es Ihnen mit dem Bild, das Ihr Sohn gerade aufgebaut hat?" – „Ich bin ganz erstaunt, wie nahe er sich selbst und mich zusammengestellt hat. Wir haben im Alltag ständig Streit um das Unternehmen, da dachte ich, er wird uns weit auseinander stellen. So fühlt es sich gut an, besser als ich dachte. Und besonders freut es mich, dass er uns so aufgebaut hat, dass wir gemeinsam auf das Unternehmen schauen!" – „Und Herr X. junior, wie geht es Ihnen mit dem, was Ihr Vater gesagt hat?" – „Mir war gar nicht klar, dass er unsere Auseinandersetzungen so erlebt, ich bin halt dabei, meinen Platz an seiner Seite zu finden. Manchmal war ich mir nicht so sicher, ob er findet, dass ich da richtig bin. Ich finde gut zu hören, dass er sich darüber freut, dass wir das Unternehmen gemeinsam im Blick haben."

Abgesehen von den beiden zentralen Interventionen der systemischen Praxis, dem zirkulären Fragen und der Arbeit mit Skulpturen gibt es zahlreiche andere Formen

zu intervenieren, der „gemeinsame Nenner" ist, wie gesagt, die Ausrichtung darauf, ein ratsuchendes System, sei es eine Einzelperson (psychisches System) oder ein soziales System auf die Spur der eigenen Selbstbeobachtung zu bringen.
Neben dem Prinzip der Selbstbeobachtung ist m. E. noch eine weitere Grundlinie in der Konfliktarbeit bedeutsam. Sie entstammt nicht der systemischen Praxis, es ist eine Differenzierung, die mit dem Begriff des „Harvard-Modells" verbunden ist (Fisher, Ury & Patton, 2009). Im Kern geht es hier um die Differenzierung zwischen Positionen und Interessen[22] (s. a. v. Hertel, 2013, p. 108 f.): Hinter oft sehr markant vorgetragenen Positionen („… und dahinter gehe ich nicht zurück!") stehen Interessen („… weil ich glaube, mich nur dann sicher fühlen zu können!") und Bedürfnisse („… für mich ist es das Wichtigste, mich nicht bedroht zu fühlen und keine Angst haben zu müssen!"). Manchmal gelingt es, eine Verbesserung auf den Weg zu bringen, die die emotionalen Interessen auch auf eine andere Weise sicherstellt als über die vorher unvereinbar im Raum stehenden Positionen der Beteiligten.

Ein prägnantes Beispiel für diese Differenz sind die Verhandlungen von 1978 in Camp David, die zum Friedensschluss zwischen Israel und Ägypten führten. Israel hatte nach dem Sechstagekrieg den Sinaï besetzt und verkündet, ihn nie wieder hergeben zu wollen. Für Ägypten war dies unannehmbar, und es war klar, dass beide Seiten in dieser Entweder-oder-Position nicht zusammenkommen würden. Den Verhandlern unter dem damaligen Präsidenten Jimmy Carter gelang es, herauszuarbeiten, worin das jeweilige Interesse hinter der Position lag: Den Ägyptern war daran gelegen, über ägyptisches Gebiet die volle Hoheit zu haben. Daran hatten die Israelis kein Interesse, ihnen war nur wichtig, dass die Wüste Sinaï nicht ein Aufmarschgebiet für eine Armee sein würde, die dann direkt vor der schwer zu sichernden Grenze für Israel sehr gefährlich wäre. Das lag nun aber auch gar nicht im Interesse Ägyptens, so dass eine Lösung, nach der der Sinaï wieder unter ägyptische Kontrolle gestellt, zugleich aber unter UNO-Aufsicht entmilitarisiert werden würde, die Billigung beider Partner fand (Fisher et al., 2009, p. 71).

Natürlich können die Interessen und Bedürfnisse auch direkt erfragt werden (etwa indem eine Position hinterfragt wird: „Wozu ist Ihnen das wichtig?").

[22] Im Harvard-Konzept ist dies eine der vier „Säulen", die anderen lauten: Menschen und Probleme getrennt zu behandeln, sich auf neutrale Beurteilungskriterien zu einigen und bei der Entwicklung von Optionen darauf zu achten, dass beide Seiten davon Vorteile haben (s. die angegebene Literatur).

Position: Mein Vater soll mir nun endlich die 51 % der Anteile überschreiben!“

Interesse: „Ich will allein entscheiden können!“

Bedürfnis: „Mir ist es wichtig, im Unternehmen anerkannt und respektiert zu sein!“

Doch das Denken in der Differenz von Positionen und Interessen und Bedürfnissen schlägt sich vielfach gar nicht direkt in konkret zu benennenden Interventionen nieder. Es ist ein Teil der „Grundmelodie“, die neben allgemein anerkannten Prinzipen der Beratung und Therapie wie einer wertschätzenden Haltung und der Suche nach Verstehen die Arbeit durchgängig bestimmt.
Dies vorausgeschickt, möchte ich im Folgenden einige Grundlinien der Konfliktarbeit mit Unternehmensfamilien skizzieren, die sich zum Teil an systemisch-familientherapeutisches Vorgehen anschließen, zum Teil davon unterscheiden. Einige der Methoden wurden im Buch bereits auch anhand der beschriebenen Fallbeispiele vorgestellt.

7.4.2 Ein Verständnis für den Kontext entwickeln und entdramatisieren

Wenn eine Familie in einem massiv eskalierten Konflikt steckt, ist das Denken und Wahrnehmen auf charakteristische Weise verändert, wie in den vorhergehenden Kapiteln geschildert. Ein Aspekt dieser Veränderung ist die Dramatik, mit der die eigene Betroffenheit belegt wird: Es ist „unglaublich“, „an Unverschämtheit nicht zu übertreffen“, „ganz furchtbar“ – und das ist es natürlich auch, aber es ist auch etwas anderes: In gewisser Weise ist es auch „ganz normal“, weil Konflikte eben so ablaufen, wie wir es in der Evolution der Menschheit gelernt haben.
Daher kann ein erster beraterischer Schritt darin bestehen, die Situation ein wenig zu entdramatisieren, indem den Betroffenen die eigene Situation aus der Perspektive eines externen Beobachters zurückgespiegelt wird. So kann es für die Betroffenen erleichternd sein zu hören, dass die eigene Familie nicht „anders als alle anderen“, eben besonders verbohrt und verkorkst ist, sondern dass es zahlreiche Familien mit vergleichbaren Problemlagen gibt, ja, dass diese konkrete Familie sogar über einiges an Ressourcen verfügt, die manche anderen Familien nicht haben (etwa einen besonderen Humor, eine erkennbare persönliche Zuneigung jenseits des Streits, eine Fähigkeit, die eigene Lage genau zu analysieren usw.). Die Erkenntnis, dass

„Missverstehen der eigentliche Normalfall“ und „Verstehen der erklärungsbedürftige Sonderfall“ ist, kann erleichtern, sie mag vielleicht verbunden werden mit der Aussage, dass die Beraterin oder der Coach sich wundert, dass es in dieser Familie immer noch so zahlreiche gute Momente von Verständnis gibt.

So erinnere ich mich an eine Unternehmensfamilie, bei der die Streitigkeiten in hohem Maße immer wieder eskalierten. Die Gespräche waren sehr anstrengend, von großer Heftigkeit und auch Verbitterung gekennzeichnet. Am Abend eines gemeinsamen Workshoptages lud einer der Beteiligten die anderen in sein Haus ein, es wurde gemeinsam gekocht – und wir als Berater erkannten die Familie nicht wieder! Es zeigte sich eine Ressource, die wir vorher nicht wahrnehmen konnten, die Fähigkeit, gemeinsam zu genießen und die heftigen Konflikte „vor der Tür“ zu lassen – eine enorme Qualität. In der Beratung war dann immer mal wieder Thema, wie diese Qualität für die Konfliktarbeit nutzbar gemacht werden könnte.

Um diese Entdramatisierung zu unterstreichen, kann es hilfreich sein, Themen wie die Paradoxien von Familienunternehmen (allgemein und konkretisiert auf die jeweilige Familie hin), fundamentale und feindselige Wahrnehmungsfehler, Kommunikationsmuster und die Gefahren einer personenbezogenen Zurechnung usw. am Flipchart zu erläutern. Ein solches Vorgehen hilft der Familie, sich anders zu sehen und über sich auf eine andere Weise zu sprechen: Sie kann sich mehr als System wahrnehmen, und die Chancen steigen, dass die Muster der Zurechnung auf das „dumme, böse oder kranke“ Gegenüber schwächer werden.

Eine schöne Erfahrung war es für mich, als der Auftraggeber aus einer großen Organisation, der mich zu einem Vortrag über „Feindbilder“ (Omer et al., 2007) eingeladen hatte, mir ein paar Wochen später berichtete, dass eine seiner Führungskräfte, mit der er seit Jahren in einem unversöhnlichen Streit lag, nach der Veranstaltung auf ihn zugekommen war und gesagt hatte: „Herr Y., mir ist etwas klar geworden, ich habe Sie dämonisiert. Ich schlage eine Versöhnungsmaßnahme vor. Ich würde Sie gern einmal zum Essen einladen und mit Ihnen ohne Protokoll und Agenda über unsere Beziehung sprechen. Wären Sie damit einverstanden?“ Das Essen verlief sehr offen, und die langjährige Feindschaft entspannte sich dauerhaft. Hier war offenbar allein die Sachinformation eine hilfreiche Brücke zu einer konstruktiven Veränderung.

7.4.3 Paradoxien verdeutlichen: Die Arbeit mit Stühlen

Eine inzwischen vielfach bewährte Methode, die am WIFU entwickelt worden ist, wurde bereits im Beispiel im ersten Kapitel vorgestellt und später in den Fallbeispielen mehrfach aufgegriffen. Sie eignet sich gut, die Dilemmata der Paradoxien räumlich zu verdeutlichen: Die Gleichzeitigkeit der Systemlogiken von Familie und Unternehmen und ggf. Gesellschafterkreis werden symbolisch über die verschiedenen Stühle dargestellt.

In „Familie Abel" (Fallbeispiel „Ein Businessplan für das Juwel" in Kap. 2.3.2) wurde das Dilemma der permanent gleichzeitig präsenten Logiken dadurch erkennbar gemacht, dass Vater und Sohn, die Hauptkontrahenten, jeweils auf einem Stuhl saßen, der sie als „Person Vater"/„Person Sohn" charakterisierte bzw. als „Person Unternehmer"/„Person Nachfolger". Die passenden Stühle (Familie und Unternehmen) standen jeweils einander gegenüber. So konnte der „schräge Anschluss" verdeutlicht werden, der entstand, als die Eltern dem Sohn anboten, das „Juwel" zu übernehmen (Familienlogik), während er mit seiner Partnerin den Anschluss in Unternehmenslogik herstellte und mit der Vorlage eines „Businessplans" reagierte. Beide Kontrahenten hatten in dieser kommunikativen Situation auf verschiedenen Stühlen gesessen, eben schräg gegenüber. Die Unmöglichkeit eines solchen Anschlusses in der Trias von Information, Mitteilung und Verstehen wurde gut erkennbar.[23]

Man kann mit einem solchen Vorgehen sehr prägnant erleben lassen, wie sinnlos es ist, dem einen oder dem anderen den „schwarzen Peter" zuzuschieben, denn es zeigt sich ja, dass beide Seiten jeweils in ihrer Logik sinnvoll kommunikative Anschlüsse herstellen, dass allerdings diese einfach nicht zueinander passen. Das Beispiel der beiden Brüder (s. ausführlich in Kap. 5) zeigte eine andere Variante der Stuhlarbeit. Hier war ebenfalls mit den Stühlen gearbeitet worden, da aber der eine nicht im Unternehmen tätig war, waren es zwei andere Stühle, nämlich ein Stuhl der beiden Gesellschafter/Inhaber und ein Stuhl der beiden Brüder. Während der Bruderstuhl noch einmal das Potenzial der Möglichkeiten für beide jenseits des Unternehmens deutlich machte, bestand die Konfrontation darin, dass deutlich wurde, dass der nicht operative Bruder auf dem Gesellschafterstuhl sich

[23] Wie bereits erwähnt, gibt es zu diesem Buch eine DVD (v. Schlippe, 2014a), in der dieses Fallbeispiel und die entsprechende Intervention ausführlich szenisch mit Schauspielern nachgestellt wird. Die Arbeit mit den Stühlen ist dabei in dem Drama „Nachfolge im Hotel zur Krone" festgehalten.

nicht mehr als Anteilseigner an einem Familienunternehmen verstand, sondern als Investor.
Der Vorteil der „Stühlearbeit“ ist, dass er Bilder bei den Betroffenen hinterlässt, die sich ihnen nachhaltig einprägen können. Es mag in manchen Situationen unpassend erscheinen, die Gesprächspartner auf den Stühlen hin und her zu setzen, dann können die Dilemmata auch am Flipchart erarbeitet werden, aber die Eindrücke bleiben natürlich etwas schwächer, weil das Ganze doch nur „über den Kopf“ geht.
Ein „Cave“, also eine Warnung vor einer zu starken Engführung auf die Kontexte „Familie“ und „Unternehmen“ (und ggf. auch den Gesellschafterkreis, wie in Kap. 2.2 ausgeführt), sei hier noch angefügt. Sicher sind diese beiden Sinnsysteme im Coaching von Unternehmensfamilien besonders zentral, doch bewegen sich Menschen auch noch in vielen unterschiedlichen, potenziell für sie wichtigen „Bedeutungsfeldern“, ein zwischen Familien- und Unternehmenslogik oszillierender Vater bezieht sich zugleich noch auf seine Mitgliedschaft als Partner im ehelichen System, in der Gruppe seiner Freunde usw. Auf all diese Felder kann sich ein Mensch potenziell gleichzeitig immer auch noch beziehen. Das sollte nicht vergessen werden, wenn man auf die hier hervorgehobenen, für Familienunternehmen bedeutsamen Systeme fokussiert: „Der Verweis auf die drei typischerweise thematisierten Systeme ist sicherlich ein hilfreicher Hinweis auf nicht zu übersehende Bedeutungsfelder, welche ‚top-down' wirken und von den Personen unterschiedliche Adaptationsleistungen in ihren Sinnkonstruktionen, Erwartungen und Handlungen erfordern. Gerade dort, wo dies aber nicht zufriedenstellend gelingt ..., bleibt zu fragen, an welche anderen ... Bedeutungsfelder sich Personen adaptiert haben. Diese können für die Personen weit wichtiger und für die Realität bestimmender sein“ (Kriz, 2011, S. 104).

7.4.4 Explizit der eigene Beobachter werden: Reflektierende Positionen

Die Arbeit mit dem „Reflektierenden Team“ ist ein in der systemischen Praxis recht beliebtes Vorgehen (Hargens & v. Schlippe, 2002). Es geht davon aus, dass Veränderung optimal da entsteht, wo es „einen Freiraum für den Gedankenaustausch zwischen zwei oder mehreren Menschen gibt und wo die individuelle Integrität beider oder aller gesichert ist“ (Andersen, 1990, S. 45). Die Form ist leicht erklärt, jedoch durchaus nicht schlicht in der Umsetzung: Der Gesprächsraum wird in zwei Bereiche aufgeteilt: In dem einen sitzt eine Beraterin mit einem ratsuchenden System, sagen wir, einer Familie. In dem anderen Bereich sitzt ein Team von professionellen Beobachtern. Das Gespräch beginnt in der Familie, die von der Beraterin interviewt wird, nach etwa 20–40 Minuten wird es unterbrochen, das Beobachterteam setzt sich zusammen und reflektiert auf wertschätzende und nicht-diagnostizierende Weise über das Gespräch, während die Familie und Beraterin nur zuhören. So entsteht eine

„Beobachtung zweiter Ordnung“, denn die Familie beobachtet sich im Zuhören ganz anders als gewohnt. Die Betroffenen erleben, wie ihre Themen auf eine suchende, freundliche und um Verstehen bemühte Weise diskutiert werden, und können sich wie in einem „Supermarkt der Ideen“ aus dem Gesagten und Besprochenen „bedienen“. Die erste Frage, wenn das Gespräch wieder zurück zur Familie gegeben worden ist, lautet meist: „Gab es etwas in dem, was die Kollegen gerade sagten, das Sie angeregt hat, das Sie bisher so noch nicht gesehen haben?“
Selten hat man nun ein mehrköpfiges Team zur Hand. Und darum geht es eigentlich auch gar nicht, es geht eher um die Frage, mit welcher Form eine andere Art der Selbstbeobachtung eingeleitet werden kann. Daher nutzt die systemische Praxis heute zunehmend auch „Reflektierende Positionen“. Dabei werden die Betroffenen selbst eingeladen, Beobachter ihrer eigenen Beobachtungen zu werden. Hierzu braucht es zunächst nichts als die Einnahme eines Platzes, der als der Beobachtungsplatz („Adlerhorst“) definiert ist und von dem aus man auf sich selbst zurückblickt. Indem man über sich selbst – durch entsprechende Fragen des Beraters unterstützt – in der dritten Person spricht, kann man auf verblüffend leichte Art Beobachtungen und Hypothesen über sich selbst anstellen, zu denen man vorher keinen Zugang hatte (v. Schlippe, 2009). Die Intention ist dabei, die Ratsuchenden an bestimmten, kritischen Punkten in eine Position der Selbstbeobachtung zu bringen und so den Blick für mögliche neue Optionen zu eröffnen, die sich aus dem Wechsel der Perspektive ergeben.

Fallbeispiel: Der schwarze und der graue Ritter (nach v. Schlippe, 2009)
Das Leitungsteam eines kleinen Unternehmens hatte mich zu einer Fortbildung eingeladen. Während der erste Tag noch mit inhaltlichen Fragen gefüllt war, fand ich mich am zweiten Tag plötzlich in einer heftigen Auseinandersetzung wieder. Meine Ausführungen wurden zum Gegenstand einer heftigen Kontroverse zwischen – nennen wir sie – Herrn Amann und Herrn Bertram. Sie hatten die Firma gemeinsam gegründet und leiteten sie seither kollegial und erfolgreich, wenngleich sie von Stil und Persönlichkeit her unterschiedlicher nicht vorstellbar waren. Herr Bertram verfocht in der Diskussion nun energisch den Standpunkt des Referenten, den Herr Amann ebenso heftig in Frage stellte. Der Rest des elfköpfigen Teams schwieg. Die Situation eskalierte. Vermittlungsversuche wurden mehr oder weniger schnell in Munition für die Auseinandersetzung verwandelt, es ging offenbar nur noch darum, die Argumentationsschlacht zu gewinnen. Hier schien sich ein bereits lange währendes Muster zu zeigen, eines, das durch „Fortbildung“ allein wohl nicht zu unterbrechen sein würde. Offenbar war es Teil des Musters, dass die beiden Leitungsfiguren sich

offen bekämpften, während die restlichen Mitglieder des Teams stiller und stiller wurden und sich zurückzogen. Eine Faustregel bei solchen kommunikativen Sackgassen: Wenn die Sachebene nur noch am Rande eine Rolle spielt, wenn es vorwiegend darum geht, zu gewinnen oder zumindest nicht zu verlieren (was manchmal die Heftigkeit der Auseinandersetzungen noch besser verstehbar macht), dann kann es hilfreich sein, zu einem Wechsel der Ebenen einzuladen, so dass die Betroffenen auf die „Spur der eigenen Selbstbeobachtung" gelangen können, anstatt dem Muster voll unterworfen zu sein.

Dies versuchte ich über eine Einladung an die beiden Kontrahenten: „Herzlichen Dank, ich glaube, ich habe jetzt ein wenig von Ihnen und diesem Team verstanden. Ich möchte Ihnen ein Experiment vorschlagen, das die Diskussion auf eine neue Ebene heben könnte." Als beide neugierig reagierten, schlug ich vor, neben dem Bereich, in dem wir saßen, also der Realität des Seminars, im Raum noch einen zweiten einzurichten, den „Adlerhorst". Von diesem Bereich aus wird sozusagen „von oben" auf die Situation geschaut: „Wenn Sie einverstanden sind, setze ich mich mit Ihnen dorthin, und wir führen von dort aus gemeinsam ein ‚Gespräch über das Gespräch'!" Die räumliche Veränderung allein reicht nicht unbedingt, um den Eskalationskreis zu durchbrechen, daher legte ich mit einem Augenzwinkern noch eine kleine Provokation dazu: „Ich bin mir allerdings nicht ganz sicher, ob Sie dieser Aufgabe ganz gewachsen sein werden!" – „Warum nicht?" – „Sie sind so stark im Clinch, dass Sie möglicherweise immer wieder den ‚Adlerhorst' verlassen und das Streitgespräch fortsetzen. Wenn das passiert, ist es meine Schuld, dann habe ich Sie überschätzt!" Natürlich waren beide sich sicher, dass ihnen dies nicht passieren würde, und so stellten wir drei Stühle außerhalb des Seminarkreises auf und begaben uns in diese neue Position, eine Position der Selbstreferenz. Aufgabe war es nun, dass von dort aus alle Beteiligten von sich selbst – auch ich von mir – in der dritten Position sprechen sollten, um die neue Perspektive, die Meta-Perspektive kenntlich zu machen. Es entspann sich eine Art „Meta-log", den ich etwa wie folgt erinnere:
Berater: „Was fällt Ihnen auf, wenn Sie die Gruppe dort beobachten?"
Bertram: „Ziemlich verfahrene Situation, nicht wahr?"
Amann: „Na, ich würde sagen, es geht einfach hoch her!"
Berater: „Denken Sie, dass die drei da durch das Gespräch vorankommen?"
Amann: „Wie meinen Sie das jetzt, vorankommen, in welcher Hinsicht?"
Bertram: „Das ist mal wieder typisch für dich, das ist doch glasklar! Du checkst das einfach nicht!"
Berater: „Oh, ich wusste, es würde nicht einfach sein. Jetzt sind Sie gerade

aus dem ‚Adlerhorst' ausgestiegen und ‚in die Niederungen' zurückgegangen. Sollen wir dann das Gespräch lieber wieder drüben fortsetzen?"
Bertram: „Nein, schon klar! Ich habe verstanden. Wie war nochmal Ihre Frage?
Berater: „Mich würde interessieren, ob Ihnen ein Muster auffällt, das sich dort abspielt.
Amann: „Naja, die beiden sind ganz schön verclincht, würde ich sagen."
Bertram: ... es wird immer lauter."
Berater: „Was glauben Sie, wie sich die beiden da fühlen?"
Bertram: „Amann fühlt sich, glaube ich, ganz schön überlegen!"
Berater: „Und Bertram?"
Bertram: „Tja, der ist ziemlich verzweifelt."
Amann: „Das sehe ich aber ganz anders, Amann fühlt sich ziemlich bedroht und kämpft um seine Sichtweise – und Bertram greift ihn ständig an."
Berater: „Das ist interessant, Sie haben offenbar sehr unterschiedliche Hypothesen, wie sich die Konfliktpartner fühlen. Ist das eigentlich ein bekanntes Muster oder etwas Neues – jetzt, wo da nun ein dritter, ein Unparteiischer dabei ist?"
Bertram: „Nee, das läuft eigentlich oft so, solche ‚Unparteiischen' haben wir ja auch schon fast lahmgelegt."
Amann: „Ja, würd' ich auch sagen: Das ist eine altbekannte Auseinandersetzung, uralt!"
Berater: „Dann wäre es ja interessant, einmal zu schauen, was denn etwas Neues in diesem Muster wäre. Und da fällt mir doch noch etwas auf. Ich habe eine Assoziation wie bei einem alten Ritterspiel: Da krachen zwei Kämpfer hochgerüstet aufeinander, immer und immer wieder. Hinter den Schranken steht der Hofstaat und schaut mehr oder weniger interessiert zu. Was denken Sie, was da in denen vorgeht?"
Bertram: „Sie meinen den Rest der Gruppe?"
Amann: „Vielleicht denken die: Oh, langweilig, das kennen wir alles schon ..."
Berater: „Ja, das könnte sein. Es könnte aber auch sein, dass die Gruppe die beiden ‚Ritter' da etwas austragen lässt, was eigentlich ein Thema des ganzen Teams ist. Was denken Sie denn, wer hält zum schwarzen und wer zum grauen ‚Ritter'? (Farbe der Anzüge)"
Amann (lacht): „Jetzt wird's heiß!"

Es schließt sich ein Gespräch an über vermutete Parteinahmen, offene und verdeckte Loyalitäten, auch Verständnis für die Mitarbeiter, die bei dem heißen Eisen lieber zurückhaltend sind, weil sie es sich mit keiner der beiden starken

Leitungsfiguren verderben wollen. Nach knapp zehn Minuten gehen wir zurück in die Gruppe. Das Gesprächsklima ist völlig verändert. Die Gruppe beteiligt sich aktiv an der Resonanz auf den Adlerhorst, viele noch nie geäußerte Gedanken und Empfindungen werden thematisiert und so potenziell Gegenstand veränderungsrelevanter Auseinandersetzungen.
Nach einiger Zeit wird die Sitzung durch einen weiteren „Adlerhorst" unterbrochen, in dem sich diesmal der Berater mit den drei immer noch schweigenden Gruppenmitgliedern versammelte. Hier, ohne die Sorge, schnell wieder unterbrochen zu werden, zeigte sich, dass „die Stillen" durchaus wichtige Anregungen zu bieten haben. Am Ende des Seminars sind alle Beteiligten sehr zufrieden und möchten statt Fortbildung eine Fortsetzung dieser Art von Arbeit. „Diese Gespräche werden uns verändern!", sagt Herr Amann abschließend.

7.4.5 Externalisierung

Mehrfach wurde im Text bereits diese Methode erwähnt: Ein Thema wie „der Konflikt", „das Familienunternehmen" kann auf eine ungewohnte Weise behandelt werden, wenn man es sich wie eine eigenständige „Person" vorstellt, zu der man in Beziehung tritt. Solche „externalizing conversations" gelten als eine der kraftvollsten Methoden der narrativen Mediation (Winslade & Monk, 2000, p. 6). Denn sie drehen die gewohnten Beschreibungen, die traditionellen Narrative um: Nicht zwei Personen haben einen Konflikt, vielmehr werden sie gefragt, was der Konflikt ihnen angetan hat (etwa ihr Selbstwertgefühl zerstört, die positiven Blicke auf den anderen zerstört) und wie sie drauf reagieren.[24]

„Ich verstehe, der Konflikt hat Sie so weit gebracht, dass Sie nur noch die negativen Seiten des anderen wahrnehmen, und das, was Sie früher auch an positiven und freundlichen Seiten aneinander kannten, ist ganz verschwunden. Wann haben Sie es denn das letzte Mal geschafft, der Einladung des Konfliktes, den anderen ganz und gar negativ zu sehen, zu widerstehen?" – „Und sind Sie eigentlich bereit dazu, sich von dem Konflikt ganz und gar diktieren zu lassen, wie Sie den anderen sehen? Sind Sie einverstanden, dass er Sie dazu bringt,

[24] Ein sehr schönes und gut ausgearbeitetes Beispiel aus der Kindertherapie, wie ein Junge sein verloren gegangenes Selbstwertgefühl wieder entdeckte (hier wurde eine positive Qualität externalisiert), findet sich bei Tootell beschrieben (Tootell, 2002). Der Aufsatz ist frei downloadbar unter www.if-weinheim.de.

einander immer weniger zu vertrauen? Was würde der Konflikt beispielsweise sagen, wenn Sie dem anderen von Zeit zu Zeit eine Geste der Wertschätzung zukommen lassen würden?“ (vgl. oben in diesem Kapitel die „Empfehlung 6“) – „Das will ich ja gar nicht!“ – „Ja, ich verstehe, das sagt der Konflikt, aber was würde denn passieren, wenn Sie diesem Widerstand leisten würden? Könnte sein, dass er richtige Tricks anwenden würde, um Sie daran zu hindern, oder?“

„Glauben Sie, dass der Konflikt, wenn er Sie dazu bringt, den anderen nur als verletzend und destruktiv zu sehen, Ihnen dabei hilft, eine Lösung zu finden, oder macht er es Ihnen eher schwer?“

Natürlich passen diese Interventionen – wie alle anderen auch – nicht immer, sie sind auch kein Zauberwerk, sondern Bestandteil einer kontinuierlichen Arbeit an der „Verflüssigung“ fest erstarrter Konzepte, die zusammengenommen das ausmachen, was dann als „der Konflikt“ erscheint. Die Externalisierung kann dabei, wie schon beschrieben, auch spielerisch genutzt werden, um das Potenzial der Zerrüttung (oder der noch möglichen Beziehung jenseits des Konflikts) einzuschätzen, etwa wenn das Symbol für „das Unternehmen“ oder „den Konflikt“ (etwa ein Papierkorb) von den Konfliktbeteiligten „in Urlaub“ geschickt wird: Was ist dann anders, was wird an Beziehung zwischen ihnen möglich, wie geht das dann wieder verloren, wenn der „Urlaub“ zu Ende ist, und was würde es bedeuten, etwas von dem als neue, gemeinsam wiedergefundene Stärke mit in die Auseinandersetzung hineinzunehmen?

7.4.6 Das Erwartungskarussell

Vor vielen Jahren entwickelte ich ein kleines Werkzeug, über das Therapeuten die komplexe Auftragskonstellation analysieren konnten, in die man gerade in der Familientherapie schnell hineingerät: Alle wollen etwas von einem und jeder etwas Anderes, Widersprüchliches: das betroffene Kind, die Eltern, das Jugendamt, der Kinderpsychiater, der Kindergarten/die Schule usw. Als Therapeut erlebt man sich im Zentrum eines Geflechts aus Erwartungen, das nur schwer zu entwirren ist. Das Auftragskarussell bietet für diese Situationen eine „Self-Care“-Methode, um hier die verloren gegangene Bewegungsfähigkeit wiederzugewinnen. Da es nur die jeweilige TherapeutIn einbezieht, ist es kein Instrument, die „reale“ Auftragssituation zu analysieren. Vielmehr vermittelt es einen Blick auf die eigenen „Erwartungs-Erwartungen“ (Kap. 2.3.3). Diese Vermutungen gehen ja weit über das gesprochene Wort hinaus (gerade verdeckte Aufträge vermitteln sich ja eher nonverbal, atmosphä-

risch), sie können eine BeraterIn mehr oder weniger massiv beeinträchtigen. Für das eigene Gefühl der Handlungs- bzw. Bewegungs(un)fähigkeit spielen die „tatsächlichen“ Aufträge oft eine weniger große Rolle als das subjektive Erleben dieser Aufträge (und das hat eben mit den eigenen Erwartungs-Erwartungen zu tun). So ist das Auftragskarussell eine Form, sich „am eigenen Zopf aus dem Sumpf“ zu ziehen und die Struktur eigener Erwartungs-Erwartungen zu klären.
Inzwischen ziehe ich es vor, hier von einem „Erwartungskarussell“ zu sprechen. Ich habe die Erfahrung gemacht, dass das, was in der supervisorischen Arbeit als hilfreich angesehen wird, auch und gerade in der Beratung, im Coaching von Unternehmensnachfolgern ein wirksames Instrument sein kann und darüber hinaus sich ganz allgemein im Führungskräftecoaching anbietet.
Die Form ist zunächst einfach, man kann sie in unterschiedlichen Intensitätsstufen durchspielen. So lässt sich eine Auftrags- bzw. Erwartungskonstellation so, wie man sie erlebt, auf einem Flipchart-Papier skizzieren, wobei man sich selbst in die Mitte eines Zirkels schreibt und alle Personen, die einem als potenziell bedeutsam einfallen, rings um sich herum auflistet. Anschließend wird auf einem Pfeil, der in die Mitte (auf die eigene Person) zeigt, die jeweils vermutete Erwartung notiert. Eine intensivere Möglichkeit besteht darin, sich selbst etwas Zeit zu nehmen und die Schritte spielerisch im Raum zu durchlaufen, z. B. indem man sich jeweils auf einen anderen Platz setzt. Dies gelingt, wie gesagt, besser mit Hilfe eines Gesprächspartners. Interessant wird es dann, wenn man neben den vielen äußeren Auftraggebern bzw. Erwartungsträgern auch noch ein bis drei „innere Erwarter“ mit dazu nimmt. Mit diesen lässt sich dann ähnlich arbeiten wie mit den „äußeren“: Man konfrontiert sich mit den Erwartungen und erlaubt sich eine von drei Möglichkeiten:

- Ich nehme die Erwartung an und verhalte mich entsprechend.
- Ich lehne die Erwartung rundweg ab.
- Ich verstehe die Intention der Erwartung, bin aber nicht bereit, in der Form auf sie einzugehen. Aber ich mache ein Angebot – dies kann ein Kompromiss sein oder eine Alternative, die die Intention (z. B. „gute Zusammenarbeit“) gewährleistet, aber auf andere Weise, als die Erwartung vielleicht vorher lautete: „Anstatt genau zu tun, was Sie mir sagen, werde ich jede Situation genau prüfen und überlegen, was angemessen erscheint. Das werde ich aber jeweils mit Ihnen rückkoppeln!“

Vermutlich ist es nach wie vor schwierig, sich das konkrete Vorgehen dazu vorzustellen; ich habe es ausführlich verschiedentlich vorgestellt (z. B. v. Schlippe, 2006, 2014b). Im Folgenden soll dies am Beispiel eines Nachfolgecoachings durchgespielt werden, in dem eine nicht direkt bearbeitbare Konfliktsituation zwischen Vater und Sohn bearbeitet wurde.

Fallbeispiel: „Schlimmer, als ein Kind zu überfahren!“

Ein Unternehmensnachfolger kommt in die Beratung, die Konflikte mit seinem Vater sind so gravierend geworden, dass er nicht mehr weiter weiß. Zugleich ist der Vater nicht bereit, sich an einem Konfliktlösungsprozess zu beteiligen. Daher sucht der junge Mann nun für sich selbst Unterstützung, er will auch klären, ob er die Nachfolge persönlich antreten möchte oder nicht. Denn, so im Gespräch: „Wenn ich das Unternehmen vor die Wand fahre, dann ist das ja schlimmer, als wenn ich ein Kind überfahren würde!“ Auf meine erschrockene Nachfrage, ob er sich bewusst sei, was er da gerade gesagt habe, reagiert er verwundert: „Wieso, es ist doch das Kind meines Vaters, und ich habe es dann getötet, wenn ich scheitern sollte!“ – Erstmals wurde mir hier bewusst, unter welch enormem Druck mancher Nachfolger stehen mag.

Zur Klärung schlage ich ihm das Erwartungskarussell vor, und wir beginnen zunächst einmal alle Personen „einzuladen“, die ihm als bedeutsame Träger seiner Erwartungs-Erwartungen einfallen. Sie kommen natürlich nicht persönlich, sondern erhalten, Name auf einem Zettel, einen Platz im „Karussell“, das um ihn herum ausgelegt wird. Bald ist er umgeben von einem Ring von Namen, neben seinen Eltern steht dort noch seine Schwester, aus dem Unternehmen taucht als Person nur der Geschäftsführer auf, ansonsten zwei Strömungen der Belegschaft, die „konservativen“ und die „progressiven“. Ungewöhnlich ist die Zahl der inneren Erwartungen (s. Abb. 7.1).

Schon der erste Blick auf die Fülle der verschiedenen Erwartungen zeigt, dass die Konstellation alles andere als einfach ist. Gefragt danach, welche Aufträge ihn besonders belasten, nennt er den der Mutter, den Zwiespalt, der sich in der Belegschaft abzeichnet und dann, ganz besonders, den „inneren Goethe“. In einem nächsten Schritt setzt er sich den einzelnen Auftraggebern gegenüber und findet mit Unterstützung des Gesprächspartners eine Positionierung zu der jeweiligen Erwartung – verbunden mit dem Wissen um die Freiheit, anzunehmen, abzulehnen oder ein modifiziertes Angebot zu machen. Im ersten Schritt setzt er sich „der Mutter“ gegenüber. Dazu wird der Zettel, auf dem die Erwartung der Mutter – genauer ist es ja seine Erwartung, was die Mutter von ihm erwartet –, aufgeschrieben ist, auf einen Stuhl vor ihm gelegt. Er spürt, wie ihn die Doppeldeutigkeit der Erwartung verwirrt. Je klarer ihm wird, dass die Mutter in diesem ambivalenten Auftrag vor allem ihr Problem lösen möchte, nämlich sowohl den geliebten Mann als auch den Sohn glücklich zu sehen, desto leichter wird ihm zumute. Er findet schließlich eine passende Antwort: „So, liebe Mutter, nehme ich die Erwartung nicht an. Ich weiß noch nicht, ob ich meinen Vater nicht doch kränken werde, indem ich schließlich nicht ins Unternehmen komme, aber ich verspreche dir, dass ich sein Lebenswerk achten und ihn persönlich respektieren werde, wie immer meine Entscheidung ausfällt!“ Er fühlt sich „wie befreit“, als wir diese Formulierung finden, war für ihn doch bislang immer nur eine der beiden Lösungen im Sinn: Entweder werde ich unglücklich oder meine Eltern.

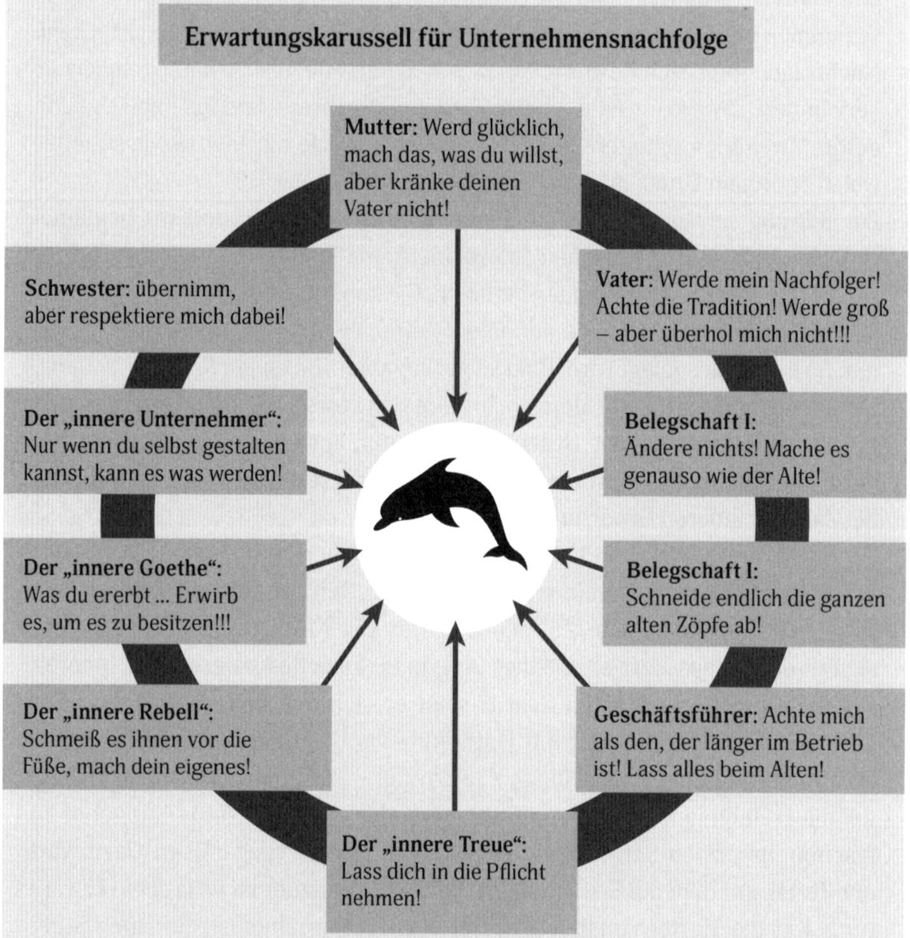

Abb. 7.1: Ein Beispielkarussell der Erwartungen eines Nachfolgers

Als besonders schwierig erweist sich nun der „innere Goethe“. Anders als ich als Berater vermutet hatte, erlebt er den Spruch: „Was du ererbt von deinen Vätern, erwirb es, um es zu besitzen!“ nicht als Erlaubnis für die eigene freie Gestaltung, sondern als strenge, unerbittliche Forderung, sich unter ein Joch zu begeben. Es ist ja ein innerer Teil, daher kann er ihm nicht einfach die Kooperation aufkündigen. Im Sinne der „systemischen Therapie mit der inneren Familie“ (Schwartz, 1997) geht es daher hier darum, die gute Intention dieser inneren Figur kennenzulernen. Der Vorschlag, doch dem „inneren Goethe“ einmal für einen Briefwechsel die „Hand zu leihen“ (also sich vorzustellen, dass der Brief von ihm direkt geschrieben wird, ohne dass er groß nachdenkt), führt im Laufe weniger Wochen zu einer interessanten Verwandlung. Er kommt in die nächste Sitzung mit etwa 30–40 Seiten Briefwechsel. Er hatte den ersten „Brief“ von „Goethe“ seinerseits beantwortet (also einen „Brief nach innen“ geschrieben) und anschließend wieder eine „Antwort“ bekommen. Im Laufe dieser intensiven Selbstauseinandersetzung veränderte sich sein Verhältnis zu diesem inneren Teil völlig, er „freundete“ sich mit ihm an und erlebte nun die Erwartung viel milder, er hatte viel besser verstanden, was Goethe für ihn sicherstellen wollte (nämlich die enge Beziehung zum Vater) und sah die Beziehung nun viel mehr unter dem Gesichtspunkt der Möglichkeiten. Das Verhältnis zum Vater blieb schwierig, doch gelang es ihm schließlich, dem Vater respektvoll und mit großer Achtung seine Entscheidung mitzuteilen, die Nachfolge nicht anzutreten.

7.5 Schlussempfehlung

Viele der Empfehlungen in diesem Kapitel und viele der in diesem ganzen Buch geschilderten Aspekte mögen auf den ersten Blick einleuchtend einfach klingen, und vielfach sind sie es von der Form her auch. Die Arbeit mit Konflikten erfordert nicht immer fein ausgefeilte Techniken. Und Konflikte lassen sich mit „Techniken“ und „Methoden“ auch nur begrenzt bearbeiten. Strategien, Methoden, wie sie von Ratgebern nahegelegt werden, können genauso wenig wie ausgeklügelte Vertragsklauseln darüber hinwegtäuschen, dass soziale Phänomene nicht „planbar“ sind und „nicht alle Unwägbarkeiten, die sich in familiären Konflikten ergeben, schnell und elegant ‚balanciert‘ werden können. Familie ist und bleibt ein kompliziertes und oft genug fragiles Gebilde – und dies gilt jenseits aller Steuerungsversuche auch – und vielleicht noch mehr – für das Familienunternehmen“ (v. Schlippe & Klein, 2010, S. 19).

Oft geht es eher darum, in intensiver Kleinarbeit immer und immer wieder daran zu arbeiten, eine Dynamik, die sich bei aller scheinbar bewegten Dramatik des Konfliktes vom Muster her doch als starr, repetitiv und unbeweglich zeigt, langsam wieder zu verflüssigen, die Betroffenen zu unterstützen, sich immer wieder zu fragen, was da eigentlich gerade mit ihnen geschieht, anstatt blind zu reagieren und sich immer wieder unreflektiert in die Dynamik hineinziehen zu lassen.

Denn das scheint das große Problem von Konflikten weltweit zu sein. Ein Blick in die Welt, ebenso wie einer in die Geschichte zeigt, in welchem erschreckenden Ausmaß die Menschheit von eskalierenden Konflikten durchzogen ist und wie sehr diese ungebremst ihre zerstörerische Wirkung entfalten können. Es wird zu viel blind reagiert, den psychologischen Mechanismen der Konfliktdynamiken viel zu viel unreflektierter Raum gegeben. Da ist eine Bombe von A nach B geflogen, und der Regierungssprecher sagt: „Nun hat die andere Seite endgültig den Verstand verloren. Uns bleibt nichts anderes übrig als mit voller Härte zurückzuschlagen!" (O-Ton aus einer TV-Nachrichtensendung). Hier klingt das Schema „dumm, krank, böse" an, und man erkennt den fundamentalen Wahrnehmungsfehler. In anderen Situationen, wenn dann ein versöhnliches Angebot brüsk zurückgewiesen wird („Das ist eine Falle!"), ist der feindselige Wahrnehmungsfehler genauso deutlich zu erkennen.

Daher sind Konflikte in der Unternehmensfamilie zum einen nichts „Besonderes". Von daher ist es nicht nötig, sich Vorwürfe zu machen („Was haben wir nur falsch gemacht ...?"), wenn man in sie hineingerät – sie kommen halt „in den besten Familien" vor. Vorwürfe sollte man sich allerdings machen, wenn man sich der Dynamik der Konflikte blind überlässt, ohne sie zu reflektieren.

8. Nachwort

Am Anfang dieses Buches stand, wie im Buch mehrfach vermerkt, ein Film[25]: „Bevor das Kind in den Brunnen fällt, Konfliktmanagement in Familienunternehmen." Diesen Film hatte ich im Frühjahr 2014 gemeinsam mit Rudi Ballreich herausgegeben. Er zeigt, welche Konflikte in Familienunternehmen vorkommen können, eine Reihe von Beispielszenen wurde dabei von Schauspielern sehr überzeugend in Szene gesetzt, ich habe dann in dem Film Möglichkeiten gezeigt, diese Probleme zu bearbeiten. Als der Film produziert war, entstand die Idee, dafür einen übersichtlichen Begleittext zu verfassen. Doch das Projekt hat sich verselbständigt. Im Nachhinein wird mir deutlich, dass ich eine Art Bilanz meiner zehnjährigen Arbeit zu dem Thema „Konflikte" am Wittener Institut für Familienunternehmen (WIFU) verfasst habe.

2005 war ich als klinischer Psychologe und Familientherapeut ohne viel Vorwissen um Familienunternehmen an die Universität Witten/Herdecke berufen worden. Damals war mir noch nicht klar, wie sehr mein Denken durch die Konfrontation mit dieser Unternehmensform geändert werden würde. Im Nachhinein habe ich einigen Familien Abbitte geleistet, mit denen ich in meiner früheren klinischen Tätigkeit gearbeitet hatte. Wenn ein Elternteil die Frage nach dem Beruf mit „UnternehmerIn" beantwortete, behandelte ich diese Antwort, als hätten sie „Verwaltungsangestellter" oder „Lehrerin" gesagt. Erst durch die Berührung mit den zahlreichen Unternehmerfamilien, die ich seit 2005 in den unterschiedlichsten Konstellationen kennengelernt habe, ist mir klar geworden, was für einen enormen Unterschied es für eine Familie macht, wenn sich in ihrem Umfeld ein Unternehmen befindet. Seit 2005 befasse ich mich nun theoretisch, empirisch und praktisch mit genau dieser Frage, und dieses Buch stellt eine Quintessenz meiner Erfahrungen dar.

Genau genommen sind es nicht „meine" ganz eigenen Erfahrungen. Denn ein Buch wie dieses kann eigentlich nicht von einem Autor allein geschrieben werden – und so ist es auch mit diesem. Literaturhinweise stellen nur unzureichend die vielfältigen Bezüge zu den vielen Personen her, die an dem hier zusammengeführten Wissen Anteil haben. Als Autor habe ich mir nur die – allerdings auch nicht zu unterschät-

[25] Erschienen 2014 im Concadora-Verlag

zende – Mühe gemacht, dieses Wissen, das teils der wissenschaftlichen Arbeit und den dazu gehörenden intensiven Diskussionen am WIFU entstammt, teils beraterischer Praxis, und das teils aufgeschrieben, teils mündlich weitergegeben wurde, zusammenzufassen, zu sortieren und zu ordnen. Gleichzeitig bleibe ich den vielen Kolleginnen und Kollegen verpflichtet, deren Gedanken, Ideen und theoretische Überlegungen sich hier niedergeschlagen haben. Zum Teil habe ich auch aus gemeinsamen Texten Textteile mit eingearbeitet.

Alle Personen aufzuführen, denen ich mich verpflichtet fühle, würde zu weit führen. Doch will ich an dieser Stelle zumindest die Menschen nennen, die mir in Bezug auf das Thema am wichtigsten sind. In erster Linie sind dies natürlich die Kolleginnen und Kollegen aus dem Wittener Institut für Familienunternehmen, allen voran das Kernteam des Projekts „Familienstrategie über Generationen" (FÜG), nämlich Torsten Groth, Tom Rüsen und auch Till Jansen, der in der Schlussphase des Projekts dazustieß. Ein großer Teil der in diesem Buch vorgestellten Ideen ist in intensiven Diskussionen mit ihnen entstanden und gereift.

Des Weiteren zu nennen sind KollegInnen, mit denen ich gemeinsam Unternehmensfamilien beraten habe. Viele der zitierten Beispiele entstammen Fallarbeiten, an denen der/die eine oder andere beteiligt waren, ohne dass ich diese Beteiligung extra erwähnte. Ich denke insbesondere an Susanne Quistorp, Michael Grabbe, Torsten Groth, Markus Plate, Anita v. Hertel, an vorderster Stelle aber an Tom Rüsen, mit dem ich eine größere Zahl von Beratungen gemeinsam durchgeführt habe. Aus diesen Erfahrungen habe ich enorm viel gelernt. Die Familien selbst und ihre Mitglieder führe ich bei den Fallberichten verständlicherweise nicht auf. Die Berichte über sie sind auch in der Regel nicht ganz authentisch, ich habe sie so weit verfremdet, dass konkret auf niemanden zurückgerechnet werden kann. Es geht mir ja nicht um die spezifische Familie, sondern um die in den Beispielen erkennbaren anonymisierten Strukturen. Zudem habe ich meistens auch die Erfahrungen aus verschiedenen Familien zusammengeführt. Wer also meint, sich (oder eine bekannte Familie) zu erkennen, kann davon ausgehen, dass mindestens zwei bis vier Familien mit ähnlichen Konfliktkonstellationen meine Erfahrungen geprägt haben und in die Fallgeschichte eingegangen sind. Ich danke den Familien dafür, uns so tiefe Einblicke in das Familienleben und in ihre Konflikte gewährt zu haben.

Als nächstes möchte ich die Kollegen nennen, die mir geholfen haben, mein theoretisches und wissenschaftlich-empirisches Wissen über Familienunternehmen zu entwickeln, zu vertiefen und in praktische Anwendung zu überführen. Ich denke dabei an meinen Vorgänger am WIFU Rudi Wimmer und Fritz B. Simon, denen ich für ihre wichtige Grundlagenarbeit eines systemtheoretischen Verständnisses von Familienunternehmen dankbar bin und dafür, dass sie das WIFU bis heute unterstützen, aber im Besonderen an das gesamte WIFU-Team. Namentlich möchte ich hier erneut Tom Rüsen, Torsten Groth, Markus Plate, Till Jansen, Dominique Otten-Pappas und Julia Scheller erwähnen, aber auch meine hoch geschätzten Professorenkollegen vom WIFU, Andrea Calabró, Marcel Hülsbeck und Katharina Uffmann. Zum Thema des Buches haben mich auch besonders Kontakte mit den WIFU-Gastprofessoren angeregt und bereichert, mit denen mich und das ganze WIFU-Team eine herzliche Freundschaft verbindet, insbesondere möchte ich hier nennen: Joe Astrachan (Kennesaw, Georgia), Ethel Brundin (JIBS, Jönköping, Schweden), Hermann Frank (WU, Wien), Alberto Gimeno (ESADE, Barcelona), Andreas Hack (Universität Bern), Thomas Zellweger (Center for Family Business, Universität St. Gallen). Erwähnt werden sollen an dieser Stelle auch die KollegInnen meiner systemtherapeutischen Arbeitsgruppe zu Unternehmensfamilien, der Corina Ahlers, Torsten Groth, Till Jansen, Tom Levold, Susanne Quistorp und Christof Schmitz angehören – viele der Erkenntnisse aus unseren Fallbesprechungen sind in dieses Buch eingeflossen. Nicht zuletzt bedanke ich mich bei Rudi Ballreich (Stuttgart) für entscheidende Anstöße und vielfältige Diskussionen. Er hatte, wie schon erwähnt, den Lehrfilm angeregt, den wir gemeinsam produzierten, und ermutigte mich sehr, dazu noch dieses Buch zu schreiben.

Freundliche und hilfreiche Rückmeldungen zu verschiedenen Stadien des Projekts verdanke ich über die bereits genannten Personen hinaus Barbara Ollefs (Osnabrück), Hans Schindler (Bremen) und Andreas Steinhübel (Osnabrück).

Meiner Frau danke ich besonders dafür, dass sie mich während vieler italienischer Urlaubstage mit meinem Getippe ertrug und dass sie, anstatt daraus einen handfesten „Konflikt“ entstehen zu lassen, mich als kritisch-freundliche Erstleserin des Manuskripts unterstützte.

Witten/Herdecke im September 2014
Arist von Schlippe

9. Liste der Fallbeispiele

10. Abbildungsverzeichnis

Abbildungen

Tabellen

11. Literatur

Amason, A. C. (1996). Distinguishing the effects of functional and dysfunctional conflict on strategic decision making: resolving a paradox for top management teams. *Academy of Management Journal, 39*(3), 123–148.

Andersen, T. (1990). *Das reflektierende Team.* Dortmund: Modernes Lernen.

Andrews, P. W. (2006). The psychology of social chess and the evolution of attribution mechanisms: explaining the fundamental attribution error. *Evolution and Human Behavior, 22*(1), 11–29.

Antonovsky, A. (1997). *Salutogenese. Zur Entmystifizierung der Gesundheit.* Tübingen: DGVT-Verlag.

Astrachan, J. H., & McMillan, K. S. (2003). *Conflict and communication in the family business.* Marietta, GA: Family Enterprise Publishers.

Astrachan, J. H., & Pieper, T. M. (2011). Developing responsible owners in family business. In EQUA-Stiftung (Ed.), Gesellschafterkompetenz – Die Verantwortung der Eigentümer von Familienunternehmen (pp. 102–110). Bonn: Unternehmer Medien.

Bachg, M. (2004). Mikrotracking in der Pesso-Therapie. *Psychotherapie,* 9(283–293).

Baecker, D. (1994). *Postheroisches Management. Ein Vademecum.* Berlin: Merve.

Baecker, D. (1999). *Organisation als System.* Frankfurt: Suhrkamp.

Baecker, D. (2004). Wozu Gefühle? *Soziale Systeme, 10*(1), 5–20.

Baitsch, C. (2003). Halb zog sie ihn, halb sank er hin. In M. Zirkler & W. M. Müller (Eds.), *Die Kunst der Organisationsberatung* (pp. 167–177). Stuttgart/Bern: Haupt.

Ballreich, R., & Glasl, F. (2011). *Konfliktmanagement und Mediation in Organisationen.* Stuttgart: Concadora Verlag.

Bandler, R., Grinder, J., & Satir, V. (1976). *Mit Familien reden: Gesprächsmuster und therapeutische Veränderung.* München: Pfeiffer.

Bateson, G. (1981). Ökologie des Geistes. Frankfurt: Suhrkamp.

Bateson, G., Jackson, D., Haley, J., & Weakland, J. (1969). *Schizophrenie und Familie.* Frankfurt: Suhrkamp.

Baumhauer, J. (2008). Vorwort zu „Familienunternehmen verstehen." In A. v. Schlippe, A. Nischak, & M. El Hachimi (Eds.), *Familienunternehmen verstehen. Gründer, Gesellschafter, Generationen* (pp. 11–13). Göttingen: Vandenhoeck & Ruprecht.

Baumhauer, J., Böninger, C., Prügl, R., & Schlippe, A. v. (2011). Das Management eines großen Gesellschafterkreises. *Familienunternehmen und Stiftungen, 2*(3), 113–121.

Baus, K. (2008). *Zwischen Solidarität und Wettbewerb: Geschwister in Familienunternehmen.* Stuttgart: Schriftenreihe Kirsten Baus Institut.

Baus, K. (2013). *Die Familienstrategie. Wie Familien ihr Unternehmen über Generationen sichern* (4th ed.). Wiesbaden: Gabler.

Berrone, P., Cruz, C., & Gomez-Mejia, R. (2012). Socioemotional wealth in family firms: Theoretical dimensions, assessment approaches, and agenda for future research. *Family Business Review, 25*(3), 258–279.

Björnberg, A., & Nicholson, N. (2012). Emotional ownership: The next generation's relationship with the family firm. *Family Business Review, 25*(4), 374–390. doi:10.1177/0894486511432471

Bonacker, T. (2008). Die Konflikttheorie der autopietischen Systemtheorie. In *Sozialwissenschaftliche Konflikttheorien. Eine Einführung* (4th ed., pp. 267–291). Wiesbaden: VS Verlag für Sozialwissenschaften.

Borst, U. (2008). Psychische Störungen und Familienunternehmen. Die Angst des Juniors vor der Nachfolge. In A. v. Schlippe, A. Nischak, & M. El Hachimi (Eds.), *Familienunternehmen verstehen. Gründer, Gesellschafter, Generationen* (pp. 210–212). Göttingen: Vandenhoeck & Ruprecht.

Boszormenyi-Nagy, I., & Spark, G. (1981). *Unsichtbare Bindungen. Die Dynamik familiärer Systeme.* Stuttgart: Klett-Cotta-Verlag.

Brock, I. (2010). Geschwister und ihr Einfluss auf die Entwicklung von sozialer und emotionaler Kompetenz. *Familiendynamik, 35*(4), 310–317.

Brockhaus, R. H. (2004). Family Business Succession: Suggestions for Future Research. *Family Business Review, 17*(2), 165–177. doi:10.1111/j.1741-6248.2004.00011.x

Brody, G. H. (1998). Sibling relationship quality: Its causes and consequences. *Annual Review of Psychology, 49*(1), 1–24.

Brundin, E., & Härtel, C. (2014). Emotions in family firms. In L. Melin, M. Nordqvist, & P. Sharma (Eds.), *The SAGE handbook of family business* (pp. 529–548). Los Angeles, London: SAGE Publications.

Brundin, E., & Melin, L. (2006). Unfolding the dynamics of emotions: how emotion drives or counteracts strategising. *International Journal of Work, Organisation, and Emotion, 1*(3), 277–302.

Brundin, E., & Sharma, P. (2012). Love, hate, and desire: The role of emotional messiness in the business family. In A. Carsrud & M. Brännback (Eds.), *Understanding family business. Undiscovered Approaches, Unique Perspectives, and Neglected Topics* (1st ed., pp. 55–71). New York: Springer.

Bruner, J. (1997). *Sinn, Kultur und Ich-Identität.* Heidelberg: Carl Auer Systeme.

Carlock, R., & Ward, J. (2001). *Strategic planning for the family business. Parallel planning to unify the family and business.* New York: Palgrave.

Chua, J. H., Chrisman, J. J., & Sharma, P. (1999). Defining the family business by behavior. *Entrepreneurship Theory and Practice, 23*(1), 19–39.

Ciompi, L. (2005). *Die emotionalen Grundlagen des Denkens.* Göttingen: Vandenhoeck & Ruprecht.

Ciompi, L., & Endert, E. (2011). *Gefühle machen Geschichte. Die Wirkung kollektiver Emotionen – von Hitler bis Obama.* Göttingen: Vandenhoeck & Ruprecht.

Cosier, J. A., & Harvey, M. (1998). The hidden strenghts in family business: Functional conflict. *Family Business Review, 11*(1), 75–80.

Coyle-Shapiro, J., & Parzefall, M. (2008). Psychological contracts. In C. L. Cooper & J. Barling (Eds.), *The SAGE handbook of organizational behavior* (pp. 17–34). London: SAGE Publications.

Davis, P. S., & Harveston, P. D. (1999). In the founder's shadow: conflict in the family firm. *Family Business Review, 12*(4), 311–323.

De Massis, A., Chua, J. H., & Chrisman, J. J. (2008). Factors Preventing Intra-Family Succession. *Family Business Review, 21*(2), 183–199.

Denzau, A., & North, D. (1994). Shared mental models: Ideologies and institutions. *Kyklos, 47*(1), 3–31.

Dietl, W., & Nagel, R. (2014). Die Zukunft erfinden. Strategieentwicklung im Dritten Modus. In R. Wimmer, K. Glatzel, & T. Lieckweg (Eds.), *Beratung im dritten Modus. Die Kunst, Komplexität zu nutzen* (pp. 24–42). Heidelberg: Carl Auer Systeme.

Dodge, K. A. (2006). Translational science in action: Hostile attributional style and the development of aggressive behavior problems. *Development and Psychopathology, 18*(03), 791–814. doi:10.1017/S0954579406060391

Domayer, E. (2014). Beratung von Familienunternehmen. In R. Wimmer, K. Glatzel, & T. Lieckweg (Eds.), *Beratung im dritten Modus. Die Kunst, Komplexität zu nutzen* (pp. 336–353). Heidelberg: Carl Auer Systeme.

Dreyer, N., & Schlippe, A. v. (2008). Nachfolge in Pionierunternehmen. Risiko des Scheiterns oder Chance zur Revitalisierung. *Zeitschrift für Führung und Organisation, 77,* 322–329.

Eddleston, K. A., & Kellermanns, F. W. (2007). Destructive and productive family relationships: A stewardship theory perspective. *Journal of Business Venturing, 22*(4), 545–565. doi:10.1016/j.jbusvent.2006.06.004

Efran, J., Heffner, K., & Lukens, R. (1992). *Sprache, Struktur und Wandel.* Dortmund: Borgmann.

Eidelson, R. J., & Eidelson, J. I. (2003). Dangerous ideas: Five beliefs that propel groups toward conflict. *American Psychologist, 58,* 182–192.
Elfenbein, H. A. (2007). Emotion in organizations. A review and theoretical integration. *The Academy of Management Annals, 1*(1, Kap. 7), 315–386.
EQUA-Stiftung (Ed.). (2011). *Gesellschafterkompetenz – Die Verantwortung der Eigentümer von Familienunternehmen.* Bonn: Unternehmer Medien.
Esser, J. K. (1998). Alive and well after 25 years: A review of groupthink research. *Organizational Behavior and Human Decision Processes, 73*(2-3), 116–141.

Fabis, F. (2007). Instrumentarien zur Vermeidung und Lösung von Gesellschafterkonflikten in Familienunternehmen. *Organisationsberatung, Supervision, Coaching, 14*(4), 354–365.
Fabis, F. (2009). *Gesellschafterkonflikte in Familienunternehmen. Vermeidungs- und Lösungsstrategien auf gesellschaftsvertraglicher und individualvertraglicher Ebene.* Lohmar: Eul.
Felden, B., & Hack, A. (2014). *Management von Familienunternehmen. Besonderheiten, Handlungsfelder, Instrumente.* Wiesbaden: Springer Gabler.
Festinger, L., Torrey, J., & Willermann, B. (1954). Self-evaluation as a function of attraction to the group. *Human Relations, 7,* 161–174.
Fineman, S. (2000). *Emotion in Organizations* (2nd ed.). Washington: SAGE Publications.
Fischer, H. R. (1990). Sprachspiele und Geschichten. Zur Rolle der Sprache in der Therapie. *Familiendynamik, 15*(3), 190–211.
Fisher, R., Ury, W., & Patton, B. (2009). *Das Harvard-Konzept* (23nd ed.). Frankfurt: Campus.
Försterling, F. (1994). Attributionstheorie in der Klinischen Psychologie. Gemeinsamkeiten mit Kognitiven und Verhaltenstherapien. In F. Försterling & J. Stiensmeier-Pelster (Eds.), *Attributionstheorien* (pp. 235–254). Göttingen: Hogrefe.
Frank, H., Kessler, A., Nosé, L., & Suchy, D. (2011). Conflicts in family firms: State of the art and perspectives for future research. Journal of Family Business Management, 1(2), 130–153.
Frank, H., Lueger, M., Nosé, L., & Suchy, D. (2010). The concept of „familiness“: Literature review and systems theory-based reflections. *Journal of Family Business Strategy, 1*(3), 119–130.
Freysoldt, T.-A. (2013). *Beirat in der Krise.* Göttingen: Vandenhoeck & Ruprecht.
Friedland, R., & Alford, R. R. (1991). Bringing society back in. Symbols, practices, and institutional contradictions. In W. Powell & P. DiMaggio (Eds.), *New Institutionalism in Organizational Analysis* (pp. 232–263). Chicago/London: University of Chicago Press.
Frisch, M. (1964). *Tagebücher.* Frankfurt: Suhrkamp.

García-Álvarez, E., López-Sintas, J., & Saldaña Gonzalvo, P. (2002). Socialization patterns of successors in first to second-generation family businesses. *Family Business Review, 15*(3), 189–204.

Gerber, O. (2013). Der Ehevertrag des Unternehmers. *Familienunternehmen und Stiftungen, 3*(4), 173–178.

Gergen, K. (2002). *Konstruierte Wirklichkeiten. Eine Hinführung zum sozialen Konstruktionismus.* Stuttgart: Kohlhammer.

Gergen, K., & Gergen, M. (2009). *Einführung in den sozialen Konstruktionismus.* Heidelberg: Carl Auer Systeme.

Gersick, K., Davis, J., McCollom Hampton, M., & Lansberg, I. (1997). *Generation to generation. Life cycles of the family business.* Boston, MA: Harvard Business Press.

Gimeno, A., Baulenas, G., & Coma-Cros, J. (2010). *Familienunternehmen führen – Komplexität managen. Mentale Modelle und praktische Lösungen.* Göttingen: Vandenhoeck & Ruprecht.

Glasl, F. (2011). Selbsthilfe in Konflikten (6th ed.). Stuttgart/Bern: Haupt.

Glasl, F. (2013). *Konfliktmanagement: Ein Handbuch zur Diagnose und Behandlung von Konflikten für Organisationen und ihre Berater* (11th ed.). Stuttgart/Bern: Haupt.

Glasl, F. (2014a). Der heimliche Krieg. Wie können wir mit der Dynamik kalter Konflikte konstruktiv umgehen? *Konfliktdynamik, 3*(2), 101–109.

Glasl, F. (2014b). Eskalationsdynamik – zur Logik von Affektsteigerungen. *Konfliktdynamik, 3*(3), 190–199.

Glasl, F. (2014c). Drohstrategien fördern regressiven Konfliktaustrag. *Sicherheit und Frieden,* (4), (im Druck).

Glasl, F., Kalcher, T., & Piber, H. (2014). *Professionelle Prozessberatung.* Stuttgart/Bern: Haupt.

Glasl, F., & Weeks, D. (2008). *Die Kernkompetenzen für Mediation und Konfliktmanagement.* Stuttgart: Concadora.

Glatzel, K., & Lieckweg, T. (2014). Beratung im dritten Modus. Ein Leitfaden für die Praxis. In R. Wimmer, K. Glatzel, & T. Lieckweg (Eds.), *Beratung im dritten Modus. Die Kunst, Komplexität zu nutzen* (pp. 15–23). Heidelberg: Carl Auer Systeme.

Gordon, G., & Nicholson, N. (2008). *Family wars: Classic conflicts in family business and how to deal with them.* London: Kogan.

Gottman, J. M. (2002). *Die sieben Geheimnisse der glücklichen Ehe.* München: von Schröder.

Gottman, J. M., & Levenson, R. W. (2000). The timing of divorce: Predicting when a couple will divorce over a 14-year period. *Journal of Marriage and Family, 62*(3), 737–745. doi:10.1111/j.1741-3737.2000.00737.x

Greenwood, R., Raynard, M., Kodeih, F., Micelotta, E. R., & Lounsbury, M. (2011). Institutional complexity and organizational responses. *The Academy of Management Annals, 5*(1), 317–371.

Großmann, S. (2014). *Konflikte und Krisen in Familienunternehmen.* Göttingen: Vandenhoeck & Ruprecht.

Groth, T., Rüsen, T., & Schlippe, A. v. (2013). Postpatriarchale Phase. *Private Wealth,* (4), 112–113.

Groth, T., & Schlippe, A. v. (2008). Der Familienunternehmer zwischen Entscheidungslast und Entscheidungslust. In S. Strick (Ed.), *Die Psyche des Patriarchen* (pp. 35–45). Frankfurt: FAZ-Buch.

Groth, T., & Schlippe, A. v. (2011). Gesellschafterkompetenz als Systemkompetenz. In EQUA-Stiftung (Ed.), *Gesellschafterkompetenz – Die Verantwortung der Eigentümer von Familienunternehmen* (pp. 9–24). Bonn: Unternehmer Medien.

Groth, T., & Schlippe, A. v. (2012). Die Form der Unternehmerfamilie. Paradoxiebewältigung zwischen Entscheidung und Bindung. *Familiendynamik, 37*(4), 268–280.

Groth, T., & Simon, F. B. (2011). 100 Jahre und älter – Die Leistung und Entwicklungsschritte von Mehrgenerationen-Familienunternehmen. In M. Plate, T. Groth, V. Ackermann, & A. v. Schlippe (Eds.), *Große deutsche Familienunternehmen* (pp. 19–43). Göttingen: Vandenhoeck & Ruprecht.

Habbershon, T. G., & Williams, M. L. (1994). A resource-based framework for assessing the strategic advantages of family firms. *Family Business Review, 12*(1), 1–26.

Hack, A. (2009). Sind Familienunternehmen anders? Eine kritische Bestandsaufnahme des aktuellen Forschungsstands. *Zeitschrift für Betriebswirtschaft (Special issue) 2,* 1-29

Hagenbüchle, R., & Geyer, P. (2002). *Das Paradox. Eine Herausforderung des abendländischen Denkens.* Würzburg: Königshausen-Neumann.

Handler, W. C. (1994). Succession in family business: A review of the research. *Family Business Review.* doi:10.1111/j.1741-6248.1994.00133.x

Hargens, J., & Schlippe, A. v. (Eds.). (2002). *Das Spiel der Ideen. Reflektierendes Team und systemische Praxis* (2nd ed.). Dortmund: Borgmann.

Hartmann, H.-P. (1997). Narzißtische Persönlichkeitsstörungen. *Psychotherapeut, 42,* 69–84.

Harvey, M., & Evans, R. E. (1994). Family business and multiple levels of conflict. *Family Business Review, 7*(4), 331–348. doi:10.1111/j.1741-6248.1994.00331.x

Hennerkes, B.-H. (2004). *Die Familie und ihr Unternehmen. Strategie, Liquidität, Kontrolle.* Frankfurt: Campus.

Hennerkes, B.-H., & Augustin, G. (Eds.). (2012). *Wertewandel mitgestalten – gut handeln in Gesellschaft und Wirtschaft.* Freiburg: Herder.

Herrera, N. C., Zajonc, R. B., Wieczorkowska, G., & Cichomski, B. (2003). Beliefs about birth rank and their reflection in reality. *Journal of Personality and Social Psychology, 85*(1), 142–150.

Hertel, A. v. (2013). *Professionelle Konfliktlösung. Führen mit Mediationskompetenz* (2nd ed.). Frankfurt: Campus.

Hoffmann, J., Hoelscher, M., & Sorenson, R. L. (2006). Achieving sustained competitive advantage: A family capital theory. *Family Business Review, 19*(2), 135–145.

Horx, M. (2013). *Zukunft wagen. Über den klugen Umgang mit dem Unvorherseh-baren.* München: DVA Deutsche Verlagsanstalt.

Hosseini, K. (2014). *Traumsammler.* Stuttgart: S.Fischer.

Jansen, T. (2013). Paradoxe Family Governance – oder warum Inkonsequenz manchmal besser ist. *Familienunternehmen und Stiftungen, 3*(4), 178–182.

Jansen, T., & Schlippe, A. v. (2015). Feeding and taming the lion: How to govern a business family. *Zur Veröffentlichung eingereicht.*

Jehn, K. A. (1997). A qualitative analysis of conflict types and dimensions in organizational groups. *Administrative Science Quarterly, 42*(3), 530–557.

Kaye, K. (1996). When the family business is a sickness. *Family Business Review, 9*(4), 347–368. doi:10.1111/j.1741-6248.1996.00347.x

Kellermanns, F. W., & Eddleston, K. A. (2004). Feuding families: When conflict does a family firm good. *Entrepreneurship Theory and Practice, 28*(3), 209–228. doi:10.1111/j.1540-6520.2004.00040.x

Kellermanns, F. W., & von Schlippe, A. (2012). Konflikten in Familie und Unternehmen erkennen, managen und vermeiden. In A. Koeberle-Schmid, H.-J. Fahrion, & P. Witt (Eds.), *Family Business Governance. Erfolgreiche Führung von Familienunternehmen.* (pp. 429–441). Berlin: Erich Schmidt.

Kelley, H. H., & Michela, J. L. (1980). Attribution theory and research. *Annual Review of Psychology, 31,* 457–501. doi:10.1146/annurev.ps.31.020180.002325

Kirchdörfer, R., & Lorz, R. (2009). Freiwilliges und erzwungenes Ausscheiden von Gesellschaftern aus Familienunternehmen. In R. Kirchdörfer, R. Lorz, A. Wiedemann, R. Kögel, & T. Frohnmayer (Eds.), *Familienunternehmen in Recht, Wirtschaft, Politik und Gesellschaft* (pp. 343–367). München: Beck.

Kirchdörfer, R., & Lorz, R. (2011). Corporate Governance in Familienunternehmen, Familienverfassung und Schnittstellen zum Gesellschaftsvertrag. *Familienunternehmen und Stiftungen, 2*(3), 97–106.

Kirchdörfer, R., & Lorz, R. (2013). Die internationale Unternehmerfamilie – was ist zu beachten? *Familienunternehmen Und Stiftungen, 3*(4), 127–134.

Kirchdörfer, R., Lorz, R., Wiedemann, A., Kögel, R., & Frohnmayer, T. (2009). *Familienunternehmen in Recht, Wirtschaft, Politik und Gesellschaft.* München: Beck.

Klett, D. (2009). Wie sich Großfamilien an den Zumutungen eines Betriebs stärken können. In T. Rüsen, A. von Schlippe, & T. Groth (Eds.), *Familienunternehmen. Exploration einer Unternehmensform* (pp. 93–124). Lohmar: Eul.

Kneer, G., & Nassehi, A. (1991). Verstehen des Verstehens. Eine systemtheoretische Revision der Hermeneutik. *Zeitschrift für Soziologie, 20*(5), 341–356.

Kneer, G., & Nassehi, A. (1993). *Niklas Luhmanns Theorie sozialer Systeme. Eine Einführung.* München: Fink.

Koeberle-Schmid, A., Fahrion, H.-J., & Witt, P. (Eds.). (2012). *Family Business Governance. Erfolgreiche Führung von Familienunternehmen* (2nd ed.). Berlin: Erich Schmidt.

Kormann, H. (2010). *Zusammenhalt der Unternehmerfamilie: Verträge, Vermögensmanagement, Kommunikation.* Berlin: Springer.

Kormann, H. (2012). Der Stand der Forschung zum Erfolg von Familienunternehmen. *Familienunternehmen und Stiftungen, 2*(2), 49–55.

Kormann, H. (2013). *Gewinnverwendung und Vermögen. Zukunftssicherung für das Familienunternehmen und seine Inhaber.* Wiesbaden: Springer Gabler.

Kriz, J. (1999). *Systemtheorie für Psychotherapeuten, Psychologen und Mediziner.* Wien: Facultas.

Kriz, J. (2004). Personzentrierte Systemtheorie. Grundfragen und Kernaspekte. In A. v. Schlippe & W. Kriz (Eds.), *Personzentrierung und Systemtheorie* (pp. 13–67). Göttingen: Vandenhoeck & Ruprecht.

Kriz, J. (2006). Die Selbstorganisation von Bedeutungsfeldern. In T. Meynhardt & E. J. Brunner (Eds.), *Selbstorganisation managen. Beiträge zur Synergetik der Organisation* (pp. 31–46). Münster: Waxmann.

Kriz, J. (2009). Cognitive and interactive patterning: Process of creating meaning. In J. Valsiner, P. Molenaar, M. Lyra, & N. Chaudhary (Eds.), *Dynamic process methodology in the social and developmental sciences* (pp. 619–650). New York: Springer.

Kriz, J. (2011). Die Person im Familienunternehmen. In H. Schindler, W. Loth, & J. v. Schlippe (Eds.), *Systemische Horizonte* (1st ed., pp. 99–106). Göttingen: Vandenhoeck & Ruprecht.

Kühl, S. (2012). *Gruppen, Organisationen, Familien und Bewegungen. Zur Soziologie sozialer Systeme zwischen Interaktion und Gesellschaft* (Working Pa.). Bielefeld: Universität Bielefeld.

Lange, K. (2005). Corporate Governance in Familienunternehmen. *Betriebs-Berater, 60*(48), 2585–2590.

Lange, K. (2009). Kodex und Familienverfassung als Mittel der Corporate Governance in Familienunternehmen. In R. Kirchdörfer, R. Lorz, A. Wiedemann, R. Kögel, & T. Frohnmayer (Eds.), *Familienunternehmen in Recht, Wirtschaft, Politik und Gesellschaft* (pp. 135–149). München: Beck.

Lansberg, I. (1999). *Succeeding generations: Realizing the dream of families in business.* Boston, MA: Harvard Business Press.

Lansberg, I. (2003). Challenges of the sibling partnership. In B. Spector (Ed.), *The Family Business Conflict Resolution Handbook* (pp. 106–111). Philadelphia: Family Business Publishing Company.

Litz, R. A. (2012). Double roles, double binds? Double bind theory and family business research. In A. Carsrud & M. Brännback (Eds.), *Understanding family business. Unique perspectives, neglected topics, and undiscovered approaches* (pp. 115–132). Heidelberg: Springer.

Lueger, M., & Froschauer, U. (2013). Konfliktnarrationen in Organisationen. *Konfliktdynamik, 2*(4), 292–301.

Luhmann, N. (1968). *Vertrauen. Ein Mechanismus der Reduktion sozialer Komplexität.* Stuttgart: Lucius & Lucius.

Luhmann, N. (1969). *Legitimation durch Verfahren.* Berlin: Luchterhand.

Luhmann, N. (1984). *Soziale Systeme.* Frankfurt: Suhrkamp.

Luhmann, N. (2000). *Organisation und Entscheidung.* Wiesbaden: Westdeutscher Verlag.

Luhmann, N. (2005). Sozialsystem Familie. In N. Luhmann (Ed.), *Soziologische Aufklärung 5* (3rd ed., pp. 189–209). Opladen: VS Verlag für Sozialwissenschaften.

Lüscher, L. S., & Lewis, M. W. (2008). Oranizational change and managerial sensemaking: Working through paradox. *Academy of Management Journal, 51*(2), 221–240.

Marks, S. (2012). Scham – Hüterin der Würde. *Systhema, 26*(3), 247–259.

Marks, S. (2013). Scham – grundlegende Überlegungen. *Familiendynamik, 38*(2), 152–160.

Maturana, H. (1987). Kognition. In S. J. Schmidt (Ed.), *Der Diskurs des radikalen Konstruktivismus* (pp. 89–118). Frankfurt: Suhrkamp.

May, P. (2007). Die Familienstrategie. Ein Weg zu Good Governance in Familienunternehmen. In E. Frasl & H. Rieger (Eds.), *Family-Business-Handbuch. Zukunftssicherung von Familienunternehmen über Generationen* (pp. 60–70). Wien: Linde.

McKee, D., Madden, T., Kellermanns, F. W., & Eddleston, K. A. (2014). Conflicts in family firms: The good and the bad. In L. Melin, M. Nordqvist, & P. Sharma (Eds.), *The SAGE handbook of family business research* (pp. 514–528). Los Angeles, London: SAGE Publications.

Melin, L., Nordqvist, M., & Sharma, P. (Eds.). (2014). *The Sage Handbook of family business research*. Los Angeles, London: SAGE Publications.

Milton, L. P. (2008). Unleashing the relationship power of family firms: Identity confirmation as a catalyst for performance. *Entrepreneurship: Theory and Practice, 32*(6), 1063–1081.

Montada, L. (2003). Justice, equity, and fairness in human relations. In T. J. Millon & M. Lerner (Eds.), *Handbook of Psychology, Vol. 5* (pp. 537–568). Hoboken, NJ: Wiley-Blackwell.

Montada, L. (2011). Mediation in Paarkonflikten – Optionen für ihre Beilegung. *Familiendynamik, 36*(3), 198–205.

Montada, L. (2014). Gerechtigkeit – ein Kernproblem in Konflikten. *Konfliktdynamik, 3*(1), 26–34.

Montada, L., & Kals, E. (2007). *Mediation* (2nd ed.). Weinheim: Beltz.

Moog, P., & Soost, D. (2013). Weibliche Nachfolge in Familienunternehmen – Erkenntnisse zu Frauen und Erfolg in der Unternehmensnachfolge. *Zeitschrift für Betriebswirtschaft,* (4).

Nagel, R. (2008). Strategieentwicklung in Familienunternehmen. In A. v. Schlippe, A. Nischak, & M. El Hachimi (Eds.), *Familienunternehmen verstehen. Gründer, Gesellschafter, Generationen* (pp. 115–122). Göttingen: Vandenhoeck & Ruprecht.

Nagel, R. (2014). *Organisationsedsign. Modelle und Methoden für Berater und Entscheider.* Stuttgart: Schäffer-Poeschel.

Nagel, R., & Wimmer, R. (2014). *Systemische Strategieentwicklung* (6th ed.). Stuttgart: Schäffer-Poeschel.

Neuvians, N. (2011). *Mediation in Familienunternehmen. Chancen und Grenzen.* Wiesbaden: Gabler.

Oetker, A. R. (2002). Konflikte in Familienunternehmen und ihre Regelung unter Berücksichtigung sich wandelnder Eigentümerstrukturen, in *Organisations-Entwicklung, 2,* 38–47.

Omer, H., Alon, N., & Schlippe, A. v. (2007). *Feindbilder. Psychologie der Dämonisierung.* Göttingen: Vandenhoeck & Ruprecht.

Omer, H., & Schlippe, A. v. (2004). *Autorität durch Beziehung. Die Praxis des gewaltlosen Widerstands in der Erziehung.* Göttingen: Vandenhoeck & Ruprecht.

Otten-Pappas, D. (2013). Successor commitment to family business: a female perspective. *Journal of Family Business Management, 3*(1), 8–23.
Otten-Pappas, D. (2014). *Taking over the family business. A career development perspective on male and female succession.* Witten: Dissertation an der wirtschaftswissenschaftlichen Fakultät der Universität.

Pieper, T. M. (2007). *Mechanisms to assure long-term family business survival. A study of the dynamics of cohesion in multigenerational family business families.* Frankfurt: Peter Lang.
Pieper, T. M. (2010). Non solus: Toward a psychology of family business. Journal of *Family Business Strategy, 1*(1), 26–39.
Pierce, J. L., Kostova, T., & Dirks, K. (2001). Toward a theory of psychological ownership in organizations. *Academy of Management Review, 26*(2), 298–310.
Pint, B. (2000). Geschwisterforschung. In H. Werneck & S. Werneck-Rohrer (Eds.), *Psychologie der Familie. Theorien, Konzepte* (pp. 95–102). Wien: WUV Universitätsverlag.
Plate, M. (2008). Geschwisterkonflikte in Familienunternehmen – strukturelle Konfliktlinien. In A. v. Schlippe, A. Nischak, & M. El Hachimi (Eds.), *Familienunternehmen verstehen. Gründer, Gesellschafter, Generationen* (pp. 65–83). Göttingen: Vandenhoeck & Ruprecht.
Plate, M. (2010). Familienunternehmen Bestimmung einer Art. *Unternehmermagazin, 58*(1/2), 26–27.
Plate, M. (2012). *Familiness – kritische Untersuchung eines Konstrukts.* Witten/Herdecke: Dissertation an der Universität.
Plate, M. (2013). *Grundlagen der Kommunikation.* Göttingen: Vandenhoeck & Ruprecht.
Plate, M., Groth, T., Ackermann, V., & Schlippe, A. v. (2011). *Große deutsche Familienunternehmen.* Göttingen: Vandenhoeck & Ruprecht.
Plate, M., & Schlippe, A. v. (2010). *Organizational paradoxes and paradox management in family firms.* Witten/Herdecke: WIFU-Working Paper Nr.4 (www.wifu.de).
Pukall, T. J., & Calabrò, A. (2013). The Internationalization of Family Firms: A Critical Review and Integrative Model. *Family Business Review, 27*(2), 103–125. doi:10.1177/0894486513491423

Riché, P. (1991). *Die Karolinger. Eine Familie formt Europa.* München: DVA Deutsche Verlagsanstalt.
Riedl, R. (1981). Die Folgen des Ursachendenkens. In P. Watzlawick (Ed.), *Die erfundene Wirklichkeit* (pp. 67–90). München: Piper.

Robinson, S. L., & Rousseau, D. M. (1994). Violating the psychological contract: Not the exception but the norm. *Journal of Organizational Behavior, 15,* 249–259.

Rosenberg, M. (2001). *Gewaltfreie Kommunikation.* Paderborn: Junfermann.

Rost, W. (1990). *Emotionen. Elixiere des Lebens.* Berlin: Springer.

Rousseau, D. (1989). Psychological and implied contracts in organizations. *Employee Responsibilities and Rights Journal, 2,* 121–139.

Rüsen, T. (2008). *Krisen und Krisenmanagement in Familienunternehmen: Schwachstellen erkennen, Lösungen erarbeiten, Existenzbedrohung meistern.* Wiesbaden: Gabler.

Rüsen, T. (Ed.). (2011). *Familienunternehmen erfolgreich sanieren. Der Einfluss des Familienfaktors bei Restrukturierungen.* Berlin: Erich Schmidt.

Rüsen, T., & Groth, T. (2012). Der Weg zur Familienstrategie. *Private Wealth,* (2), 26–27.

Rüsen, T., & Schlippe, A. v. (2007). Krisen in Familienunternehmen und Unternehmensfamilien. Über parallele, interdependente Dynamiken in Familie und Unternehmen. *Organisationsberatung, Supervision, Coaching, 14*(4), 309–330.

Rüsen, T., Schlippe, A. v., & Gimeno, A. (2012). Strukturelles Risiko und Mentale Modelle in Familienunternehmen. *Familienunternehmen und Stiftungen, 2*(3), 92–98.

Rüsen, T., Schlippe, A. v., & Groth, T. (2009). *Familienunternehmen, Exploration einer Unternehmensform.* Lohmar: Eul.

Rüsen, T., Schlippe, A. v., & Groth, T. (2014). Gesellschafterkompetenz in Familienunternehmen. Über gezielte Aus- und Weiterbildungsprogramme in Unternehmerfamilien. *Familienunternehmen und Stiftungen.*

Rüsen, T., & Schlippe, A. von. (2012). Mentale Familienmodelle. *Private Wealth,* (1), 106–107.

Schlippe, A. v. (2006). Das „Auftragskarussell“ oder auch „Münchhausens Zopf.“ In S. Fliegel & A. Kämmerer (Eds.), Psychotherapeutische Schätze. *101 bewährte Übungen und Methoden für die Praxis* (pp. 30–36). Tübingen: DGVT-Verlag.

Schlippe, A. v. (2007). Der Mythos der Macht und Krankheiten der Erkenntnistheorie. In A. v. Schlippe & M. Grabbe (Eds.), *Werkstattbuch Elterncoaching. Elterliche Präsenz und gewaltloser Widerstand in der Praxis* (pp. 17–24). Göttingen: Vandenhoeck & Ruprecht.

Schlippe, A. v. (2009). Der Blick aus dem Adlerhorst. Reflektierende Positionen in der Teamentwicklung. In H. Neumann-Wirsig (Ed.), *Supervisions-Tools* (pp. 181–187). Bonn: Manager Magazin Edition.

Schlippe, A. v. (2011a). Besonderheiten von Familienunternehmen und Unternehmerfamilien. In T. Rüsen (Ed.), *Familienunternehmen erfolgreich sanieren. Der Einfluss des Familienfaktors bei Restrukturierungen* (pp. 19–42). Berlin: Erich Schmidt.

Schlippe, A. v. (2011b). Paradoxien in Familienunternehmen. *Familienunternehmen und Stiftungen, 1*(1), 8–13.

Schlippe, A. v. (2012). Psychologische Aspekte der Unternehmensnachfolge: ambivalente Nachfolgesysteme. *Familienunternehmen und Stiftungen,* (5), 170–175.

Schlippe, A. v. (2013a). Die Konstruktion von Feindbildern – eine paradoxe »Anleitung«. *Konfliktdynamik, 2*(3), 212–221.

Schlippe, A. v. (2013b). Kein „Mensch-ärgere-dich-nicht"-Spiel: ein kritischer Blick auf das „Drei-Kreise-Modell"zum Verständnis von Familienunternehmen. In *Professionalisierung als Passion. Aktualität und Zukunftsperspektiven der systemischen Organisationsberatung* (pp. 143–164). Heidelberg: Carl Auer Systeme.

Schlippe, A. v. (2014a). *Bevor das Kind in den Brunnen fällt! Konfliktmanagement als Kernaufgabe in Familienunternehmen (Lehrfilm).* Stuttgart, Stuttgart, Germany: Concadora.

Schlippe, A. v. (2014b). Das Auftragskarussell – Ein Instrument der Klärung eigener Erwartungserwartungen. In T. Levold & M. Wirsching (Eds.), *Systemische Therapie und Beratung – das große Lehrbuch* (pp. 223–227). Heidelberg: Carl Auer Systeme.

Schlippe, A. v. (2014c). Gefühle, die unterschätzte Größe. In F. Langenscheidt & P. May (Eds.), *Familienunternehmen hoch 10: 10 Themen, 10 Experten, 10 Seiten.* (pp. 1–10). Köln: Deutsche Standards.

Schlippe, A. v., & Frank, H. (2013). The theory of social systems as a framework for understanding family businesses. *Family Relations, 62*(3), 384–398. doi:10.1111/fare.12010

Schlippe, A. v., & Groth, T. (2009). Die Power of Stories. Zur Funktion von Geschichten in Familienunternehmen. In T. Rüsen, A. v. Schlippe, & T. Groth (Eds.), *Familienunternehmen, Exploration einer Unternehmensform* (pp. 125–158). Lohmar: Eul.

Schlippe, A. v., Groth, T., & Plate, M. (2011). Entscheidungsfähigkeit sicherstellen: Familienstrategie und Familienmanagement in Familienunternehmen. In M. Plate, T. Groth, V. Ackermann, & A. v. Schlippe (Eds.), *Große deutsche Familienunternehmen* (pp. 522–562). Göttingen: Vandenhoeck & Ruprecht.

Schlippe, A. v., Groth, T., & Rüsen, T. (2012). *Paradoxien der Nachfolge in Familienunternehmen. Konfliktdynamik, 1*(4), 288–299.

Schlippe, A. v., Groth, T., & Rüsen, T. (2015). *Familienstrategie – das Wittener Modell.* (In Vorbereitung).

Schlippe, A. v., & Kellermanns, F. W. (2013). Mit Konflikten in der Unternehmerfamilie bewusst umgehen. In A. Koeberle-Schmid & B. Grottel (Eds.), *Führung von Familienunternehmen. Ein Praxis-Leitfaden für Unternehmen und Familie* (pp. 189–200). Berlin: Erich Schmidt.

Schlippe, A. v., & Klein, S. B. (2010). Familienunternehmen – blinder Fleck der Familientherapie? *Familiendynamik, 35*(1), 10–21.

Schlippe, A. v., Nischak, A., & El Hachimi, M. (Eds.). (2008). *Familienunternehmen verstehen. Gründer, Gesellschafter, Generationen.* Göttingen: Vandenhoeck & Ruprecht.

Schlippe, A. v., Rüsen, T., & Groth, T. (2009). *Beiträge zur Theorie des Familienunternehmens.* Lohmar: Eul.

Schlippe, A. v., & Schlippe, B. v. (2012). *Paradoxer Alltag.* Stuttgart: Klett-Cotta-Verlag.

Schlippe, A. v., & Schneewind, K. (2014). Theories from family psychology and family therapy. In L. Melin, M. Nordqvist, & P. Sharma (Eds.), *The Sage handbook of family business research* (pp. 47–65). Los Angeles, London: SAGE Publications.

Schlippe, A. v., & Schweitzer, J. (2009). *Systemische Interventionen.* Göttingen: Vandenhoeck & Ruprecht.

Schlippe, A. v., & Schweitzer, J. (2012). *Lehrbuch der systemischen Therapie und Beratung I: Die Grundlagen.* Göttingen: Vandenhoeck & Ruprecht.

Schmidt, A. (2014). Entwicklung der Familienstrategie in einem Mehrgenerationen-Familienunternehmen der Kunststoffbranche. In R. Wimmer, K. Glatzel, & T. Lieckweg (Eds.), *Beratung im dritten Modus. Die Kunst, Komplexität zu nutzen* (pp. 354–373). Heidelberg: Carl Auer Systeme.

Schneewind, K. (2010). *Familienpsychologie* (3rd ed.). Stuttgart: Kohlhammer.

Schneewind, K. (2012). Familienpsychologie – Brücken zwischen Forschung und Anwendung. *Familiendynamik, 37*(1), 104–112.

Schulz-v. Thun, F. (1981). *Miteinander Reden 1: Störungen und Klärungen.* Reinbek: Rowohlt.

Schulz-v. Thun, F. (1989). *Miteinander Reden 2: Stile, Werte und Persönlichkeitsentwicklung.* Reinbek: Rowohlt.

Schulz-v. Thun, F., Ruppel, J., & Stratmann, R. (2003). *Miteinander Reden: Kommunikationspsychologie für Führungskräfte.* Reinbek: Rowohlt.

Schumacher, T. (2014). Systemische Organisationsdesignentwicklung. In R. Wimmer, K. Glatzel, & T. Lieckweg (Eds.), *Beratung im dritten Modus. Die Kunst, Komplexität zu nutzen* (pp. 120–135). Heidelberg: Carl Auer Systeme.

Schwartz, R. (1997). *Systemische Therapie mit der inneren Familie.* München: Pfeiffer.

Schwarz, G. (2005). *Konfliktmanagement. Konflikte erkennen, analysieren, lösen* (7th ed.). Wiesbaden: Gabler.

Schweitzer, J., & Schlippe, A. von. (2006). *Lehrbuch der systemischen Therapie und Beratung II: Das störungsspezifische Wissen.* Göttingen: Vandenhoeck & Ruprecht.

Schwing, R., & Fryszer, A. (2009). *Systemisches Handwerk. Werkzeug für die Praxis.* Göttingen: Vandenhoeck & Ruprecht.

Seel, N. (1991). *Weltwissen und mentale Modelle.* Göttingen: Hogrefe.

Sharma, P. (2004). An Overview of the Field of Family Business Studies: Current Status and Directions for the Future. *Family Business Review, 17*(1), 1–36. doi:10.1111/j.1741-6248.2004.00001.x

Sharma, P., Chrisman, J. J., & Chua, J. H. (2003). Succession planning as planned behavior: some empirical results. *Family Business Review, 16*(1), 1–15.

Sharma, P., Hoy, F., Astrachan, J. H., & Koiranen, M. (2007). The practice-driven evolution of family business education. *Journal of Business Research, 60*(10), 1012–1021. doi:10.1016/j.jbusres.2006.12.010

Sharma, P., & Irving, P. G. (2005). Four bases of family business successor commitment: Antecedents and consequences. *Entrepreneurship Theory and Practice,* (1), 13–33.

Shazer, S. de. (1989). *Der Dreh. Überraschende Wendungen und Lösungen in der Kurzzeittherapie.* Heidelberg: Carl Auer Systeme.

Simon, F. B. (1999). Organisationen und Familien als soziale Organisationen unterschiedlichen Typs. *Soziale Systeme, 5,* 181–200.

Simon, F. B. (2001). *Tödliche Konflikte. Zur Selbstorganisation privater und öffentlicher Kriege.* Heidelberg: Carl Auer Systeme.

Simon, F. B. (Ed.). (2002a). *Die Familie des Familienunternehmens: Ein System zwischen Gefühl und Geschäft.* Heidelberg: Carl Auer Systeme.

Simon, F. B. (2002b). Paradoxien in der Psychologie. In R. Hagenbüchle & P. Geyer (Eds.), *Das Paradox. Eine Herausforderung des abendländischen Denkens* (pp. 71–88). Würzburg: Königshausen-Neumann.

Simon, F. B. (2004a). *Gemeinsam sind wir blöd!? Die Intelligenz von Unternehmen, Managern und Märkten.* Heidelberg: Carl Auer Systeme.

Simon, F. B. (2004b). Zur Systemtheorie der Emotionen. *Soziale Systeme, 10*(1), 111–139.

Simon, F. B. (2008). Familienunternehmen als Risikofaktor. In *Familienunternehmen verstehen. Gründer, Gesellschafter, Generationen* (pp. 55–64). Göttingen: Vandenhoeck & Ruprecht.

Simon, F. B. (2012a). *Einführung in die Systemtheorie des Konflikts* (2nd ed.). Heidelberg: Carl Auer Systeme.

Simon, F. B. (2012b). *Einführung in die Theorie des Familienunternehmens.* Heidelberg: Carl Auer Systeme.

Simon, F. B., & Rech-Simon, C. (1999). *Fragen. Systemische Therapie in Fallbeispielen: Ein Lernbuch.* Heidelberg: Carl Auer Systeme.

Simon, F. B., Wimmer, R., & Groth, T. (2005). *Mehr-Generationen-Familienunternehmen.* Heidelberg: Carl Auer Systeme.

Simon, H. (2014). Führung bei den Hidden Champions. *Zeitschrift für Führung und Organisation, 83*(2), 68–73.

Simon, H. A. (1959). Theories of decision making in economics and behavioural science. *American Economic Review, 49*(3), 253 – 283.

Sirmon, D., & Hitt, M. (2003). Managing Resources: Linking Unique Resources, Management, and Wealth Creation in Family Firms. *Entrepreneurship Theory and Practice, 27*(4), 339–358.

Smets, M., Morris, T., Greenwood, & Royston. (2012). From Practice to field: A multilevel model of practice-driven institutional change. *Academy of Management Journal, 55*(4), 877–904.

Smith, W. K., & Lewis, M. W. (2011). Toward a theory of paradox: A dynamic equilibrium model of organizing. *Academy of Management Journal, 36*(2), 381–403.

Sorenson, R. L. (1999). Conflict management strategies used by successful family business. *Family Business Review, 13,* 183–200.

Sorenson, R. L. (2014). Values in family business. In L. Melin, P. Sharma, & M. Nordqvist (Eds.), *The SAGE handbook of family business* (pp. 463–479). Los Angeles, London: SAGE Publications.

Sprenger, R. (2012). *Radikal führen.* Frankfurt: Campus.

Stierlin, H. (1979). Status der Gegenseitigkeit: die fünfte Perspektive des Heidelberger familiendynamischen Konzepts. Familiendynamik, 4(2), 106–116.

Stierlin, H. (1980). *Eltern und Kinder. Das Drama von Versöhnung und Trennung im Jugendalter.* Frankfurt: Suhrkamp.

Stierlin, H. (1990). Zwischen Sprachwagnis und Sprachwirrnis. *Familiendynamik, 15*(3), 266–275.

Stierlin, H. (2005). *Gerechtigkeit in nahen Beziehungen.* Heidelberg: Carl Auer Systeme.

Stiftung Familienunternehmen (2011). *Die volkswirtschaftliche Bedeutung von Familienunternehmen.* München, Germany.

Tagiuri, R., & Davis, J. (1996). Bivalent attributes of the family firm. *Family Business Review, 9*(2), 199–208.

Toman, W. (2002). *Familienkonstellationen. Ihr Einfluss auf den Menschen* (7th ed.). München: Beck.

Tootell, A. (2002). „Ich versuch‘s einfach!“ Wie Dylan Wise sein Selbstvertrauen wiederentdeckte. *Systhema, 16*(1), 5–19.

Watzlawick, P., Beavin, J., & Jackson, D. (1969). *Menschliche Kommunikation.* Bern: Huber.

Weismeier-Sammer, D., Frank, H., & Schlippe, A. v. (2013). Untangling "familiness": A literature review and directions for future research. *The International Journal of Entrepreneurship and Innovation, 14*(3), 165–177. doi:10.5367/ijei.2013.0119

Werth, L., & Mayer, J. (2008). *Sozialpsychologie.* Berlin: Spektrum Akademischer Verlag.

Wetzel, R., & Dievernich, F. (2014). Der Gott des Gemetzels. Wie Organisationen und Familien auf modernen Gleichheitsdruck reagieren. *Kontext, 45*(2), 126–154.

Wiechers, R. (2005). *Familienmanagement zwischen Unternehmen und Familie: Zur Handhabung typischer Eigenarten von Unternehmensfamilien und Familienunternehmen.* Heidelberg: Carl Auer Systeme.

Willi, J. (1976). *Die Zweierbeziehung.* Reinbek: Rowohlt.

Wimmer, R. (2010). Systemische Organisationsberatung – jenseits von Fach- und Prozessberatung. *Revue für Postheroisches Management, 4*(7), 88–103.

Wimmer, R. (2013a). Die Bewältigung der Wirtschaftskrise als Führungsaufgabe I. *Konfliktdynamik, 2*(2), 126–135.

Wimmer, R. (2013b). Die Bewältigung der Wirtschaftskrise als Führungsaufgabe II. *Konfliktdynamik, 2*(3), 222–232.

Wimmer, R. (2014a). *Schnelles Wachstum in Familienunternehmen – neue Herausforderungen und Bewältigungsstrategien.* Wien.

Wimmer, R. (2014b). Wie familiär sind Familienunternehmen? In O. Geramanis & K. Hermann (Eds.), *Organisation und Intimität* (1st ed., pp. 25–40). Heidelberg: Carl Auer Systeme.

Wimmer, R., Domayer, E., Oswald, M., & Vater, G. (2005). *Familienunternehmen – Auslaufmodell oder Erfolgstyp?* (2nd ed.). Wiesbaden: Gabler.

Wimmer, R., Glatzel, K., & Lieckweg, T. (2014). *Beratung im dritten Modus. Die Kunst, Komplexität zu nutzen.* Heidelberg: Carl Auer Systeme.

Wimmer, R., & Groth, T. (2008). Wachstumsschmerzen. Wie Familienunternehmen Wachstum bewältigen. *Unternehmermagazin, 10,* 28–29.

Wimmer, R., Groth, T., & Simon, F. B. (2004). *Erfolgsmuster von Mehrgenerationen-Familienunternehmen.* Witten: Wittener Diskussionspapiere (Wirtschaftfakultät an der Universität).

Wimmer, R., & Hahn, P. (2007). Ersatzmanagement ist der Sündenfall jeder Beratung. Ein Gespräch. In P. Hahn (Ed.), *Das Tetralemma der Beratung.* Witten/Herdecke: Unveröffentlichte Diplomarbeit am WIFU.

Winslade, J., & Monk, G. (2000). *Narrative mediation. A new approach to conflict resolution.* San Francisco: Jossey Bass.

Winslade, J., & Monk, G. (2011). Narrative Mediation: Ein besonderer Konfliktlösungsansatz. *Familiendynamik, 36*(3), 206–213.

Wittgenstein, L. (1994). *Ludwig Wittgenstein. Ein Reader* (herausgegeben von Anthony Kenny). Stuttgart: Reclam.

Wolf, K. (2011). *Internationalisierungsstrategien von deutschen Familienunternehmen.* Lohmar: Eul.

Zahra, S., & Sharma, P. (2004). Family business research: A strategic reflection. *Family Business Review, 17*(4), 331–346. doi:10.1111/j.1741-6248.2004.00022.

Zellweger, T. (2014). Toward a paradox perspective of family firms: The moderating role of collective mindfulness in controlling families. In L. Melin, M. Nordqvist, & P. Sharma (Eds.), *The SAGE handbook of family business* (pp. 648–655). Los Angeles, London: SAGE Publications.

Zellweger, T., & Astrachan, J. H. (2008). On the emotional value of owning a firm. *Family Business Review, 21*(3), 347–363.

Zellweger, T., Eddleston, K., & Kellermanns, F. W. (2010). Exploring the concept of familiness: Introducing family firm identity. *Journal of Family Business Strategy, 1*(1), 54–63.

Zwack, M. (2011). *Die Macht der Geschichten. Erzählungen als Form der Wertevermittlung in Familienunternehmen.* Heidelberg: Carl Auer Systeme.

12. Sachwortregister

G

H

I

K

L

M

V

W

Z